“十二五”普通高等教育本科国家级规划教材

工程数学
线性代数
第六版

同济大学数学系 编

GONGCHENG SHUXUE XIANXING DAISHU

高等教育出版社·北京

内容提要

本书由同济大学数学系多位教师历经近两年时间反复修订而成。此次修订依据工科类本科线性代数课程教学基本要求（以下简称教学基本要求），参照近年来线性代数课程及教材建设的经验和成果，在内容的编排、概念的叙述、方法的应用等诸多方面作了修订，使全书结构更趋流畅，主次更加分明，论述更通俗易懂，因而更易教易学，也更适应当前的本科线性代数课程的教学。

本书内容包括行列式、矩阵及其运算、矩阵的初等变换与线性方程组、向量组的线性相关性、相似矩阵及二次型、线性空间与线性变换六章，各章均配有相当数量的习题，书末附有习题答案。1至5章（除用小字排印的内容外）完全满足教学基本要求，教学时数约34学时。1至5章中用小字排印的内容供读者选学，第6章带有较多的理科色彩，供对数学要求较高的专业选用。

本书可供高等院校各工程类专业使用，包括诸如管理工程、生物工程等新兴工程类专业，也可供自学者、考研者和科技工作者阅读。

图书在版编目(CIP)数据

工程数学.线性代数/同济大学数学系编.--6版.
--北京:高等教育出版社,2014.6(2019.2重印)
ISBN 978-7-04-039661-4

Ⅰ.①工… Ⅱ.①同… Ⅲ.①工程数学-高等学校-教材②线性代数-高等学校-教材 Ⅳ.①TB11

中国版本图书馆CIP数据核字(2014)第099716号

策划编辑 王 强　责任编辑 蒋 青　封面设计 王凌波　版式设计 余 杨
插图绘制 宗小梅　责任校对 宗小梅　责任印制 韩 刚

出版发行	高等教育出版社	网　　址	http://www.hep.edu.cn
社　　址	北京市西城区德外大街4号		http://www.hep.com.cn
邮政编码	100120	网上订购	http://www.hepmall.com.cn
印　　刷	保定市中画美凯印刷有限公司		http://www.hepmall.com
开　　本	787mm×960mm　1/16		htpp://www.hepmall.cn
印　　张	11.25	版　　次	1981年11月第1版
字　　数	200千字		2014年6月第6版
购书热线	010-58581118	印　　次	2019年2月第20次印刷
咨询电话	400-810-0598	定　　价	22.20元

本书如有缺页、倒页、脱页等质量问题，请到所购图书销售部门联系调换

物 料 号　39661-00

第六版前言

这次修订的主要工作是:(1) 适当调整一些章节的编排和内容,使全书结构更趋合理;(2) 对一些较为深刻且重要的概念增加了一些引导性和解说性的文字,增强了可读性;(3) 弥补了几处疏漏,使推理、解题更为顺畅;(4) 习题也作了少量的增删。总之,这次修订在保持原有体系和框架的基础上,在满足工科类本科数学基础课程教学基本要求的前提下,使本书更加易教易学,更加贴近于当前的教学实践。

这次修订工作由同济大学数学系骆承钦、胡志庠、靳全勤三位同志承担。

同济大学邵嘉裕教授和单海英、张莉同志以及同济大学浙江学院潘雪军同志对本书第五版提出了许多修改意见,谨在此对他们表示深切的谢意。

本书已入选第一批"十二五"普通高等教育本科国家级规划教材。对于教育部有关部门、高等教育出版社和同济大学有关部门对本书的关心和扶植,谨在此表示衷心的感谢。

编　者

2013 年 4 月

第五版前言

本书第五版是在第四版的基础上，参照近期修订的工科类本科数学基础课程教学基本要求（以下简称教学基本要求），并考虑当前教学的实际情况，进行修订而成的。

这次修订的主导思想是：在满足教学基本要求的前提下，适当降低理论推导的要求，注重解决问题的矩阵方法。为此，除第六章仍加*号而外，对第一章至第五章中的部分内容（例如：为证明行列式的基本性质而引入的排列对换的知识，为证明矩阵初等变换的基本性质而引入的初等矩阵的知识，以及某些定理的证明）改为用小字排印，以表明它们为非必读内容，从而有利于在限定的学时内更好地掌握教学基本要求所规定的内容。这些用小字排印或加*号的内容，供有较高要求的读者选学。此外，修订时对例题和习题也作了适当的调整。

这次修订工作仍由同济大学骆承钦同志承担。

在教育部高教司和高等教育出版社的支持下，本书列入普通高等教育“十一五”国家级规划教材。同时，本书也列入高等教育出版社“高等教育百门精品课程教材建设”项目和同济大学教材建设规划。对于教育部高教司、高等教育出版社和同济大学有关部门对本书的关心和扶植，谨在此表示衷心的感谢。

编　者

2007 年 1 月

第四版前言

本书第三版自1999年出版以来，广大读者和使用本书的同行们对于它的编写体系，即先建立线性方程组理论、后讨论向量组的线性相关性的体系，都表示赞同，认为这样的编排有利于理解线性代数的抽象知识，降低了学习本课程的难度。因此在这次修订时，我们保留了原来的体系，仅对其中几处作了次序的调整，以使叙述更加顺畅；在文字上也作了少许修改，并增加了一些解说性的段落，以使论述更加通俗易懂；此外还调整并增加了部分例题和习题，其中有些选自近年研究生入学考试的试题。

这次修订工作仍由同济大学骆承钦同志承担。

编　者

2003年2月

第三版前言

本书第二版自1991年出版以来，广大读者和使用本书的同行们对本书提出了许多修改意见，我们谨在此向关心本书和对本书提出宝贵意见的同志们表示衷心的感谢。

这次修订，在第一章增加了二阶与三阶行列式，以加强与中学教学内容的衔接；第二章增加了少量关于矩阵及其运算的实际背景的内容；第三、四两章作了彻底更换理论体系的修改。新的第三章先引进矩阵的初等变换和秩的概念，证明了初等变换不改变矩阵的秩，然后藉此建立线性方程组有惟一解和有无穷多解的充分必要条件，解决了线性方程组的求解问题。新的第四章讨论向量组的线性相关性，由于有了矩阵和线性方程组的理论，使这一讨论大为简化，从而达到化难为易的目的。

这次修订工作仍由同济大学骆承钦同志承担。

天津大学齐植兰教授和北京理工大学史荣昌教授详细审阅了本修订稿，并提出了许多改进的意见，谨在此表示衷心的感谢。此外，还要感谢教育部高教司教材处和高等教育出版社对本书的关心和扶植。

编　者

1998年8月

第二版前言

本书第一版自1982年出版以来，我们采用它作为教材，已经经历了多次的教学实践。这次我们根据在实践中积累的一些经验，并吸取使用本书的同行们所提出的宝贵意见，将它的部分内容作了修改，成为第二版。

这次修订，对第三章和第四章改动稍大，第一、二、五章也有改动，并增加了少量习题。此外，对超出国家教委于1987年审定的高等工业学校“线性代数课程教学基本要求”的内容加了 * 号。这次修订工作仍由同济大学骆承钦同志承担。

北京印刷学院盛祥耀教授详细审阅了本修订稿，并提出了许多改进的意见，谨在此表示衷心的感谢。此外，我们还向关心本书和对本书第一版提出宝贵意见的同志们表示深切的谢意。

编　者

1990年12月

第一版前言

同济大学数学教研室主编的《高等数学》(1978年第1版)年前决定修订再版,其中的第十三章线性代数决定单独成书,以便应用。为此,由同济大学骆承钦同志把《高等数学》第十三章改编成本书。在改编时,对原教材作了较多的修改与补充,以期能较为符合1980年制订的教学大纲的要求。

本书介绍线性代数的一些基本知识,可作为高等工业院校工程数学"线性代数"课程的试用教材和教学参考书。本书前五章教学时数约34学时,第六章较多地带有理科的色彩,供对数学要求较高的专业选用。各章配有少量习题,书末附有习题答案。

参加本书审稿的有上海海运学院陆子芬教授(主审),浙江大学盛骤、孙玉麟等同志。他们认真审阅了原稿,并提出了不少改进意见,对此我们表示衷心感谢。

编　者

1981年11月

目　录

第1章 行 列 式

行列式是线性代数中常用的工具. 本章主要介绍 n 阶行列式的定义、性质及其计算方法.

§1 二阶与三阶行列式

一、二元线性方程组与二阶行列式

用消元法解二元线性方程组

$$\begin{cases} a_{11}x_1+a_{12}x_2=b_1, \\ a_{21}x_1+a_{22}x_2=b_2. \end{cases} \tag{1}$$

为消去未知数 x_2,以 a_{22} 与 a_{12} 分别乘上列两方程的两端,然后两个方程相减,得

$$(a_{11}a_{22}-a_{12}a_{21})x_1=b_1a_{22}-a_{12}b_2;$$

类似地,消去 x_1,得

$$(a_{11}a_{22}-a_{12}a_{21})x_2=a_{11}b_2-b_1a_{21}.$$

当 $a_{11}a_{22}-a_{12}a_{21}\neq 0$ 时,求得方程组(1)的解为

$$x_1=\frac{b_1a_{22}-a_{12}b_2}{a_{11}a_{22}-a_{12}a_{21}}, \quad x_2=\frac{a_{11}b_2-b_1a_{21}}{a_{11}a_{22}-a_{12}a_{21}}. \tag{2}$$

(2)式中的分子、分母都是四个数分两对相乘再相减而得,其中分母 $a_{11}a_{22}-a_{12}a_{21}$是由方程组(1)的四个系数确定的,把这四个数按它们在方程组(1)中的位置,排成二行二列(横排称行、竖排称列)的数表

$$\begin{matrix} a_{11} & a_{12} \\ a_{21} & a_{22}, \end{matrix} \tag{3}$$

表达式 $a_{11}a_{22}-a_{12}a_{21}$称为数表(3)所确定的二阶行列式,并记作

$$\begin{vmatrix} a_{11} & a_{12} \\ a_{21} & a_{22} \end{vmatrix}. \tag{4}$$

数 a_{ij} $(i=1,2;\ j=1,2)$称为行列式(4)的元素或元. 元素 a_{ij}的第一个下标 i 称为行标,表明该元素位于第 i 行;第二个下标 j 称为列标,表明该元素位于第 j

列. 位于第 i 行第 j 列的元素称为行列式(4)的(i,j)元.

上述二阶行列式的定义,可用对角线法则来记忆. 参看图 1.1,把 a_{11} 到 a_{22} 的实连线称为主对角线,a_{12} 到 a_{21} 的虚连线称为副对角线,于是二阶行列式便是主对角线上的两元素之积减去副对角线上两元素之积所得的差.

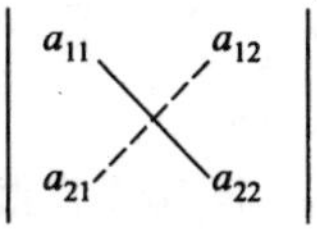

图 1.1

利用二阶行列式的概念,(2)式中 x_1,x_2 的分子也可写成二阶行列式,即

$$b_1a_{22}-a_{12}b_2=\begin{vmatrix} b_1 & a_{12} \\ b_2 & a_{22} \end{vmatrix},\quad a_{11}b_2-b_1a_{21}=\begin{vmatrix} a_{11} & b_1 \\ a_{21} & b_2 \end{vmatrix}.$$

若记

$$D=\begin{vmatrix} a_{11} & a_{12} \\ a_{21} & a_{22} \end{vmatrix},\quad D_1=\begin{vmatrix} b_1 & a_{12} \\ b_2 & a_{22} \end{vmatrix},\quad D_2=\begin{vmatrix} a_{11} & b_1 \\ a_{21} & b_2 \end{vmatrix},$$

那么(2)式可写成

$$x_1=\frac{D_1}{D}=\frac{\begin{vmatrix} b_1 & a_{12} \\ b_2 & a_{22} \end{vmatrix}}{\begin{vmatrix} a_{11} & a_{12} \\ a_{21} & a_{22} \end{vmatrix}},\quad x_2=\frac{D_2}{D}=\frac{\begin{vmatrix} a_{11} & b_1 \\ a_{21} & b_2 \end{vmatrix}}{\begin{vmatrix} a_{11} & a_{12} \\ a_{21} & a_{22} \end{vmatrix}}.$$

注意这里的分母 D 是由方程组(1)的系数所确定的二阶行列式(称系数行列式),x_1 的分子 D_1 是用常数项 b_1,b_2 替换 D 中第 1 列的元素 a_{11},a_{21}所得的二阶行列式,x_2 的分子 D_2 是用常数项 b_1,b_2 替换 D 中第 2 列的元素 a_{12},a_{22}所得的二阶行列式.

例 1　求解二元线性方程组

$$\begin{cases} 3x_1-2x_2=12, \\ 2x_1+x_2=1. \end{cases}$$

解　由于

$$D=\begin{vmatrix} 3 & -2 \\ 2 & 1 \end{vmatrix}=3-(-4)=7\neq 0,$$

$$D_1=\begin{vmatrix} 12 & -2 \\ 1 & 1 \end{vmatrix}=12-(-2)=14,$$

$$D_2=\begin{vmatrix} 3 & 12 \\ 2 & 1 \end{vmatrix}=3-24=-21,$$

因此

$$x_1=\frac{D_1}{D}=\frac{14}{7}=2,\quad x_2=\frac{D_2}{D}=\frac{-21}{7}=-3.$$

二、三阶行列式

定义 1 设有 9 个数排成 3 行 3 列的数表

$$\begin{matrix} a_{11} & a_{12} & a_{13} \\ a_{21} & a_{22} & a_{23} \\ a_{31} & a_{32} & a_{33}, \end{matrix} \tag{5}$$

记

$$\begin{vmatrix} a_{11} & a_{12} & a_{13} \\ a_{21} & a_{22} & a_{23} \\ a_{31} & a_{32} & a_{33} \end{vmatrix}$$
$$= a_{11}a_{22}a_{33}+a_{12}a_{23}a_{31}+a_{13}a_{21}a_{32}-a_{11}a_{23}a_{32}-a_{12}a_{21}a_{33}-a_{13}a_{22}a_{31}, \tag{6}$$

(6)式称为数表(5)所确定的三阶行列式.

上述定义表明三阶行列式含 6 项,每项均为不同行不同列的三个元素的乘积再冠以正负号,其规律遵循图 1.2 所示的对角线法则:图中有三条实线看做是平行于主对角线的连线,三条虚线看做是平行于副对角线的连线,实线上三元素的乘积冠正号,虚线上三元素的乘积冠负号.

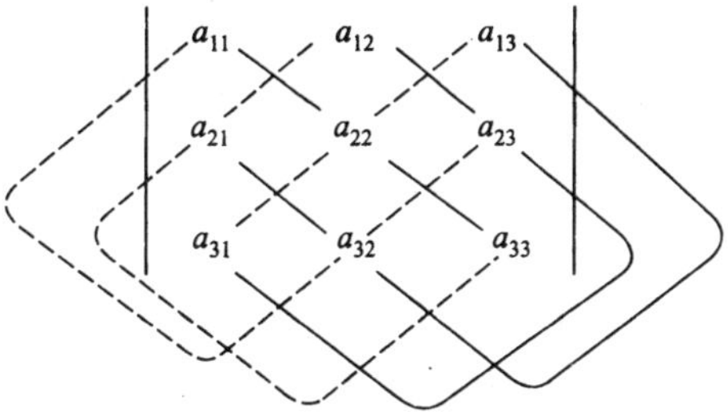

图 1.2

例 2 计算三阶行列式

$$D=\begin{vmatrix} 1 & 2 & -4 \\ -2 & 2 & 1 \\ -3 & 4 & -2 \end{vmatrix}.$$

解 按对角线法则,有

$$\begin{aligned} D &= 1\times2\times(-2)+2\times1\times(-3)+(-4)\times(-2)\times4- \\ &\quad 1\times1\times4-2\times(-2)\times(-2)-(-4)\times2\times(-3) \\ &= -4-6+32-4-8-24=-14. \end{aligned}$$

例 3 求解方程

$$\begin{vmatrix} 1 & 1 & 1 \\ 2 & 3 & x \\ 4 & 9 & x^2 \end{vmatrix} = 0.$$

解　方程左端的三阶行列式

$$D = 3x^2+4x+18-9x-2x^2-12 = x^2-5x+6,$$

由 $x^2-5x+6=0$　解得　$x=2$ 或 $x=3$.

对角线法则只适用于二阶与三阶行列式，为研究四阶及更高阶行列式，下面先介绍有关全排列的知识，然后引出 n 阶行列式的概念.

§2　全排列和对换

一、排列及其逆序数

把 n 个不同的元素排成一列，叫做这 n 个元素的全排列(也简称排列).

n 个不同元素的所有排列的种数，通常用 P_n 表示，可计算如下：

从 n 个元素中任取一个放在第一个位置上，有 n 种取法；

从剩下的 $n-1$ 个元素中任取一个放在第二个位置上，有 $n-1$ 种取法；

这样继续下去，直到最后只剩下一个元素放在第 n 个位置上，只有 1 种取法. 于是

$$P_n = n\cdot(n-1)\cdot\cdots\cdot 3\cdot 2\cdot 1 = n!.$$

例如用 1,2,3 三个数字作排列，排列总数 $P_3=3\cdot 2\cdot 1=6$，它们是

123, 231, 312, 132, 213, 321.

对于 n 个不同的元素，先规定各元素之间有一个标准次序(例如 n 个不同的自然数，可规定由小到大为标准次序)，于是在这 n 个元素的任一排列中，当某一对元素的先后次序与标准次序不同时，就说它构成 1 个逆序. 一个排列中所有逆序的总数叫做这个排列的逆序数.

逆序数为奇数的排列叫做奇排列，逆序数为偶数的排列叫做偶排列.

下面来讨论计算排列的逆序数的方法.

不失一般性，不妨设 n 个元素为 1 至 n 这 n 个自然数，并规定由小到大为标准次序. 设 $p_1p_2\cdots p_n$ 为这 n 个自然数的一个排列，考虑元素 p_i $(i=1,2,\cdots,n)$，如果比 p_i 大的且排在 p_i 前面的元素有 t_i 个，就说 p_i 这个元素的逆序数是 t_i. 全体元素的逆序数之总和

$$t=t_1+t_2+\cdots+t_n=\sum_{i=1}^{n}t_i$$

即是这个排列的逆序数.

例 4 求排列 32514 的逆序数.

解 在排列 32514 中:

3 排在首位,逆序数 $t_1=0$;

2 的前面比 2 大的数有一个(3),故逆序数 $t_2=1$;

5 是最大数,逆序数 $t_3=0$;

1 的前面比 1 大的数有三个(3、2、5),故逆序数 $t_4=3$;

4 的前面比 4 大的数有一个(5),故逆序数 $t_5=1$,于是这个排列的逆序数为

$$t=\sum_{i=1}^{5}t_i=0+1+0+3+1=5.$$

二、对换

在排列中,将任意两个元素对调,其余的元素不动,这种作出新排列的手续叫做对换.将相邻两个元素对换,叫做相邻对换.

定理 1 一个排列中的任意两个元素对换,排列改变奇偶性.

证 仍不妨设元素为从 1 开始的自然数(从小到大为标准次序).先证相邻对换的情形.

设排列为 $a_1\cdots a_l abb_1\cdots b_m$,对换 a 与 b,变为 $a_1\cdots a_l bab_1\cdots b_m$.显然,$a_1,\cdots,a_l;b_1,\cdots,b_m$ 这些元素的逆序数经过对换并不改变,而 a,b 两元素的逆序数改变为:当 $a<b$ 时,经对换后 a 的逆序数增加 1 而 b 的逆序数不变;当 $a>b$ 时,经对换后 a 的逆序数不变而 b 的逆序数减少 1.所以排列 $a_1\cdots a_l abb_1\cdots b_m$ 与排列 $a_1\cdots a_l bab_1\cdots b_m$ 的奇偶性不同.

再证一般对换的情形.

设排列为 $a_1\cdots a_l ab_1\cdots b_m bc_1\cdots c_n$,把它作 m 次相邻对换,变成 $a_1\cdots a_l abb_1\cdots b_m c_1\cdots c_n$,再作 $m+1$ 次相邻对换,变成 $a_1\cdots a_l bb_1\cdots b_m ac_1\cdots c_n$.总之,经 $2m+1$ 次相邻对换,排列 $a_1\cdots a_l ab_1\cdots b_m bc_1\cdots c_n$ 变成排列 $a_1\cdots a_l bb_1\cdots b_m ac_1\cdots c_n$,所以这两个排列的奇偶性相反.

推论 奇排列对换成标准排列的对换次数为奇数,偶排列对换成标准排列的对换次数为偶数.

证 由定理 1 知对换的次数就是排列奇偶性的变化次数,而标准排列是偶排列(逆序数为 0),因此知推论成立. 证毕

§3 n 阶行列式的定义

为了给出 n 阶行列式的定义,先来研究三阶行列式的结构.三阶行列式定义为

$$\begin{vmatrix} a_{11} & a_{12} & a_{13} \\ a_{21} & a_{22} & a_{23} \\ a_{31} & a_{32} & a_{33} \end{vmatrix}$$

$$=a_{11}a_{22}a_{33}+a_{12}a_{23}a_{31}+a_{13}a_{21}a_{32}-a_{11}a_{23}a_{32}-a_{12}a_{21}a_{33}-a_{13}a_{22}a_{31}. \tag{6}$$

容易看出:

(i) (6)式右边的每一项都恰是三个元素的乘积,这三个元素位于不同的行、不同的列. 因此,(6)式右端的任一项除正负号外可以写成 $a_{1p_1}a_{2p_2}a_{3p_3}$. 这里第一个下标(行标)排成标准次序 123,而第二个下标(列标)排成 $p_1p_2p_3$,它是 1,2,3 三个数的某个排列. 这样的排列共有 6 种,对应(6)式右端共含 6 项.

(ii) 各项的正负号与列标的排列对照.

带正号的三项列标排列是 123,231,312;

带负号的三项列标排列是 132,213,321.

经计算可知前三个排列都是偶排列,而后三个排列都是奇排列. 因此各项所带的正负号可以表示为$(-1)^t$,其中 t 为列标排列的逆序数.

总之,三阶行列式可以写成

$$\begin{vmatrix} a_{11} & a_{12} & a_{13} \\ a_{21} & a_{22} & a_{23} \\ a_{31} & a_{32} & a_{33} \end{vmatrix} = \sum (-1)^t a_{1p_1}a_{2p_2}a_{3p_3},$$

其中 t 为排列 $p_1p_2p_3$ 的逆序数,$\sum$ 表示对 1,2,3 三个数的所有排列 $p_1p_2p_3$ 取和.

仿此,可以把行列式推广到一般情形.

定义 2　设有 n^2 个数,排成 n 行 n 列的数表

$$\begin{matrix} a_{11} & a_{12} & \cdots & a_{1n} \\ a_{21} & a_{22} & \cdots & a_{2n} \\ \cdots & \cdots & \cdots & \cdots \\ a_{n1} & a_{n2} & \cdots & a_{nn}, \end{matrix}$$

作出表中位于不同行不同列的 n 个数的乘积,并冠以符号$(-1)^t$,得到形如

$$(-1)^t a_{1p_1}a_{2p_2}\cdots a_{np_n} \tag{7}$$

的项,其中 $p_1p_2\cdots p_n$ 为自然数 $1,2,\cdots,n$ 的一个排列,t 为这个排列的逆序数. 由于这样的排列共有 $n!$ 个,因而形如(7)式的项共有 $n!$ 项. 所有这 $n!$ 项的代数和

$$\sum (-1)^t a_{1p_1}a_{2p_2}\cdots a_{np_n}$$

称为n阶行列式，记作

$$D=\begin{vmatrix} a_{11} & a_{12} & \cdots & a_{1n} \\ a_{21} & a_{22} & \cdots & a_{2n} \\ \vdots & \vdots & & \vdots \\ a_{n1} & a_{n2} & \cdots & a_{nn} \end{vmatrix},$$

简记作 $\det(a_{ij})$，其中数 a_{ij}为行列式 D 的(i,j)元.

按此定义的二阶、三阶行列式，与 §1 中用对角线法则定义的二阶、三阶行列式显然是一致的. 当 $n=1$ 时，一阶行列式 $|a|=a$，注意不要与绝对值记号相混淆.

主对角线以下（上）的元素都为 0 的行列式叫做上（下）三角形行列式；特别，主对角线以下和以上的元素都为 0 的行列式叫做对角行列式.

例 5 证明(1)下三角形行列式

$$D=\begin{vmatrix} a_{11} & & & \\ a_{21} & a_{22} & & 0 \\ \vdots & \vdots & \ddots & \\ a_{n1} & a_{n2} & \cdots & a_{nn} \end{vmatrix}=a_{11}a_{22}\cdots a_{nn};$$

(2) 对角行列式

$$\begin{vmatrix} \lambda_1 & & & \\ & \lambda_2 & & \\ & & \ddots & \\ & & & \lambda_n \end{vmatrix}=\lambda_1\lambda_2\cdots\lambda_n.$$

证 (1) 由于当 $j>i$ 时，$a_{ij}=0$，故 D 中可能不为 0 的元素 a_{ip_i}，其下标应有 $p_i\leqslant i$，即 $p_1\leqslant 1,\cdots,p_n\leqslant n$，而 $p_1+\cdots+p_n=1+\cdots+n$，因此 $p_1=1,\cdots,p_n=n$，所以 D 中可能不为 0 的项只有一项 $(-1)^t a_{11}a_{22}\cdots a_{nn}$. 此项的符号 $(-1)^t=(-1)^0=1$，所以

$$D=a_{11}a_{22}\cdots a_{nn}.$$

(2) 由(1)即得.

§4 行列式的性质

记

$$D=\begin{vmatrix} a_{11} & a_{12} & \cdots & a_{1n} \\ a_{21} & a_{22} & \cdots & a_{2n} \\ \vdots & \vdots & & \vdots \\ a_{n1} & a_{n2} & \cdots & a_{nn} \end{vmatrix},\ D^{\mathrm{T}}=\begin{vmatrix} a_{11} & a_{21} & \cdots & a_{n1} \\ a_{12} & a_{22} & \cdots & a_{n2} \\ \vdots & \vdots & & \vdots \\ a_{1n} & a_{2n} & \cdots & a_{nn} \end{vmatrix},$$

行列式 D^{T} 称为行列式 D 的转置行列式.

性质 1　行列式与它的转置行列式相等.

证　记 $D=\det(a_{ij})$ 的转置行列式 $D^{\mathrm{T}}=\det(b_{ij})$，即 D^{T} 的 (i,j) 元为 b_{ij}，则 $b_{ij}=a_{ji}$ $(i,j=1,2,\cdots,n)$，按定义

$$D^{\mathrm{T}}=\sum(-1)^{t}b_{1p_1}b_{2p_2}\cdots b_{np_n}=\sum(-1)^{t}a_{p_1 1}a_{p_2 2}\cdots a_{p_n n}.$$

下证 $D=D^{\mathrm{T}}$.

对于行列式 D 的任一项

$$(-1)^{t}a_{1p_1}\cdots a_{ip_i}\cdots a_{jp_j}\cdots a_{np_n},$$

其中 $1\cdots i\cdots j\cdots n$ 为标准排列，t 为排列 $p_1\cdots p_i\cdots p_j\cdots p_n$ 的逆序数，对换元素 a_{ip_i} 与 a_{jp_j} 成

$$(-1)^{t}a_{1p_1}\cdots a_{jp_j}\cdots a_{ip_i}\cdots a_{np_n},$$

这时，这一项的值不变，而行标排列与列标排列同时作了一次相应的对换. 设新的行标排列 $1\cdots j\cdots i\cdots n$ 的逆序数为 r，则 r 为奇数；设新的列标排列 $p_1\cdots p_j\cdots p_i\cdots p_n$ 的逆序数为 t_1，则

$$(-1)^{t_1}=-(-1)^{t}.$$

故

$$(-1)^{t}=-(-1)^{t_1}=(-1)^{r}(-1)^{t_1}=(-1)^{r+t_1},$$

于是

$$(-1)^{t}a_{1p_1}\cdots a_{ip_i}\cdots a_{jp_j}\cdots a_{np_n}=(-1)^{r+t_1}a_{1p_1}\cdots a_{jp_j}\cdots a_{ip_i}\cdots a_{np_n}.$$

这就表明，对换乘积中两元素的次序，从而行标排列与列标排列同时作了相应的对换，则行标排列与列标排列的逆序数之和并不改变奇偶性. 经一次对换是如此，经多次对换当然还是如此. 于是，经过若干次对换，使

列标排列 $p_1p_2\cdots p_n$（逆序数为 t）变为标准排列（逆序数为 0）；

行标排列则相应地从标准排列变为某个新的排列，设此新排列为 $q_1q_2\cdots q_n$，其逆序数为 s，则有

$$(-1)^{t}a_{1p_1}a_{2p_2}\cdots a_{np_n}=(-1)^{s}a_{q_1 1}a_{q_2 2}\cdots a_{q_n n}.$$

又，如果上式左边乘积的第 i 个元素 a_{ip_i} 为 a_{ij}，那么它必定是上式右边乘积的第 j 个元素，即 $a_{ip_i}=a_{ij}=a_{q_j j}$. 可见排列 $q_1q_2\cdots q_n$ 由排列 $p_1p_2\cdots p_n$ 所惟一确定.

综上可知：对于 D 中任一项 $(-1)^{t}a_{1p_1}a_{2p_2}\cdots a_{np_n}$，总有且仅有 D^{T} 中的某一项 $(-1)^{s}a_{q_1 1}a_{q_2 2}\cdots a_{q_n n}$ 与之对应并相等；反之，对于 D^{T} 中的任一项 $(-1)^{t}a_{p_1 1}a_{p_2 2}\cdots a_{p_n n}$，也总有且仅有 D 中的某一项 $(-1)^{s}a_{1q_1}a_{2q_2}\cdots a_{nq_n}$ 与之对应并相等，于是 D 与 D^{T} 中的项可以一一对应并相等，从而 $D=D^{\mathrm{T}}$.　　证毕

由此性质可知，行列式中的行与列具有同等的地位，行列式的性质凡是对行

成立的对列也同样成立，反之亦然.

性质 2 对换行列式的两行(列)，行列式变号.

证 设行列式

$$D_1=\begin{vmatrix} b_{11} & b_{12} & \cdots & b_{1n} \\ b_{21} & b_{22} & \cdots & b_{2n} \\ \vdots & \vdots & & \vdots \\ b_{n1} & b_{n2} & \cdots & b_{nn} \end{vmatrix}$$

是由行列式 $D=\det(a_{ij})$ 对换 i,j 两行得到的，即当 $k\neq i,j$ 时，$b_{kp}=a_{kp}$；当 $k=i,j$ 时，$b_{ip}=a_{jp}$，$b_{jp}=a_{ip}$，于是

$$\begin{aligned} D_1 &= \sum(-1)^t b_{1p_1}\cdots b_{ip_i}\cdots b_{jp_j}\cdots b_{np_n}=\sum(-1)^t a_{1p_1}\cdots a_{jp_i}\cdots a_{ip_j}\cdots a_{np_n} \\ &= \sum(-1)^t a_{1p_1}\cdots a_{ip_j}\cdots a_{jp_i}\cdots a_{np_n}, \end{aligned}$$

其中 $1\cdots i\cdots j\cdots n$ 为标准排列，t 为排列 $p_1\cdots p_i\cdots p_j\cdots p_n$ 的逆序数. 设排列 $p_1\cdots p_j\cdots p_i\cdots p_n$ 的逆序数为 t_1，则 $(-1)^t=-(-1)^{t_1}$，故

$$D_1=-\sum(-1)^{t_1}a_{1p_1}\cdots a_{ip_j}\cdots a_{jp_i}\cdots a_{np_n}=-D.$$ 证毕

以 r_i 表示行列式的第 i 行，以 c_i 表示第 i 列. 对换 $i,\ j$ 两行记作 $r_i\leftrightarrow r_j$，对换 $i,\ j$ 两列记作 $c_i\leftrightarrow c_j$.

推论 如果行列式有两行(列)完全相同，则此行列式等于零.

证 把这两行对换，有 $D=-D$，故 $D=0$. 证毕

性质 3 行列式的某一行(列)中所有的元素都乘同一数 k，等于用数 k 乘此行列式.

第 i 行(或列)乘 k，记作 $r_i\times k$ (或 $c_i\times k$).

推论 行列式中某一行(列)的所有元素的公因子可以提到行列式记号的外面.

第 i 行(或列)提出公因子 k，记作 $r_i\div k$ (或 $c_i\div k$)，有

$$\begin{vmatrix} a_{11} & a_{12} & \cdots & a_{1n} \\ \vdots & \vdots & & \vdots \\ ka_{i1} & ka_{i2} & \cdots & ka_{in} \\ \vdots & \vdots & & \vdots \\ a_{n1} & a_{n2} & \cdots & a_{nn} \end{vmatrix} \xlongequal{r_i\div k} k\begin{vmatrix} a_{11} & a_{12} & \cdots & a_{1n} \\ \vdots & \vdots & & \vdots \\ a_{i1} & a_{i2} & \cdots & a_{in} \\ \vdots & \vdots & & \vdots \\ a_{n1} & a_{n2} & \cdots & a_{nn} \end{vmatrix}.$$

性质 4 行列式中如果有两行(列)元素成比例，则此行列式等于零.

性质 5 若行列式的某一行(列)的元素都是两数之和，例如第 i 行的元素都是两数之和：

$$D=\begin{vmatrix} a_{11} & a_{12} & \cdots & a_{1n} \\ \vdots & \vdots & & \vdots \\ a_{i1}+a'_{i1} & a_{i2}+a'_{i2} & \cdots & a_{in}+a'_{in} \\ \vdots & \vdots & & \vdots \\ a_{n1} & a_{n2} & \cdots & a_{nn} \end{vmatrix},$$

则 D 等于下列两个行列式之和：

$$D=\begin{vmatrix} a_{11} & a_{12} & \cdots & a_{1n} \\ \vdots & \vdots & & \vdots \\ a_{i1} & a_{i2} & \cdots & a_{in} \\ \vdots & \vdots & & \vdots \\ a_{n1} & a_{n2} & \cdots & a_{nn} \end{vmatrix}+\begin{vmatrix} a_{11} & a_{12} & \cdots & a_{1n} \\ \vdots & \vdots & & \vdots \\ a'_{i1} & a'_{i2} & \cdots & a'_{in} \\ \vdots & \vdots & & \vdots \\ a_{n1} & a_{n2} & \cdots & a_{nn} \end{vmatrix}.$$

性质 6　把行列式的某一行(列)的各元素乘同一数然后加到另一行(列)对应的元素上去,行列式不变.

例如以数 k 乘第 i 行加到第 j 行上(记作 r_j+kr_i),有

$$\begin{vmatrix} a_{11} & a_{12} & \cdots & a_{1n} \\ \vdots & \vdots & & \vdots \\ a_{i1} & a_{i2} & \cdots & a_{in} \\ \vdots & \vdots & & \vdots \\ a_{j1} & a_{j2} & \cdots & a_{jn} \\ \vdots & \vdots & & \vdots \\ a_{n1} & a_{n2} & \cdots & a_{nn} \end{vmatrix} \xlongequal{r_j+kr_i} \begin{vmatrix} a_{11} & a_{12} & \cdots & a_{1n} \\ \vdots & \vdots & & \vdots \\ a_{i1} & a_{i2} & \cdots & a_{in} \\ \vdots & \vdots & & \vdots \\ a_{j1}+ka_{i1} & a_{j2}+ka_{i2} & \cdots & a_{jn}+ka_{in} \\ \vdots & \vdots & & \vdots \\ a_{n1} & a_{n2} & \cdots & a_{nn} \end{vmatrix} \quad (i\neq j).$$

(以数 k 乘第 i 列加到第 j 列上,记作 c_j+kc_i.)

以上诸性质请读者证明之.

上述性质 5 表明:当某一行(或列)的元素为两数之和时,行列式关于该行(或列)可分解为两个行列式. 若 n 阶行列式每个元素都表示成两数之和,则它可分解成 2^n 个行列式. 例如二阶行列式

$$\begin{vmatrix} a+x & b+y \\ c+z & d+w \end{vmatrix}=\begin{vmatrix} a & b+y \\ c & d+w \end{vmatrix}+\begin{vmatrix} x & b+y \\ z & d+w \end{vmatrix}$$
$$=\begin{vmatrix} a & b \\ c & d \end{vmatrix}+\begin{vmatrix} a & y \\ c & w \end{vmatrix}+\begin{vmatrix} x & b \\ z & d \end{vmatrix}+\begin{vmatrix} x & y \\ z & w \end{vmatrix}.$$

性质 2,3,6 介绍了行列式关于行和关于列的三种运算,即 $r_i\leftrightarrow r_j$, $r_i\times k$, r_i+kr_j 和 $c_i\leftrightarrow c_j$, $c_i\times k$, c_i+kc_j,利用这些运算可简化行列式的计算,特别是利用运算 r_i+kr_j (或 c_i+kc_j)可以把行列式中许多元素化为 0. 计算行列式常用的一种方法就是利

用运算 r_i+kr_j 把行列式化为上三角形行列式，从而算得行列式的值. 请看以下几个例题.

例 6 计算 n 阶行列式

$$(1)\ D=\begin{vmatrix} & & & a_{1n} \\ 0 & & a_{2,n-1} & a_{2n} \\ & \iddots & \vdots & \vdots \\ a_{n1} & \cdots & a_{n,n-1} & a_{nn} \end{vmatrix};\quad (2)\ \begin{vmatrix} & & & \lambda_1 \\ & & \lambda_2 & \\ & \iddots & & \\ \lambda_n & & & \end{vmatrix}.$$

解 (1) 应注意 D 不是上(下)三角形行列式，但可以通过行的对换化为上三角形行列式. 先把 D 的第 n 行依次与第 $n-1$ 行……第一行对换(共 $n-1$ 次对换)，得行列式 D_1. 由性质 2，$D_1=(-1)^{n-1}D$，或 $D=(-1)^{n-1}D_1$，这里

$$D_1=\begin{vmatrix} a_{n1} & a_{n2} & \cdots & a_{n,n-1} & a_{nn} \\ 0 & 0 & \cdots & 0 & a_{1n} \\ \vdots & \vdots & & \vdots & \vdots \\ 0 & a_{n-1,2} & \cdots & a_{n-1,n-1} & a_{n-1,n} \end{vmatrix},$$

再把 D_1 的第 n 行依次与第 $n-1$ 行……第二行对换(共 $n-2$ 次对换)，得一新的行列式……循此，D 经过共

$$(n-1)+(n-2)+\cdots+1=\frac{1}{2}n(n-1)$$

次行的对换成为上三角形行列式

$$\begin{vmatrix} a_{n1} & a_{n2} & \cdots & a_{nn} \\ & a_{n-1,2} & \cdots & a_{n-1,n} \\ & & \ddots & \vdots \\ & 0 & & a_{1n} \end{vmatrix},$$

于是 $D=(-1)^{n-1}D_1=\cdots=(-1)^{\frac{1}{2}n(n-1)}a_{1n}a_{2,n-1}\cdots a_{n1}$；

(2) 由(1)得

$$\begin{vmatrix} & & & \lambda_1 \\ & & \lambda_2 & \\ & \iddots & & \\ \lambda_n & & & \end{vmatrix}=(-1)^{\frac{n(n-1)}{2}}\lambda_1\lambda_2\cdots\lambda_n.$$

例 7 计算

$$D=\begin{vmatrix}3&1&-1&2\\-5&1&3&-4\\2&0&1&-1\\1&-5&3&-3\end{vmatrix}.$$

解

$$D\xlongequal{c_1\leftrightarrow c_2}-\begin{vmatrix}1&3&-1&2\\1&-5&3&-4\\0&2&1&-1\\-5&1&3&-3\end{vmatrix}\xlongequal[r_4+5r_1]{r_2-r_1}-\begin{vmatrix}1&3&-1&2\\0&-8&4&-6\\0&2&1&-1\\0&16&-2&7\end{vmatrix}$$

$$\xlongequal{r_2\leftrightarrow r_3}\begin{vmatrix}1&3&-1&2\\0&2&1&-1\\0&-8&4&-6\\0&16&-2&7\end{vmatrix}\xlongequal[r_4-8r_2]{r_3+4r_2}\begin{vmatrix}1&3&-1&2\\0&2&1&-1\\0&0&8&-10\\0&0&-10&15\end{vmatrix}$$

$$\xlongequal[r_4\div 5]{r_3\div 2}10\begin{vmatrix}1&3&-1&2\\0&2&1&-1\\0&0&4&-5\\0&0&-2&3\end{vmatrix}\xlongequal{r_4+\frac{1}{2}r_3}10\begin{vmatrix}1&3&-1&2\\0&2&1&-1\\0&0&4&-5\\0&0&0&\frac{1}{2}\end{vmatrix}=10\times 4=40.$$

在上述解法中，先用了运算 $c_1\leftrightarrow c_2$，其目的是把 a_{11} 换成 1，从而利用运算 $r_i-a_{i1}r_1$，即可把 a_{i1} $(i=2,3,4)$ 变为 0. 如果不先作 $c_1\leftrightarrow c_2$，则由于原式中 $a_{11}=3$，需用运算 $r_i-\frac{a_{i1}}{3}r_1$ 把 a_{i1} 变为 0，这样计算时就比较麻烦. 第二步把 r_2-r_1 和 r_4+5r_1 写在一起，这是两次运算，并把第一次运算结果的书写省略了.

例 8　计算

$$D=\begin{vmatrix}3&1&1&1\\1&3&1&1\\1&1&3&1\\1&1&1&3\end{vmatrix}.$$

解　这个行列式的特点是各列 4 个数之和都是 6. 今把第 2,3,4 行同时加到第 1 行，提出公因子 6，然后各行减去第一行：

$$D\xlongequal{r_1+r_2+r_3+r_4}\begin{vmatrix}6&6&6&6\\1&3&1&1\\1&1&3&1\\1&1&1&3\end{vmatrix}\xlongequal{r_1\div 6}6\begin{vmatrix}1&1&1&1\\1&3&1&1\\1&1&3&1\\1&1&1&3\end{vmatrix}$$

$$\xlongequal[r_4-r_1]{\substack{r_2-r_1\\r_3-r_1}} 6\begin{vmatrix}1&1&1&1\\0&2&0&0\\0&0&2&0\\0&0&0&2\end{vmatrix}=48.$$

例 9 计算

$$D=\begin{vmatrix}a&b&c&d\\a&a+b&a+b+c&a+b+c+d\\a&2a+b&3a+2b+c&4a+3b+2c+d\\a&3a+b&6a+3b+c&10a+6b+3c+d\end{vmatrix}.$$

解 从第 4 行开始,后行减前行,

$$D\xlongequal[r_2-r_1]{\substack{r_4-r_3\\r_3-r_2}}\begin{vmatrix}a&b&c&d\\0&a&a+b&a+b+c\\0&a&2a+b&3a+2b+c\\0&a&3a+b&6a+3b+c\end{vmatrix}\xlongequal[r_3-r_2]{r_4-r_3}\begin{vmatrix}a&b&c&d\\0&a&a+b&a+b+c\\0&0&a&2a+b\\0&0&a&3a+b\end{vmatrix}$$

$$\xlongequal{r_4-r_3}\begin{vmatrix}a&b&c&d\\0&a&a+b&a+b+c\\0&0&a&2a+b\\0&0&0&a\end{vmatrix}=a^4.$$

上述诸例中都用到把几个运算写在一起的省略写法,这里要注意各个运算的次序一般不能颠倒,这是由于后一次运算是作用在前一次运算结果上的缘故.例如

$$\begin{vmatrix}a&b\\c&d\end{vmatrix}\xlongequal{r_1+r_2}\begin{vmatrix}a+c&b+d\\c&d\end{vmatrix}\xlongequal{r_2-r_1}\begin{vmatrix}a+c&b+d\\-a&-b\end{vmatrix},$$

$$\begin{vmatrix}a&b\\c&d\end{vmatrix}\xlongequal{r_2-r_1}\begin{vmatrix}a&b\\c-a&d-b\end{vmatrix}\xlongequal{r_1+r_2}\begin{vmatrix}c&d\\c-a&d-b\end{vmatrix},$$

可见两次运算当次序不同时所得结果不同.忽视后一次运算是作用在前一次运算的结果上,就会出错,例如

$$\begin{vmatrix}a&b\\c&d\end{vmatrix}\xlongequal[r_2-r_1]{r_1+r_2}\begin{vmatrix}a+c&b+d\\c-a&d-b\end{vmatrix},$$

这样的运算是错误的,出错的原因在于第二次运算找错了对象.

此外还要注意运算 r_i+r_j 与 r_j+r_i 的区别,r_i+kr_j 是约定的行列式运算记号,不能写作 kr_j+r_i(这里不能套用加法的交换律).

上述诸例都是利用运算 r_i+kr_j 把行列式化为上三角形行列式,用归纳法不难证明(这里不证)任何 n 阶行列式总能利用运算 r_i+kr_j 化为上三角形行列式,

或化为下三角形行列式(这时要先把 $a_{1n},\cdots,a_{n-1,n}$ 化为 0). 类似地,利用列运算 c_i+kc_j,也可把行列式化为上三角形行列式或下三角形行列式.

例 10　设

$$D=\begin{vmatrix} a_{11} & \cdots & a_{1k} & & & \\ \vdots & & \vdots & & 0 & \\ a_{k1} & \cdots & a_{kk} & & & \\ c_{11} & \cdots & c_{1k} & b_{11} & \cdots & b_{1n} \\ \vdots & & \vdots & \vdots & & \vdots \\ c_{n1} & \cdots & c_{nk} & b_{n1} & \cdots & b_{nn} \end{vmatrix},$$

$$D_1=\det(a_{ij})=\begin{vmatrix} a_{11} & \cdots & a_{1k} \\ \vdots & & \vdots \\ a_{k1} & \cdots & a_{kk} \end{vmatrix},\quad D_2=\det(b_{ij})=\begin{vmatrix} b_{11} & \cdots & b_{1n} \\ \vdots & & \vdots \\ b_{n1} & \cdots & b_{nn} \end{vmatrix},$$

证明:$D=D_1D_2$.

证　对 D_1 作运算 $r_i+\lambda r_j$,把 D_1 化为下三角形行列式,设为

$$D_1=\begin{vmatrix} p_{11} & & 0 \\ \vdots & \ddots & \\ p_{k1} & \cdots & p_{kk} \end{vmatrix}=p_{11}\cdots p_{kk},$$

对 D_2 作运算 $c_i+\lambda c_j$,把 D_2 化为下三角形行列式,设为

$$D_2=\begin{vmatrix} q_{11} & & 0 \\ \vdots & \ddots & \\ q_{n1} & \cdots & q_{nn} \end{vmatrix}=q_{11}\cdots q_{nn}.$$

于是,对 D 的前 k 行作运算 $r_i+\lambda r_j$,再对后 n 列作运算 $c_i+\lambda c_j$,把 D 化为下三角形行列式

$$D=\begin{vmatrix} p_{11} & & & & & \\ \vdots & \ddots & & & 0 & \\ p_{k1} & \cdots & p_{kk} & & & \\ c_{11} & \cdots & c_{1k} & q_{11} & & \\ \vdots & & \vdots & \vdots & \ddots & \\ c_{n1} & \cdots & c_{nk} & q_{n1} & \cdots & q_{nn} \end{vmatrix},$$

故

$$D=p_{11}\cdots p_{kk}q_{11}\cdots q_{nn}=D_1D_2.$$

例 11　计算 $2n$ 阶行列式

$$D_{2n}=\underbrace{\begin{vmatrix} a & & & & & b \\ & \ddots & & & \iddots & \\ & & a & b & & \\ & & c & d & & \\ & \iddots & & & \ddots & \\ c & & & & & d \end{vmatrix}}_{2n},$$

其中未写出的元素为 0.

解 把 D_{2n} 中的第 $2n$ 行依次与第 $2n-1$ 行……第 2 行对换(作 $2n-2$ 次相邻两行的对换),再把第 $2n$ 列依次与第 $2n-1$ 列……第 2 列对换,得

$$D_{2n}=(-1)^{2(2n-2)}\begin{vmatrix} a & b & 0 & & \cdots & & 0 \\ c & d & 0 & & \cdots & & 0 \\ 0 & 0 & a & & & & b \\ & & & \ddots & & \iddots & \\ \vdots & \vdots & & & a \quad b & & \\ & & & & c \quad d & & \\ & & & \iddots & & \ddots & \\ 0 & 0 & c & & & & d \end{vmatrix},$$

其中右下角部分为 $2(n-1)$ 阶.

根据例 10 的结果,有

$$D_{2n}=D_2D_{2(n-1)}=(ad-bc)D_{2(n-1)}.$$

以此作递推公式,即得

$$D_{2n}=(ad-bc)^2D_{2(n-2)}=\cdots=(ad-bc)^{n-1}D_2=(ad-bc)^n.$$

§5 行列式按行(列)展开

一般说来,低阶行列式的计算比高阶行列式的计算要简便,于是,我们自然地考虑用低阶行列式来表示高阶行列式的问题. 为此,先引进余子式和代数余子式的概念.

在 n 阶行列式中,把 (i,j) 元 a_{ij} 所在的第 i 行和第 j 列划去后,留下来的 $n-1$ 阶行列式叫做 (i,j) 元 a_{ij} 的余子式,记作 M_{ij};记

$$A_{ij}=(-1)^{i+j}M_{ij},$$

A_{ij}叫做(i,j)元 a_{ij}的代数余子式.

例如四阶行列式

$$D=\begin{vmatrix} a_{11} & a_{12} & a_{13} & a_{14} \\ a_{21} & a_{22} & a_{23} & a_{24} \\ a_{31} & a_{32} & a_{33} & a_{34} \\ a_{41} & a_{42} & a_{43} & a_{44} \end{vmatrix}$$

中$(3,2)$元 a_{32}的余子式和代数余子式分别为

$$M_{32}=\begin{vmatrix} a_{11} & a_{13} & a_{14} \\ a_{21} & a_{23} & a_{24} \\ a_{41} & a_{43} & a_{44} \end{vmatrix},$$

$$A_{32}=(-1)^{3+2}M_{32}=-M_{32}.$$

引理　一个 n 阶行列式，如果其中第 i 行所有元素除(i,j)元 a_{ij}外都为零，那么这行列式等于 a_{ij}与它的代数余子式的乘积，即

$$D=a_{ij}A_{ij}.$$

证　先证$(i,j)=(1,1)$的情形，此时

$$D=\begin{vmatrix} a_{11} & 0 & \cdots & 0 \\ a_{21} & a_{22} & \cdots & a_{2n} \\ \vdots & \vdots & & \vdots \\ a_{n1} & a_{n2} & \cdots & a_{nn} \end{vmatrix},$$

这是例 10 中当 $k=1$ 时的特殊情形，按例 10 的结论，即有

$$D=a_{11}M_{11},$$

又

$$A_{11}=(-1)^{1+1}M_{11}=M_{11},$$

从而

$$D=a_{11}A_{11}.$$

再证一般情形，此时

$$D=\begin{vmatrix} a_{11} & \cdots & a_{1j} & \cdots & a_{1n} \\ \vdots & & \vdots & & \vdots \\ 0 & \cdots & a_{ij} & \cdots & 0 \\ \vdots & & \vdots & & \vdots \\ a_{n1} & \cdots & a_{nj} & \cdots & a_{nn} \end{vmatrix}.$$

为了利用前面的结果，把 D 的行列作如下调换：把 D 的第 i 行依次与第 $i-1$ 行、第 $i-2$ 行……第 1 行对换，这样数 a_{ij}就换成$(1,j)$元，对换的次数为$i-1$.

再把第 j 列依次与第 $j-1$ 列、第 $j-2$ 列……第 1 列对换，这样数 a_{ij} 就换成(1,1)元，对换的次数为 $j-1$. 总之，经 $i+j-2$ 次对换，把数 a_{ij} 换成(1,1)元，所得的行列式 $D_1=(-1)^{i+j-2}D=(-1)^{i+j}D$，而 D_1 中(1,1)元的余子式就是 D 中 (i,j) 元的余子式 M_{ij}.

由于 D_1 的(1,1)元为 a_{ij}，第 1 行其余元素都为 0，利用前面的结果，有

$$D_1=a_{ij}M_{ij},$$

于是

$$D=(-1)^{i+j}D_1=(-1)^{i+j}a_{ij}M_{ij}=a_{ij}A_{ij}.$$

定理 2 行列式等于它的任一行(列)的各元素与其对应的代数余子式乘积之和，即

$$D=a_{i1}A_{i1}+a_{i2}A_{i2}+\cdots+a_{in}A_{in}\quad(i=1,2,\cdots,n)$$

或

$$D=a_{1j}A_{1j}+a_{2j}A_{2j}+\cdots+a_{nj}A_{nj}\quad(j=1,2,\cdots,n).$$

证

$$D=\begin{vmatrix} a_{11} & a_{12} & \cdots & a_{1n} \\ \vdots & \vdots & & \vdots \\ a_{i1}+0+\cdots+0 & 0+a_{i2}+\cdots+0 & \cdots & 0+\cdots+0+a_{in} \\ \vdots & \vdots & & \vdots \\ a_{n1} & a_{n2} & \cdots & a_{nn} \end{vmatrix}$$

$$=\begin{vmatrix} a_{11} & a_{12} & \cdots & a_{1n} \\ \vdots & \vdots & & \vdots \\ a_{i1} & 0 & \cdots & 0 \\ \vdots & \vdots & & \vdots \\ a_{n1} & a_{n2} & \cdots & a_{nn} \end{vmatrix}+\begin{vmatrix} a_{11} & a_{12} & \cdots & a_{1n} \\ \vdots & \vdots & & \vdots \\ 0 & a_{i2} & \cdots & 0 \\ \vdots & \vdots & & \vdots \\ a_{n1} & a_{n2} & \cdots & a_{nn} \end{vmatrix}+\cdots+\begin{vmatrix} a_{11} & a_{12} & \cdots & a_{1n} \\ \vdots & \vdots & & \vdots \\ 0 & 0 & \cdots & a_{in} \\ \vdots & \vdots & & \vdots \\ a_{n1} & a_{n2} & \cdots & a_{nn} \end{vmatrix},$$

根据引理，即得

$$D=a_{i1}A_{i1}+a_{i2}A_{i2}+\cdots+a_{in}A_{in}\quad(i=1,2,\cdots,n).$$

类似地，若按列证明，可得

$$D=a_{1j}A_{1j}+a_{2j}A_{2j}+\cdots+a_{nj}A_{nj}\quad(j=1,2,\cdots,n).$$ 证毕

这个定理叫做行列式按行(列)展开法则. 利用这一法则并结合行列式的性质，可以简化行列式的计算.

例 7(续) 用行列式按行(列)展开法则计算例 7 中的行列式

$$D=\begin{vmatrix}3&1&-1&2\\-5&1&3&-4\\2&0&1&-1\\1&-5&3&-3\end{vmatrix}.$$

解　保留 a_{33}，把第 3 行其余元素变为 0，然后按第 3 行展开，

$$D\xlongequal[c_4+c_3]{c_1-2c_3}\begin{vmatrix}5&1&-1&1\\-11&1&3&-1\\0&0&1&0\\-5&-5&3&0\end{vmatrix}$$

$$=(-1)^{3+3}\begin{vmatrix}5&1&1\\-11&1&-1\\-5&-5&0\end{vmatrix}\xlongequal{r_2+r_1}\begin{vmatrix}5&1&1\\-6&2&0\\-5&-5&0\end{vmatrix}$$

$$=(-1)^{1+3}\begin{vmatrix}-6&2\\-5&-5\end{vmatrix}\xlongequal{c_1-c_2}\begin{vmatrix}-8&2\\0&-5\end{vmatrix}=40.$$

例 12　证明范德蒙德(Vandermonde)行列式

$$D_n=\begin{vmatrix}1&1&\cdots&1\\x_1&x_2&\cdots&x_n\\x_1^2&x_2^2&\cdots&x_n^2\\\vdots&\vdots&&\vdots\\x_1^{n-1}&x_2^{n-1}&\cdots&x_n^{n-1}\end{vmatrix}=\prod_{n\geqslant i>j\geqslant 1}(x_i-x_j),\tag{8}$$

其中记号“$\prod$”表示全体同类因子的乘积.

证　用数学归纳法. 因为

$$D_2=\begin{vmatrix}1&1\\x_1&x_2\end{vmatrix}=x_2-x_1=\prod_{2\geqslant i>j\geqslant 1}(x_i-x_j),$$

所以当 $n=2$ 时(8)式成立. 现在假设(8)式对于 $n-1$ 阶范德蒙德行列式成立，要证(8)式对 n 阶范德蒙德行列式也成立.

为此，设法把 D_n 降阶：从第 n 行开始，后行减去前行的 x_1 倍，有

$$D_n=\begin{vmatrix}1&1&1&\cdots&1\\0&x_2-x_1&x_3-x_1&\cdots&x_n-x_1\\0&x_2(x_2-x_1)&x_3(x_3-x_1)&\cdots&x_n(x_n-x_1)\\\vdots&\vdots&\vdots&&\vdots\\0&x_2^{n-2}(x_2-x_1)&x_3^{n-2}(x_3-x_1)&\cdots&x_n^{n-2}(x_n-x_1)\end{vmatrix},$$

按第 1 列展开,并把每列的公因子(x_i-x_1)提出,就有

$$D_n=(x_2-x_1)(x_3-x_1)\cdots(x_n-x_1)\begin{vmatrix}1 & 1 & \cdots & 1\\ x_2 & x_3 & \cdots & x_n\\ \vdots & \vdots & & \vdots\\ x_2^{n-2} & x_3^{n-2} & \cdots & x_n^{n-2}\end{vmatrix},$$

上式右端的行列式是 $n-1$ 阶范德蒙德行列式,按归纳法假设,它等于所有(x_i-x_j)因子的乘积,其中 $n\geqslant i>j\geqslant 2$. 故

$$\begin{aligned}D_n&=(x_2-x_1)(x_3-x_1)\cdots(x_n-x_1)\prod_{n\geqslant i>j\geqslant 2}(x_i-x_j)\\&=\prod_{n\geqslant i>j\geqslant 1}(x_i-x_j).\end{aligned}$$

证毕

例 11 和例 12 都是计算 n 阶行列式. 计算 n 阶行列式,常要使用数学归纳法,不过在比较简单的情形(如例 11),可省略归纳法的叙述格式,但归纳法的主要步骤是不可能省略的. 这主要步骤是:导出递推公式(例 11 中导出 $D_{2n}=(ad-bc)D_{2(n-1)}$)及检验 $n=1$ 时结论成立(例 11 中最后用到 $D_2=ad-bc$).

下面来推导行列式的另一重要性质,并将它作为定理 2 的推论.

设有 n 阶行列式 $D=\det(a_{ij})$,我们已得到它的按第 j 行展开式

$$D=a_{j1}A_{j1}+a_{j2}A_{j2}+\cdots+a_{jn}A_{jn}.$$

因诸 A_{jk} $(k=1,2,\cdots,n)$都是先划去了 D 中第 j 行再经计算而得,所以当第 j 行元素依次取为 $b_1,b_2,\cdots,b_n$ 时就有

$$D_j=\begin{vmatrix}a_{11} & \cdots & a_{1n}\\ \vdots & & \vdots\\ a_{j-1,1} & \cdots & a_{j-1,n}\\ b_1 & \cdots & b_n\\ a_{j+1,1} & \cdots & a_{j+1,n}\\ \vdots & & \vdots\\ a_{n1} & \cdots & a_{nn}\end{vmatrix}=b_1A_{j1}+b_2A_{j2}+\cdots+b_nA_{jn}. \tag{9}$$

这里 D_j 表示除第 j 行外其余各行均与 D 相同的行列式.

特别,当 $b_1,b_2,\cdots,b_n$ 依次取为 $D=\det(a_{ij})$的第 i 行$(i\neq j)$各元素时,上式仍成立. 但此时因 D_j 中第 j 行与第 i 行两行相同,故 $D_j=0$,从而有

$$a_{i1}A_{j1}+a_{i2}A_{j2}+\cdots+a_{in}A_{jn}=0\quad(i\neq j).$$

对列作相仿的讨论可知

$$\begin{vmatrix}a_{11} & \cdots & a_{1,j-1} & b_1 & a_{1,j+1} & \cdots & a_{1n}\\ \vdots & & \vdots & \vdots & \vdots & & \vdots\\ a_{n1} & \cdots & a_{n,j-1} & b_n & a_{n,j+1} & \cdots & a_{nn}\end{vmatrix}=b_1A_{1j}+b_2A_{2j}+\cdots+b_nA_{nj}. \tag{10}$$

特别有

$$a_{1i}A_{1j}+a_{2i}A_{2j}+\cdots+a_{ni}A_{nj}=0\quad(i\neq j).$$

这样得到了下述推论.

推论　行列式某一行(列)的元素与另一行(列)的对应元素的代数余子式乘积之和等于零. 即

$$a_{i1}A_{j1}+a_{i2}A_{j2}+\cdots+a_{in}A_{jn}=0,\ i\neq j$$

或

$$a_{1i}A_{1j}+a_{2i}A_{2j}+\cdots+a_{ni}A_{nj}=0,\ i\neq j.$$

综合定理 2 及其推论,有关于代数余子式的重要性质:

$$\sum_{k=1}^{n}a_{ki}A_{kj}=\begin{cases}D, & \text{当 } i=j,\\ 0, & \text{当 } i\neq j\end{cases}$$

或

$$\sum_{k=1}^{n}a_{ik}A_{jk}=\begin{cases}D, & \text{当 } i=j,\\ 0, & \text{当 } i\neq j.\end{cases}$$

例 13　设

$$D=\begin{vmatrix}3&-5&2&1\\1&1&0&-5\\-1&3&1&3\\2&-4&-1&-3\end{vmatrix},$$

D 的(i,j)元的余子式和代数余子式依次记作 M_{ij}和 A_{ij},求

$$A_{11}+A_{12}+A_{13}+A_{14}\text{及 }M_{11}+M_{21}+M_{31}+M_{41}.$$

解　按(9)式可知 $A_{11}+A_{12}+A_{13}+A_{14}$等于用 1,1,1,1 代替 D 的第 1 行所得的行列式,即

$$\begin{aligned}&A_{11}+A_{12}+A_{13}+A_{14}\\&=\begin{vmatrix}1&1&1&1\\1&1&0&-5\\-1&3&1&3\\2&-4&-1&-3\end{vmatrix}\xlongequal[r_3-r_1]{r_4+r_3}\begin{vmatrix}1&1&1&1\\1&1&0&-5\\-2&2&0&2\\1&-1&0&0\end{vmatrix}\\&=\begin{vmatrix}1&1&-5\\-2&2&2\\1&-1&0\end{vmatrix}\xlongequal{c_2+c_1}\begin{vmatrix}1&2&-5\\-2&0&2\\1&0&0\end{vmatrix}=\begin{vmatrix}2&-5\\0&2\end{vmatrix}=4.\end{aligned}$$

按(10)式可知

$$M_{11}+M_{21}+M_{31}+M_{41}=A_{11}-A_{21}+A_{31}-A_{41}$$

$$
=\begin{vmatrix} 1 & -5 & 2 & 1 \\ -1 & 1 & 0 & -5 \\ 1 & 3 & 1 & 3 \\ -1 & -4 & -1 & -3 \end{vmatrix} \xlongequal{r_4+r_3} \begin{vmatrix} 1 & -5 & 2 & 1 \\ -1 & 1 & 0 & -5 \\ 1 & 3 & 1 & 3 \\ 0 & -1 & 0 & 0 \end{vmatrix}
$$

$$
=(-1)\begin{vmatrix} 1 & 2 & 1 \\ -1 & 0 & -5 \\ 1 & 1 & 3 \end{vmatrix} \xlongequal{r_1-2r_3} -\begin{vmatrix} -1 & 0 & -5 \\ -1 & 0 & -5 \\ 1 & 1 & 3 \end{vmatrix}=0.
$$

习　题　一

1. 利用对角线法则计算下列三阶行列式：

(1) $\begin{vmatrix} 2 & 0 & 1 \\ 1 & -4 & -1 \\ -1 & 8 & 3 \end{vmatrix}$；　　(2) $\begin{vmatrix} a & b & c \\ b & c & a \\ c & a & b \end{vmatrix}$；

(3) $\begin{vmatrix} 1 & 1 & 1 \\ a & b & c \\ a^2 & b^2 & c^2 \end{vmatrix}$；　　(4) $\begin{vmatrix} x & y & x+y \\ y & x+y & x \\ x+y & x & y \end{vmatrix}$.

2. 按自然数从小到大为标准次序，求下列各排列的逆序数：

(1) 1234；　　(2) 4132；

(3) 3421；　　(4) 2413；

(5) $13\cdots(2n-1)24\cdots(2n)$；　　(6) $13\cdots(2n-1)(2n)(2n-2)\cdots2$.

3. 写出四阶行列式中含有因子 $a_{11}a_{23}$ 的项.

4. 计算下列各行列式：

(1) $\begin{vmatrix} 4 & 1 & 2 & 4 \\ 1 & 2 & 0 & 2 \\ 10 & 5 & 2 & 0 \\ 0 & 1 & 1 & 7 \end{vmatrix}$；　　(2) $\begin{vmatrix} 2 & 1 & 4 & 1 \\ 3 & -1 & 2 & 1 \\ 1 & 2 & 3 & 2 \\ 5 & 0 & 6 & 2 \end{vmatrix}$；

(3) $\begin{vmatrix} -ab & ac & ae \\ bd & -cd & de \\ bf & cf & -ef \end{vmatrix}$；　　(4) $\begin{vmatrix} 1 & 1 & 1 \\ a & b & c \\ b+c & c+a & a+b \end{vmatrix}$；

(5) $\begin{vmatrix} a & 1 & 0 & 0 \\ -1 & b & 1 & 0 \\ 0 & -1 & c & 1 \\ 0 & 0 & -1 & d \end{vmatrix}$；　　(6) $\begin{vmatrix} 1 & 2 & 3 & 4 \\ 1 & 3 & 4 & 1 \\ 1 & 4 & 1 & 2 \\ 1 & 1 & 2 & 3 \end{vmatrix}$.

5. 求解下列方程：

$$(1)\ \begin{vmatrix} x+1 & 2 & -1 \\ 2 & x+1 & 1 \\ -1 & 1 & x+1 \end{vmatrix}=0;\qquad (2)\ \begin{vmatrix} 1 & 1 & 1 & 1 \\ x & a & b & c \\ x^2 & a^2 & b^2 & c^2 \\ x^3 & a^3 & b^3 & c^3 \end{vmatrix}=0,$$

其中 a,b,c 互不相等.

6. 证明：

$$(1)\ \begin{vmatrix} a^2 & ab & b^2 \\ 2a & a+b & 2b \\ 1 & 1 & 1 \end{vmatrix}=(a-b)^3;$$

$$(2)\ \begin{vmatrix} ax+by & ay+bz & az+bx \\ ay+bz & az+bx & ax+by \\ az+bx & ax+by & ay+bz \end{vmatrix}=(a^3+b^3)\begin{vmatrix} x & y & z \\ y & z & x \\ z & x & y \end{vmatrix};$$

$$(3)\ \begin{vmatrix} a^2 & (a+1)^2 & (a+2)^2 & (a+3)^2 \\ b^2 & (b+1)^2 & (b+2)^2 & (b+3)^2 \\ c^2 & (c+1)^2 & (c+2)^2 & (c+3)^2 \\ d^2 & (d+1)^2 & (d+2)^2 & (d+3)^2 \end{vmatrix}=0;$$

$$(4)\ \begin{vmatrix} 1 & 1 & 1 & 1 \\ a & b & c & d \\ a^2 & b^2 & c^2 & d^2 \\ a^4 & b^4 & c^4 & d^4 \end{vmatrix}$$

$$=(a-b)(a-c)(a-d)(b-c)(b-d)(c-d)(a+b+c+d);$$

$$(5)\ \begin{vmatrix} x & -1 & 0 & 0 \\ 0 & x & -1 & 0 \\ 0 & 0 & x & -1 \\ a_0 & a_1 & a_2 & a_3 \end{vmatrix}=a_3x^3+a_2x^2+a_1x+a_0.$$

7. 设 n 阶行列式 $D=\det(a_{ij})$，把 D 上下翻转、或逆时针旋转 90°、或依副对角线翻转，依次得

$$D_1=\begin{vmatrix} a_{n1} & \cdots & a_{nn} \\ \vdots & & \vdots \\ a_{11} & \cdots & a_{1n} \end{vmatrix},\ D_2=\begin{vmatrix} a_{1n} & \cdots & a_{nn} \\ \vdots & & \vdots \\ a_{11} & \cdots & a_{n1} \end{vmatrix},\ D_3=\begin{vmatrix} a_{nn} & \cdots & a_{1n} \\ \vdots & & \vdots \\ a_{n1} & \cdots & a_{11} \end{vmatrix},$$

证明 $D_1=D_2=(-1)^{\frac{n(n-1)}{2}}D$，$D_3=D$.

8. 计算下列各行列式（D_k 为 k 阶行列式）：

$$(1)\ D_n=\begin{vmatrix} a & & 1 \\ & \ddots & \\ 1 & & a \end{vmatrix},$$其中对角线上元素都是 a，未写出的元素都是 0；

(2) $D_n=\begin{vmatrix} x & a & \cdots & a \\ a & x & \cdots & a \\ \vdots & \vdots & & \vdots \\ a & a & \cdots & x \end{vmatrix}$;

(3) $D_{n+1}=\begin{vmatrix} a^n & (a-1)^n & \cdots & (a-n)^n \\ a^{n-1} & (a-1)^{n-1} & \cdots & (a-n)^{n-1} \\ \vdots & \vdots & & \vdots \\ a & a-1 & \cdots & a-n \\ 1 & 1 & \cdots & 1 \end{vmatrix}$,提示:利用范德蒙德行列式的结果;

(4) $D_{2n}=\begin{vmatrix} a_n & & & & & b_n \\ & \ddots & & & \iddots & \\ & & a_1 & b_1 & & \\ & & c_1 & d_1 & & \\ & \iddots & & & \ddots & \\ c_n & & & & & d_n \end{vmatrix}$,其中未写出的元素都是0;

(5) $D_n=\begin{vmatrix} 1+a_1 & a_1 & \cdots & a_1 \\ a_2 & 1+a_2 & \cdots & a_2 \\ \vdots & \vdots & & \vdots \\ a_n & a_n & \cdots & 1+a_n \end{vmatrix}$;

(6) $D_n=\det(a_{ij})$,其中 $a_{ij}=|i-j|$;

(7) $D_n=\begin{vmatrix} 1+a_1 & 1 & \cdots & 1 \\ 1 & 1+a_2 & \cdots & 1 \\ \vdots & \vdots & & \vdots \\ 1 & 1 & \cdots & 1+a_n \end{vmatrix}$,其中 $a_1a_2\cdots a_n\neq 0$.

9. 设 $D=\begin{vmatrix} 3 & 1 & -1 & 2 \\ -5 & 1 & 3 & -4 \\ 2 & 0 & 1 & -1 \\ 1 & -5 & 3 & -3 \end{vmatrix}$, D 的 (i,j) 元的代数余子式记作 A_{ij},求

$$A_{31}+3A_{32}-2A_{33}+2A_{34}.$$

第2章　矩阵及其运算

§1　线性方程组和矩阵

一、线性方程组

设有 n 个未知数 m 个方程的线性方程组

$$\begin{cases} a_{11}x_1+a_{12}x_2+\cdots+a_{1n}x_n=b_1, \\ a_{21}x_1+a_{22}x_2+\cdots+a_{2n}x_n=b_2, \\ \cdots\cdots\cdots\cdots \\ a_{m1}x_1+a_{m2}x_2+\cdots+a_{mn}x_n=b_m, \end{cases} \tag{1}$$

其中 a_{ij}是第 i 个方程的第 j 个未知数的系数，b_i 是第 i 个方程的常数项，$i=1,2,\cdots,m$；$j=1,2,\cdots,n$，当常数项 $b_1,b_2,\cdots,b_m$ 不全为零时，线性方程组(1)叫做n元非齐次线性方程组，当 $b_1,b_2,\cdots,b_m$ 全为零时，(1)式成为

$$\begin{cases} a_{11}x_1+a_{12}x_2+\cdots+a_{1n}x_n=0, \\ a_{21}x_1+a_{22}x_2+\cdots+a_{2n}x_n=0, \\ \cdots\cdots\cdots\cdots \\ a_{m1}x_1+a_{m2}x_2+\cdots+a_{mn}x_n=0, \end{cases} \tag{2}$$

叫做n元齐次线性方程组.

n 元线性方程组往往简称为线性方程组或方程组.

对于 n 元齐次线性方程组(2)，$x_1=x_2=\cdots=x_n=0$ 一定是它的解，这个解叫做齐次线性方程组(2)的零解. 如果一组不全为零的数是(2)的解，则它叫做齐次线性方程组(2)的非零解. 齐次线性方程组(2)一定有零解，但不一定有非零解.

例如

① $\begin{cases} x-y=0, \\ x+y=2; \end{cases}$　② $\begin{cases} x-y=0, \\ x+y=1, \\ x+y=2; \end{cases}$　③ $\begin{cases} x_1-x_2=0, \\ 2x_1-2x_2=0, \\ 3x_1-3x_2=0 \end{cases}$

就是三个二元线性方程组，并且③是齐次方程组.

下面讨论这三个方程组的解. 方程组①：因其系数行列式 $D=\begin{vmatrix}1 & -1\\ 1 & 1\end{vmatrix}\neq 0$，知其有惟一解 $x=y=1$；方程组②：显然不存在数 x 和 y 使 $x+y=1$ 和 $x+y=2$ 同时成立，故方程组②无解；方程组③：设 s 为任一数，那么 $x_1=x_2=s$ 是③的解，从而方程组③有无限多个解.

这样看来，对于线性方程组需要讨论以下问题：(1) 它是否有解？(2) 在有解时它的解是否惟一？(3) 如果有多个解，如何求出它的所有解？

要强调的是，对于线性方程组(1)上述诸问题的答案完全取决于它的 $m\times n$ 个系数 a_{ij} $(i=1,2,\cdots,m;\ j=1,2,\cdots,n)$ 和右端的常数项 $b_1,b_2,\cdots,b_m$ 所构成的 m 行 $n+1$ 列的矩形数表：

$$\begin{matrix}a_{11} & a_{12} & \cdots & a_{1n} & b_1\\ a_{21} & a_{22} & \cdots & a_{2n} & b_2\\ \vdots & \vdots & & \vdots & \vdots\\ a_{m1} & a_{m2} & \cdots & a_{mn} & b_m,\end{matrix}$$

这里横排称为行，竖排称为列；而对于齐次线性方程组(2)的相应问题的答案也完全取决于它的 $m\times n$ 个系数 a_{ij} $(i=1,2,\cdots,m;\ j=1,2,\cdots,n)$ 所构成的 m 行 n 列的矩形数表：

$$\begin{matrix}a_{11} & a_{12} & \cdots & a_{1n}\\ a_{21} & a_{22} & \cdots & a_{2n}\\ \vdots & \vdots & & \vdots\\ a_{m1} & a_{m2} & \cdots & a_{mn}.\end{matrix}$$

由此我们来引入矩阵的概念.

二、矩阵的定义

定义 1 由 $m\times n$ 个数 a_{ij} $(i=1,2,\cdots,m;\ j=1,2,\cdots,n)$ 排成的 m 行 n 列的数表

$$\begin{matrix}a_{11} & a_{12} & \cdots & a_{1n}\\ a_{21} & a_{22} & \cdots & a_{2n}\\ \vdots & \vdots & & \vdots\\ a_{m1} & a_{m2} & \cdots & a_{mn}\end{matrix}$$

称为m行n列矩阵,简称$m\times n$矩阵.为表示它是一个整体,总是加一个括弧,并用大写黑体字母表示它,记作

$$\boldsymbol{A}=\begin{pmatrix} a_{11} & a_{12} & \cdots & a_{1n} \\ a_{21} & a_{22} & \cdots & a_{2n} \\ \vdots & \vdots & & \vdots \\ a_{m1} & a_{m2} & \cdots & a_{mn} \end{pmatrix},$$

这$m\times n$个数称为矩阵$\boldsymbol{A}$的元素,简称为元,数a_{ij}位于矩阵$\boldsymbol{A}$的第i行第j列,称为矩阵$\boldsymbol{A}$的(i,j)元.以数a_{ij}为(i,j)元的矩阵可简记作(a_{ij})或$(a_{ij})_{m\times n}$. $m\times n$矩阵$\boldsymbol{A}$也记作$\boldsymbol{A}_{m\times n}$.

元素是实数的矩阵称为实矩阵,元素是复数的矩阵称为复矩阵,本书中的矩阵除特别说明外,都指实矩阵.

行数与列数都等于n的矩阵称为n阶矩阵或n阶方阵. n阶矩阵$\boldsymbol{A}$也记作$\boldsymbol{A}_n$.

只有一行的矩阵

$$\boldsymbol{A}=(a_1\ a_2 \cdots\ a_n)$$

称为行矩阵,又称行向量.为避免元素间的混淆,行矩阵也记作

$$\boldsymbol{A}=(a_1,a_2,\cdots,a_n).$$

只有一列的矩阵

$$\boldsymbol{B}=\begin{pmatrix} b_1 \\ b_2 \\ \vdots \\ b_m \end{pmatrix}$$

称为列矩阵,又称列向量.

两个矩阵的行数相等、列数也相等时,就称它们是同型矩阵.如果$\boldsymbol{A}=(a_{ij})$与$\boldsymbol{B}=(b_{ij})$是同型矩阵,并且它们的对应元素相等,即

$$a_{ij}=b_{ij}\quad (i=1,2,\cdots,m;\ j=1,2,\cdots,n),$$

那么就称矩阵$\boldsymbol{A}$与矩阵$\boldsymbol{B}$相等,记作

$$\boldsymbol{A}=\boldsymbol{B}.$$

元素都是零的矩阵称为零矩阵,记作$\boldsymbol{O}$.注意不同型的零矩阵是不同的.

例1　对于非齐次线性方程组

$$\begin{cases} a_{11}x_1+a_{12}x_2+\cdots+a_{1n}x_n=b_1, \\ a_{21}x_1+a_{22}x_2+\cdots+a_{2n}x_n=b_2, \\ \cdots\cdots\cdots\cdots \\ a_{m1}x_1+a_{m2}x_2+\cdots+a_{mn}x_n=b_m, \end{cases} \tag{1}$$

有如下几个有用的矩阵：

$$A=(a_{ij}),x=\begin{pmatrix}x_1\\x_2\\\vdots\\x_n\end{pmatrix},b=\begin{pmatrix}b_1\\b_2\\\vdots\\b_m\end{pmatrix},B=\begin{pmatrix}a_{11}&a_{12}&\cdots&a_{1n}&b_1\\a_{21}&a_{22}&\cdots&a_{2n}&b_2\\\vdots&\vdots&&\vdots&\vdots\\a_{m1}&a_{m2}&\cdots&a_{mn}&b_m\end{pmatrix},$$

其中 $\boldsymbol{A}$ 称为系数矩阵，$\boldsymbol{x}$ 称为未知数矩阵，$\boldsymbol{b}$ 称为常数项矩阵，$\boldsymbol{B}$ 称为增广矩阵.

矩阵的应用非常广泛，下面再举几例.

例 2 某厂向三个商店（编号 1，2，3）发送四种产品（编号 Ⅰ，Ⅱ，Ⅲ，Ⅳ）的数量可列成矩阵

$$\begin{matrix} & & \text{产品} \\ \text{商店} & & \begin{matrix}\text{Ⅰ}&\text{Ⅱ}&\text{Ⅲ}&\text{Ⅳ}\end{matrix}\end{matrix}$$

$$A=\begin{matrix}1\\2\\3\end{matrix}\begin{pmatrix}a_{11}&a_{12}&a_{13}&a_{14}\\a_{21}&a_{22}&a_{23}&a_{24}\\a_{31}&a_{32}&a_{33}&a_{34}\end{pmatrix},$$

其中 a_{ij} 为工厂向第 i 家商店发送第 j 种产品的数量.

这四种产品的单价及单件质量也可列成矩阵

产品　单价　单件质量

$$B=\begin{matrix}\text{Ⅰ}\\\text{Ⅱ}\\\text{Ⅲ}\\\text{Ⅳ}\end{matrix}\begin{pmatrix}b_{11}&b_{12}\\b_{21}&b_{22}\\b_{31}&b_{32}\\b_{41}&b_{42}\end{pmatrix},$$

其中 b_{i1} 为第 i 种产品的单价，b_{i2} 为第 i 种产品的单件质量.

例 3 四个城市间的单向航线如图 2.1 所示. 若令

$$a_{ij}=\begin{cases}1,\text{从 } i \text{ 市到 } j \text{ 市有 1 条单向航线},\\0,\text{从 } i \text{ 市到 } j \text{ 市没有单向航线},\end{cases}$$

则图 2.1 可用矩阵表示为

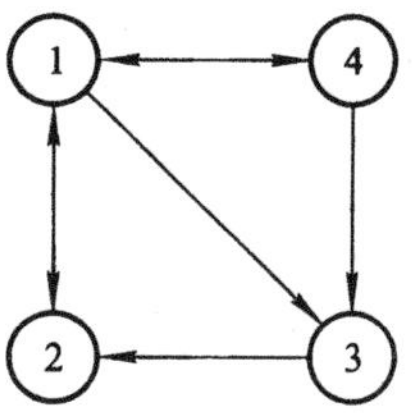

图 2.1

$$A=(a_{ij})=\begin{pmatrix}0&1&1&1\\1&0&0&0\\0&1&0&0\\1&0&1&0\end{pmatrix}.$$

一般地，若干个点之间的单向通道都可用这样的矩阵表示.

例 4 n 个变量 $x_1,x_2,\cdots,x_n$ 与 m 个变量 $y_1,y_2,\cdots,y_m$ 之间的关系式

$$\begin{cases} y_1 = a_{11}x_1 + a_{12}x_2 + \cdots + a_{1n}x_n, \\ y_2 = a_{21}x_1 + a_{22}x_2 + \cdots + a_{2n}x_n, \\ \cdots\cdots\cdots\cdots \\ y_m = a_{m1}x_1 + a_{m2}x_2 + \cdots + a_{mn}x_n \end{cases} \tag{3}$$

表示一个从变量 $x_1, x_2, \cdots, x_n$ 到变量 $y_1, y_2, \cdots, y_m$ 的线性变换，其中 a_{ij} 为常数. 线性变换(3)的系数 a_{ij} 构成矩阵 $\boldsymbol{A} = (a_{ij})_{m \times n}$.

给定了线性变换(3)，它的系数所构成的矩阵(称为系数矩阵)也就确定. 反之，如果给出一个矩阵作为线性变换的系数矩阵，则线性变换也就确定. 在这个意义上，线性变换和矩阵之间存在着一一对应的关系.

例如线性变换

$$\begin{cases} y_1 = \lambda_1 x_1, \\ y_2 = \lambda_2 x_2, \\ \cdots\cdots\cdots\cdots \\ y_n = \lambda_n x_n \end{cases}$$

对应 n 阶方阵

$$\boldsymbol{\Lambda} = \begin{pmatrix} \lambda_1 & 0 & \cdots & 0 \\ 0 & \lambda_2 & \cdots & 0 \\ \vdots & \vdots & & \vdots \\ 0 & 0 & \cdots & \lambda_n \end{pmatrix}.$$

这个方阵的特点是：从左上角到右下角的直线(叫做对角线)以外的元素都是 0. 这种方阵称为对角矩阵，简称对角阵. 对角阵也记作

$$\boldsymbol{\Lambda} = \operatorname{diag}(\lambda_1, \lambda_2, \cdots, \lambda_n);$$

特别当 $\lambda_1 = \lambda_2 = \cdots = \lambda_n = 1$ 时的线性变换叫做恒等变换，它对应的 n 阶方阵

$$\boldsymbol{E} = \begin{pmatrix} 1 & 0 & \cdots & 0 \\ 0 & 1 & \cdots & 0 \\ \vdots & \vdots & & \vdots \\ 0 & 0 & \cdots & 1 \end{pmatrix}$$

叫做 n 阶单位矩阵，简称单位阵. 这个方阵的特点是：对角线上的元素都是 1，其他元素都是 0. 即单位阵 $\boldsymbol{E}$ 的 (i,j) 元 e_{ij} 为

$$e_{ij} = \begin{cases} 1, \text{当 } i = j, \\ 0, \text{当 } i \neq j \end{cases} \quad (i,j = 1,2,\cdots,n).$$

由于矩阵和线性变换之间存在一一对应的关系，因此可以利用矩阵来研究线性变换，也可以利用线性变换来解释矩阵的含义.

例如矩阵$\begin{pmatrix}1 & 0\\0 & 0\end{pmatrix}$所对应的线性变换

$$\begin{cases}x_1=x,\\y_1=0\end{cases}$$

可看作是 xOy 平面上把向量$\overrightarrow{OP}=\begin{pmatrix}x\\y\end{pmatrix}$变换为向量$\overrightarrow{OP_1}=\begin{pmatrix}x_1\\y_1\end{pmatrix}=\begin{pmatrix}x\\0\end{pmatrix}$的变换(或看作把点 P 变换为点 P_1 的变换,参看图 2.2),由于向量$\overrightarrow{OP_1}$是向量$\overrightarrow{OP}$在 x 轴上的投影向量(即点P_1是点 P 在 x 轴上的投影),因此这是一个投影变换.

又如矩阵$\begin{pmatrix}\cos\varphi & -\sin\varphi\\\sin\varphi & \cos\varphi\end{pmatrix}$对应的线性变换

$$\begin{cases}x_1=x\cos\varphi-y\sin\varphi,\\y_1=x\sin\varphi+y\cos\varphi\end{cases}$$

把 xOy 平面上的向量$\overrightarrow{OP}=\begin{pmatrix}x\\y\end{pmatrix}$变换为向量$\overrightarrow{OP_1}=\begin{pmatrix}x_1\\y_1\end{pmatrix}$. 设$\overrightarrow{OP}$的长度为 r,辐角为 θ,即设 $x=r\cos\theta,y=r\sin\theta$,那么

$$x_1=r(\cos\varphi\cos\theta-\sin\varphi\sin\theta)=r\cos(\theta+\varphi),$$
$$y_1=r(\sin\varphi\cos\theta+\cos\varphi\sin\theta)=r\sin(\theta+\varphi),$$

表明$\overrightarrow{OP_1}$的长度为 r 而辐角为 $\theta+\varphi$. 因此,这是把向量$\overrightarrow{OP}$(依逆时针方向)旋转 φ 角(即把点 P 以原点为中心逆时针旋转 φ 角)的旋转变换(参看图 2.3).

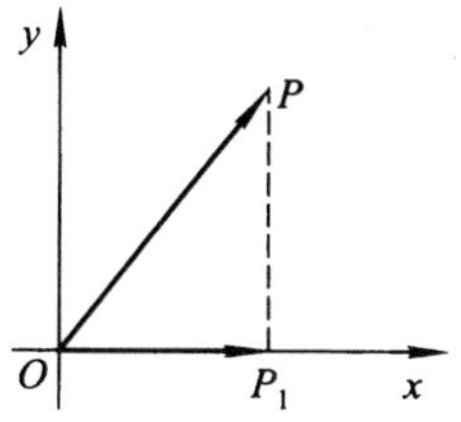

图 2.2

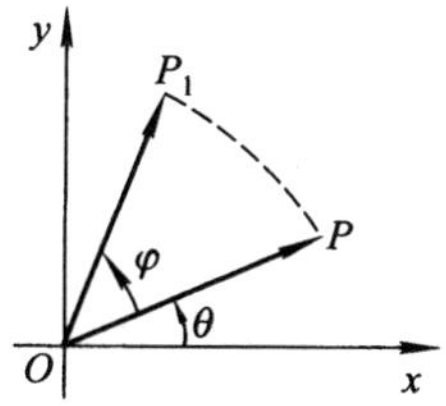

图 2.3

§2 矩阵的运算

一、矩阵的加法

定义 2 设有两个 $m\times n$ 矩阵 $\boldsymbol{A}=(a_{ij})$ 和 $\boldsymbol{B}=(b_{ij})$,那么矩阵 $\boldsymbol{A}$ 与 $\boldsymbol{B}$ 的和记

作 $\boldsymbol{A}+\boldsymbol{B}$,规定为

$$\boldsymbol{A}+\boldsymbol{B}=\begin{pmatrix} a_{11}+b_{11} & a_{12}+b_{12} & \cdots & a_{1n}+b_{1n} \\ a_{21}+b_{21} & a_{22}+b_{22} & \cdots & a_{2n}+b_{2n} \\ \vdots & \vdots & & \vdots \\ a_{m1}+b_{m1} & a_{m2}+b_{m2} & \cdots & a_{mn}+b_{mn} \end{pmatrix}.$$

应该注意,只有当两个矩阵是同型矩阵时,这两个矩阵才能进行加法运算.

矩阵加法满足下列运算规律(设 $\boldsymbol{A},\boldsymbol{B},\boldsymbol{C}$ 都是 $m\times n$ 矩阵):

(i) $\boldsymbol{A}+\boldsymbol{B}=\boldsymbol{B}+\boldsymbol{A}$;

(ii) $(\boldsymbol{A}+\boldsymbol{B})+\boldsymbol{C}=\boldsymbol{A}+(\boldsymbol{B}+\boldsymbol{C})$.

设矩阵 $\boldsymbol{A}=(a_{ij})$,记

$$-\boldsymbol{A}=(-a_{ij}),$$

$-\boldsymbol{A}$ 称为矩阵 $\boldsymbol{A}$ 的负矩阵,显然有

$$\boldsymbol{A}+(-\boldsymbol{A})=\boldsymbol{O},$$

由此规定矩阵的减法为

$$\boldsymbol{A}-\boldsymbol{B}=\boldsymbol{A}+(-\boldsymbol{B}).$$

二、数与矩阵相乘

定义 3　数 λ 与矩阵 $\boldsymbol{A}$ 的乘积记作 $\lambda\boldsymbol{A}$ 或 $\boldsymbol{A}\lambda$,规定为

$$\lambda\boldsymbol{A}=\boldsymbol{A}\lambda=\begin{pmatrix} \lambda a_{11} & \lambda a_{12} & \cdots & \lambda a_{1n} \\ \lambda a_{21} & \lambda a_{22} & \cdots & \lambda a_{2n} \\ \vdots & \vdots & & \vdots \\ \lambda a_{m1} & \lambda a_{m2} & \cdots & \lambda a_{mn} \end{pmatrix}.$$

数乘矩阵满足下列运算规律(设 $\boldsymbol{A}$、$\boldsymbol{B}$ 为 $m\times n$ 矩阵,λ、μ 为数):

(i) $(\lambda\mu)\boldsymbol{A}=\lambda(\mu\boldsymbol{A})$;

(ii) $(\lambda+\mu)\boldsymbol{A}=\lambda\boldsymbol{A}+\mu\boldsymbol{A}$;

(iii) $\lambda(\boldsymbol{A}+\boldsymbol{B})=\lambda\boldsymbol{A}+\lambda\boldsymbol{B}$.

矩阵加法与数乘矩阵统称为矩阵的线性运算.

三、矩阵与矩阵相乘

设有两个线性变换

$$\begin{cases} y_1 = a_{11}x_1 + a_{12}x_2 + a_{13}x_3, \\ y_2 = a_{21}x_1 + a_{22}x_2 + a_{23}x_3, \end{cases} \tag{4}$$

$$\begin{cases} x_1 = b_{11}t_1 + b_{12}t_2, \\ x_2 = b_{21}t_1 + b_{22}t_2, \\ x_3 = b_{31}t_1 + b_{32}t_2, \end{cases} \tag{5}$$

若想求出从 t_1, t_2 到 y_1, y_2 的线性变换,可将(5)代入(4),便得

$$\begin{cases} y_1 = (a_{11}b_{11} + a_{12}b_{21} + a_{13}b_{31})t_1 + (a_{11}b_{12} + a_{12}b_{22} + a_{13}b_{32})t_2, \\ y_2 = (a_{21}b_{11} + a_{22}b_{21} + a_{23}b_{31})t_1 + (a_{21}b_{12} + a_{22}b_{22} + a_{23}b_{32})t_2. \end{cases} \tag{6}$$

线性变换(6)可看成是先作线性变换(5)再作线性变换(4)的结果. 我们把线性变换(6)叫做线性变换(4)与(5)的乘积,相应地把(6)所对应的矩阵定义为(4)与(5)所对应的矩阵的乘积,即

$$\begin{pmatrix} a_{11} & a_{12} & a_{13} \\ a_{21} & a_{22} & a_{23} \end{pmatrix} \begin{pmatrix} b_{11} & b_{12} \\ b_{21} & b_{22} \\ b_{31} & b_{32} \end{pmatrix} = \begin{pmatrix} a_{11}b_{11} + a_{12}b_{21} + a_{13}b_{31} & a_{11}b_{12} + a_{12}b_{22} + a_{13}b_{32} \\ a_{21}b_{11} + a_{22}b_{21} + a_{23}b_{31} & a_{21}b_{12} + a_{22}b_{22} + a_{23}b_{32} \end{pmatrix}.$$

一般地,我们有

定义 4 设 $\boldsymbol{A} = (a_{ij})$ 是一个 $m \times s$ 矩阵,$\boldsymbol{B} = (b_{ij})$ 是一个 $s \times n$ 矩阵,那么规定矩阵 $\boldsymbol{A}$ 与矩阵 $\boldsymbol{B}$ 的乘积是一个 $m \times n$ 矩阵 $\boldsymbol{C} = (c_{ij})$,其中

$$c_{ij} = a_{i1}b_{1j} + a_{i2}b_{2j} + \cdots + a_{is}b_{sj} = \sum_{k=1}^{s} a_{ik}b_{kj}$$

$$(i = 1, 2, \cdots, m;\ j = 1, 2, \cdots, n), \tag{7}$$

并把此乘积记作

$$\boldsymbol{C} = \boldsymbol{AB}.$$

按此定义,一个 $1 \times s$ 行矩阵与一个 $s \times 1$ 列矩阵的乘积是一个 1 阶方阵,也就是一个数

$$(a_{i1}, a_{i2}, \cdots, a_{is}) \begin{pmatrix} b_{1j} \\ b_{2j} \\ \vdots \\ b_{sj} \end{pmatrix} = a_{i1}b_{1j} + a_{i2}b_{2j} + \cdots + a_{is}b_{sj} = \sum_{k=1}^{s} a_{ik}b_{kj} = c_{ij},$$

由此表明乘积矩阵 $\boldsymbol{AB} = \boldsymbol{C}$ 的 (i, j) 元 c_{ij} 就是 $\boldsymbol{A}$ 的第 i 行与 $\boldsymbol{B}$ 的第 j 列的乘积.

必须注意:只有当第一个矩阵(左矩阵)的列数等于第二个矩阵(右矩阵)的行数时,两个矩阵才能相乘.

例 5 求矩阵

$$\boldsymbol{A}=\begin{pmatrix}4&-1&2&1\\1&1&0&3\\0&3&1&4\end{pmatrix}\quad 与\quad \boldsymbol{B}=\begin{pmatrix}1&2\\0&1\\3&0\\-1&2\end{pmatrix}$$

的乘积 $\boldsymbol{AB}$.

解　因为 $\boldsymbol{A}$ 是 3×4 矩阵，$\boldsymbol{B}$ 是 4×2 矩阵，$\boldsymbol{A}$ 的列数等于 $\boldsymbol{B}$ 的行数，所以矩阵 $\boldsymbol{A}$ 与 $\boldsymbol{B}$ 可以相乘，其乘积 $\boldsymbol{AB}=\boldsymbol{C}$ 是一个 3×2 矩阵. 按公式(7)有

$$\begin{aligned}\boldsymbol{C}=\boldsymbol{AB}&=\begin{pmatrix}4&-1&2&1\\1&1&0&3\\0&3&1&4\end{pmatrix}\begin{pmatrix}1&2\\0&1\\3&0\\-1&2\end{pmatrix}\\&=\begin{pmatrix}4\times1+(-1)\times0+2\times3+1\times(-1)&4\times2+(-1)\times1+2\times0+1\times2\\1\times1+1\times0+0\times3+3\times(-1)&1\times2+1\times1+0\times0+3\times2\\0\times1+3\times0+1\times3+4\times(-1)&0\times2+3\times1+1\times0+4\times2\end{pmatrix}\\&=\begin{pmatrix}9&9\\-2&9\\-1&11\end{pmatrix}.\end{aligned}$$

例 6　求矩阵

$$\boldsymbol{A}=\begin{pmatrix}-2&4\\1&-2\end{pmatrix}\quad 与\quad \boldsymbol{B}=\begin{pmatrix}2&4\\-3&-6\end{pmatrix}$$

的乘积 $\boldsymbol{AB}$ 及 $\boldsymbol{BA}$.

解　按公式(7)，有

$$\boldsymbol{AB}=\begin{pmatrix}-2&4\\1&-2\end{pmatrix}\begin{pmatrix}2&4\\-3&-6\end{pmatrix}=\begin{pmatrix}-16&-32\\8&16\end{pmatrix},$$

$$\boldsymbol{BA}=\begin{pmatrix}2&4\\-3&-6\end{pmatrix}\begin{pmatrix}-2&4\\1&-2\end{pmatrix}=\begin{pmatrix}0&0\\0&0\end{pmatrix}.$$

在例 5 中，$\boldsymbol{A}$ 是 3×4 矩阵，$\boldsymbol{B}$ 是 4×2 矩阵，乘积 $\boldsymbol{AB}$ 有意义而 $\boldsymbol{BA}$ 却没有意义. 由此可知，在矩阵的乘法中必须注意矩阵相乘的顺序. $\boldsymbol{AB}$ 是 $\boldsymbol{A}$ 左乘 $\boldsymbol{B}$（$\boldsymbol{B}$ 被 $\boldsymbol{A}$ 左乘）的乘积，$\boldsymbol{BA}$ 是 $\boldsymbol{A}$ 右乘 $\boldsymbol{B}$ 的乘积，$\boldsymbol{AB}$ 有意义时，$\boldsymbol{BA}$ 可能没有意义. 又若 $\boldsymbol{A}$ 是 $m\times n$ 矩阵，$\boldsymbol{B}$ 是 $n\times m$ 矩阵，则 $\boldsymbol{AB}$ 与 $\boldsymbol{BA}$ 都有意义，但 $\boldsymbol{AB}$ 是 m 阶方阵，$\boldsymbol{BA}$ 是 n 阶方阵，当 $m\neq n$ 时 $\boldsymbol{AB}\neq\boldsymbol{BA}$. 即使 $m=n$，即 $\boldsymbol{A}$、$\boldsymbol{B}$ 是同阶方阵，如例 6，$\boldsymbol{A}$ 与 $\boldsymbol{B}$ 都是 2 阶方阵，从而 $\boldsymbol{AB}$ 与 $\boldsymbol{BA}$ 也都是 2 阶方阵，但 $\boldsymbol{AB}$ 与 $\boldsymbol{BA}$ 仍然可以不相

等. 总之,矩阵的乘法不满足交换律,即在一般情形下,$\boldsymbol{AB}\neq\boldsymbol{BA}$.

对于两个 n 阶方阵 $\boldsymbol{A}$、$\boldsymbol{B}$,若 $\boldsymbol{AB}=\boldsymbol{BA}$,则称方阵 $\boldsymbol{A}$ 与 $\boldsymbol{B}$ 是可交换的.

例 6 还表明,矩阵 $\boldsymbol{A}\neq\boldsymbol{O}$,$\boldsymbol{B}\neq\boldsymbol{O}$,但却有 $\boldsymbol{BA}=\boldsymbol{O}$. 这就提醒读者要特别注意:若有两个矩阵 $\boldsymbol{A}$、$\boldsymbol{B}$ 满足 $\boldsymbol{AB}=\boldsymbol{O}$,不能得出 $\boldsymbol{A}=\boldsymbol{O}$ 或 $\boldsymbol{B}=\boldsymbol{O}$ 的结论;若 $\boldsymbol{A}\neq\boldsymbol{O}$ 而 $\boldsymbol{A}(\boldsymbol{X}-\boldsymbol{Y})=\boldsymbol{O}$,也不能得出 $\boldsymbol{X}=\boldsymbol{Y}$ 的结论.

矩阵的乘法虽不满足交换律,但仍满足下列结合律和分配律(假设运算都是可行的):

(i) $(\boldsymbol{AB})\boldsymbol{C}=\boldsymbol{A}(\boldsymbol{BC})$;

(ii) $\lambda(\boldsymbol{AB})=(\lambda\boldsymbol{A})\boldsymbol{B}=\boldsymbol{A}(\lambda\boldsymbol{B})$ (其中 λ 为数);

(iii) $\boldsymbol{A}(\boldsymbol{B}+\boldsymbol{C})=\boldsymbol{AB}+\boldsymbol{AC}$,$(\boldsymbol{B}+\boldsymbol{C})\boldsymbol{A}=\boldsymbol{BA}+\boldsymbol{CA}$.

对于单位矩阵 $\boldsymbol{E}$,容易验证

$$\boldsymbol{E}_m\boldsymbol{A}_{m\times n}=\boldsymbol{A}_{m\times n},\quad \boldsymbol{A}_{m\times n}\boldsymbol{E}_n=\boldsymbol{A}_{m\times n},$$

或简写成

$$\boldsymbol{EA}=\boldsymbol{AE}=\boldsymbol{A}.$$

可见单位矩阵 $\boldsymbol{E}$ 在矩阵乘法中的作用类似于数 1.

矩阵

$$\lambda\boldsymbol{E}=\begin{pmatrix}\lambda & & & \\ & \lambda & & \\ & & \ddots & \\ & & & \lambda\end{pmatrix}$$

称为纯量阵. 由 $(\lambda\boldsymbol{E})\boldsymbol{A}=\lambda\boldsymbol{A}$,$\boldsymbol{A}(\lambda\boldsymbol{E})=\lambda\boldsymbol{A}$,可知纯量阵 $\lambda\boldsymbol{E}$ 与矩阵 $\boldsymbol{A}$ 的乘积等于数 λ 与 $\boldsymbol{A}$ 的乘积. 当 $\boldsymbol{A}$ 为 n 阶方阵时,有

$$(\lambda\boldsymbol{E}_n)\boldsymbol{A}_n=\lambda\boldsymbol{A}_n=\boldsymbol{A}_n(\lambda\boldsymbol{E}_n),$$

表明纯量阵 $\lambda\boldsymbol{E}$ 与任何同阶方阵都是可交换的.

有了矩阵的乘法,就可以定义矩阵的幂. 设 $\boldsymbol{A}$ 是 n 阶方阵,定义

$$\boldsymbol{A}^1=\boldsymbol{A},\quad \boldsymbol{A}^2=\boldsymbol{A}^1\boldsymbol{A}^1,\quad \cdots,\quad \boldsymbol{A}^{k+1}=\boldsymbol{A}^k\boldsymbol{A}^1,$$

其中 k 为正整数,这就是说,$\boldsymbol{A}^k$ 就是 k 个 $\boldsymbol{A}$ 连乘. 显然只有方阵的幂才有意义.

由于矩阵乘法适合结合律,所以矩阵的幂满足以下运算规律:

$$\boldsymbol{A}^k\boldsymbol{A}^l=\boldsymbol{A}^{k+l},\quad (\boldsymbol{A}^k)^l=\boldsymbol{A}^{kl},$$

其中 k、l 为正整数. 又因矩阵乘法一般不满足交换律,所以对于两个 n 阶矩阵 $\boldsymbol{A}$ 与 $\boldsymbol{B}$,一般说来 $(\boldsymbol{AB})^k\neq\boldsymbol{A}^k\boldsymbol{B}^k$,只有当 $\boldsymbol{A}$ 与 $\boldsymbol{B}$ 可交换时,才有 $(\boldsymbol{AB})^k=\boldsymbol{A}^k\boldsymbol{B}^k$. 类似可知,例如 $(\boldsymbol{A}+\boldsymbol{B})^2=\boldsymbol{A}^2+2\boldsymbol{AB}+\boldsymbol{B}^2$、$(\boldsymbol{A}-\boldsymbol{B})(\boldsymbol{A}+\boldsymbol{B})=\boldsymbol{A}^2-\boldsymbol{B}^2$ 等公式,也只有当 $\boldsymbol{A}$ 与 $\boldsymbol{B}$ 可交换时才成立.

矩阵的乘法有着多方面的应用,下面举两个例子.

例 2(续)　前已得到两个矩阵:

$$
\begin{array}{cccc}
 & \begin{array}{c}\text{商店}\qquad\text{产品}\\ \qquad\mathrm{I}\quad\ \mathrm{II}\quad\ \mathrm{III}\quad\ \mathrm{IV}\end{array} & & \text{产品}\ \text{单价}\qquad\text{单件质量}\\
\boldsymbol{A}= & \begin{array}{c}1\\2\\3\end{array}\begin{pmatrix}a_{11}&a_{12}&a_{13}&a_{14}\\a_{21}&a_{22}&a_{23}&a_{24}\\a_{31}&a_{32}&a_{33}&a_{34}\end{pmatrix} & 和\quad\boldsymbol{B}= & \begin{array}{c}\mathrm{I}\\ \mathrm{II}\\ \mathrm{III}\\ \mathrm{IV}\end{array}\begin{pmatrix}b_{11}&b_{12}\\b_{21}&b_{22}\\b_{31}&b_{32}\\b_{41}&b_{42}\end{pmatrix},
\end{array}
$$

记 $\boldsymbol{C}=\boldsymbol{AB}$,那么

$$c_{i1}=a_{i1}b_{11}+a_{i2}b_{21}+a_{i3}b_{31}+a_{i4}b_{41}$$

是该厂向第 i 家商店所发产品的总价($i=1,2,3$);

$$c_{i2}=a_{i1}b_{12}+a_{i2}b_{22}+a_{i3}b_{32}+a_{i4}b_{42}$$

是该厂向第 i 家商店所发产品的总质量($i=1,2,3$),因此可形象地写为

$$
\boldsymbol{C}=\boldsymbol{AB}=\begin{array}{c}1\\2\\3\end{array}\overset{\begin{array}{cccc}\mathrm{I}&\mathrm{II}&\mathrm{III}&\mathrm{IV}\end{array}}{\begin{pmatrix}a_{11}&a_{12}&a_{13}&a_{14}\\a_{21}&a_{22}&a_{23}&a_{24}\\a_{31}&a_{32}&a_{33}&a_{34}\end{pmatrix}_{3\times4}}\ \begin{array}{c}\mathrm{I}\\ \mathrm{II}\\ \mathrm{III}\\ \mathrm{IV}\end{array}\overset{\text{单价}\quad\text{单件质量}}{\begin{pmatrix}b_{11}&b_{12}\\b_{21}&b_{22}\\b_{31}&b_{32}\\b_{41}&b_{42}\end{pmatrix}_{4\times2}}
$$

$$
=\begin{array}{c}1\\2\\3\end{array}\overset{\text{总价}\quad\text{总质量}}{\begin{pmatrix}c_{11}&c_{12}\\c_{21}&c_{22}\\c_{31}&c_{32}\end{pmatrix}_{3\times2}}.
$$

进一步,如果 $\boldsymbol{D}=\begin{pmatrix}1&1&1\\0&-1&1\end{pmatrix}$,且

$$\boldsymbol{H}=\boldsymbol{D}(\boldsymbol{AB})=\boldsymbol{DC}=\begin{pmatrix}1&1&1\\0&-1&1\end{pmatrix}\begin{pmatrix}c_{11}&c_{12}\\c_{21}&c_{22}\\c_{31}&c_{32}\end{pmatrix}=\begin{pmatrix}h_{11}&h_{12}\\h_{21}&h_{22}\end{pmatrix},$$

那么 h_{11} 和 h_{12} 分别是该厂向三个商店发出产品的总价和总质量,h_{21} 和 h_{22} 分别是第 3 家商店超出第 2 家商店的价款和质量.

例 7　上节例 1 中 n 元线性方程组(1)

$$\begin{cases}a_{11}x_1+a_{12}x_2+\cdots+a_{1n}x_n=b_1,\\a_{21}x_1+a_{22}x_2+\cdots+a_{2n}x_n=b_2,\\\cdots\cdots\cdots\cdots\\a_{m1}x_1+a_{m2}x_2+\cdots+a_{mn}x_n=b_m,\end{cases}\tag{1}$$

利用矩阵乘法可写成矩阵形式

$$\boldsymbol{A}_{m\times n}\boldsymbol{x}_{n\times 1}=\boldsymbol{b}_{m\times 1}, \tag{1'}$$

其中 $\boldsymbol{A}=(a_{ij})$ 为系数矩阵，$\boldsymbol{x}=\begin{pmatrix}x_1\\x_2\\\vdots\\x_n\end{pmatrix}$ 为未知数矩阵，$\boldsymbol{b}=\begin{pmatrix}b_1\\b_2\\\vdots\\b_m\end{pmatrix}$ 为常数项矩阵. 特别当 $\boldsymbol{b}=\boldsymbol{0}$ 时得到 m 个方程的 n 元齐次线性方程组的矩阵形式

$$\boldsymbol{A}_{m\times n}\boldsymbol{x}_{n\times 1}=\boldsymbol{0}_{m\times 1}.$$

又，上节例 4 中的线性变换

$$\begin{cases}y_1=a_{11}x_1+a_{12}x_2+\cdots+a_{1n}x_n,\\y_2=a_{21}x_1+a_{22}x_2+\cdots+a_{2n}x_n,\\\cdots\cdots\cdots\cdots\\y_m=a_{m1}x_1+a_{m2}x_2+\cdots+a_{mn}x_n,\end{cases} \tag{3}$$

利用矩阵的乘法，可记作

$$\boldsymbol{y}=\boldsymbol{A}\boldsymbol{x}, \tag{3'}$$

其中

$$\boldsymbol{A}=(a_{ij}),\quad \boldsymbol{x}=\begin{pmatrix}x_1\\x_2\\\vdots\\x_n\end{pmatrix},\quad \boldsymbol{y}=\begin{pmatrix}y_1\\y_2\\\vdots\\y_m\end{pmatrix}.$$

这里，列向量（列矩阵）$\boldsymbol{x}$ 表示 n 个变量 $x_1,x_2,\cdots,x_n$，列向量 $\boldsymbol{y}$ 表示 m 个变量 $y_1,y_2,\cdots,y_m$. 线性变换(3′)把 $\boldsymbol{x}$ 变成 $\boldsymbol{y}$，相当于用矩阵 $\boldsymbol{A}$ 去左乘 $\boldsymbol{x}$ 得到 $\boldsymbol{y}$.

例如，由 2.1 节可知，用矩阵 $\boldsymbol{A}=\begin{pmatrix}\cos\varphi & -\sin\varphi\\\sin\varphi & \cos\varphi\end{pmatrix}$ 左乘向量 $\overrightarrow{OP}=\begin{pmatrix}x\\y\end{pmatrix}$，相当于把向量 $\overrightarrow{OP}$ 按逆时针方向旋转 φ 角（参看图 2.3）. 进一步还可推知，用 $\boldsymbol{A}^n=\begin{pmatrix}\cos\varphi & -\sin\varphi\\\sin\varphi & \cos\varphi\end{pmatrix}^n$ 左乘向量 $\overrightarrow{OP}$，相当于把向量 $\overrightarrow{OP}$ 按逆时针方向旋转 n 个 φ 角，即旋转 $n\varphi$ 角，而旋转 $n\varphi$ 角的变换所对应的矩阵为 $\begin{pmatrix}\cos n\varphi & -\sin n\varphi\\\sin n\varphi & \cos n\varphi\end{pmatrix}$，亦即成立

$$\begin{pmatrix}\cos\varphi & -\sin\varphi\\\sin\varphi & \cos\varphi\end{pmatrix}^n=\begin{pmatrix}\cos n\varphi & -\sin n\varphi\\\sin n\varphi & \cos n\varphi\end{pmatrix}.$$

上式也可以按矩阵幂的定义来证明.

四、矩阵的转置

定义 5　把矩阵 A 的行换成同序数的列得到一个新矩阵,叫做 A 的转置矩阵,记作 A^{T}.

例如矩阵

$$A=\begin{pmatrix}1 & 2 & 0\\ 3 & -1 & 1\end{pmatrix}$$

的转置矩阵为

$$A^{\mathrm{T}}=\begin{pmatrix}1 & 3\\ 2 & -1\\ 0 & 1\end{pmatrix}.$$

矩阵的转置也是一种运算,满足下述运算规律(假设运算都是可行的):

(i) $(A^{\mathrm{T}})^{\mathrm{T}}=A$;

(ii) $(A+B)^{\mathrm{T}}=A^{\mathrm{T}}+B^{\mathrm{T}}$;

(iii) $(\lambda A)^{\mathrm{T}}=\lambda A^{\mathrm{T}}$;

(iv) $(AB)^{\mathrm{T}}=B^{\mathrm{T}}A^{\mathrm{T}}$.

这里仅证明(iv). 设 $A=(a_{ij})_{m\times s}$、$B=(b_{ij})_{s\times n}$,记 $AB=C=(c_{ij})_{m\times n}$,$B^{\mathrm{T}}A^{\mathrm{T}}=D=(d_{ij})_{n\times m}$. 于是按公式(7),有

$$c_{ji}=\sum_{k=1}^{s}a_{jk}b_{ki},$$

而 B^{T} 的第 i 行为 $(b_{1i},\cdots,b_{si})$,A^{T} 的第 j 列为 $(a_{j1},\cdots,a_{js})^{\mathrm{T}}$,因此

$$d_{ij}=\sum_{k=1}^{s}b_{ki}a_{jk}=\sum_{k=1}^{s}a_{jk}b_{ki},$$

所以

$$d_{ij}=c_{ji}\quad(i=1,2,\cdots,n;\ j=1,2,\cdots,m),$$

即 $D=C^{\mathrm{T}}$,亦即

$$B^{\mathrm{T}}A^{\mathrm{T}}=(AB)^{\mathrm{T}}.$$

证毕

例 8　已知

$$A=\begin{pmatrix}2 & 0 & -1\\ 1 & 3 & 2\end{pmatrix},\quad B=\begin{pmatrix}1 & 7 & -1\\ 4 & 2 & 3\\ 2 & 0 & 1\end{pmatrix},$$

求 $(AB)^{\mathrm{T}}$.

解法 1 因为

$$\boldsymbol{AB}=\begin{pmatrix}2&0&-1\\1&3&2\end{pmatrix}\begin{pmatrix}1&7&-1\\4&2&3\\2&0&1\end{pmatrix}=\begin{pmatrix}0&14&-3\\17&13&10\end{pmatrix},$$

所以

$$(\boldsymbol{AB})^{\mathrm{T}}=\begin{pmatrix}0&17\\14&13\\-3&10\end{pmatrix}.$$

解法 2

$$(\boldsymbol{AB})^{\mathrm{T}}=\boldsymbol{B}^{\mathrm{T}}\boldsymbol{A}^{\mathrm{T}}=\begin{pmatrix}1&4&2\\7&2&0\\-1&3&1\end{pmatrix}\begin{pmatrix}2&1\\0&3\\-1&2\end{pmatrix}=\begin{pmatrix}0&17\\14&13\\-3&10\end{pmatrix}.$$

设 $\boldsymbol{A}$ 为 n 阶方阵，如果满足 $\boldsymbol{A}^{\mathrm{T}}=\boldsymbol{A}$，即

$$a_{ij}=a_{ji}\quad(i,j=1,2,\cdots,n),$$

那么 $\boldsymbol{A}$ 称为对称矩阵，简称对称阵. 对称矩阵的特点是：它的元素以对角线为对称轴对应相等.

例 9 设列矩阵 $\boldsymbol{X}=(x_1,x_2,\cdots,x_n)^{\mathrm{T}}$ 满足 $\boldsymbol{X}^{\mathrm{T}}\boldsymbol{X}=1$，$\boldsymbol{E}$ 为 n 阶单位矩阵，$\boldsymbol{H}=\boldsymbol{E}-2\boldsymbol{X}\boldsymbol{X}^{\mathrm{T}}$，证明 $\boldsymbol{H}$ 是对称矩阵，且 $\boldsymbol{H}\boldsymbol{H}^{\mathrm{T}}=\boldsymbol{E}$.

证明前先提醒读者注意：$\boldsymbol{X}^{\mathrm{T}}\boldsymbol{X}=x_1^2+x_2^2+\cdots+x_n^2$ 是一阶方阵，也就是一个数，而 $\boldsymbol{X}\boldsymbol{X}^{\mathrm{T}}$ 是 n 阶方阵.

证 因为

$$\boldsymbol{H}^{\mathrm{T}}=(\boldsymbol{E}-2\boldsymbol{X}\boldsymbol{X}^{\mathrm{T}})^{\mathrm{T}}=\boldsymbol{E}^{\mathrm{T}}-2(\boldsymbol{X}\boldsymbol{X}^{\mathrm{T}})^{\mathrm{T}}=\boldsymbol{E}-2\boldsymbol{X}\boldsymbol{X}^{\mathrm{T}}=\boldsymbol{H},$$

所以 $\boldsymbol{H}$ 是对称矩阵.

$$\begin{aligned}\boldsymbol{H}\boldsymbol{H}^{\mathrm{T}}&=\boldsymbol{H}^2=(\boldsymbol{E}-2\boldsymbol{X}\boldsymbol{X}^{\mathrm{T}})^2=\boldsymbol{E}-4\boldsymbol{X}\boldsymbol{X}^{\mathrm{T}}+4(\boldsymbol{X}\boldsymbol{X}^{\mathrm{T}})(\boldsymbol{X}\boldsymbol{X}^{\mathrm{T}})\\&=\boldsymbol{E}-4\boldsymbol{X}\boldsymbol{X}^{\mathrm{T}}+4\boldsymbol{X}(\boldsymbol{X}^{\mathrm{T}}\boldsymbol{X})\boldsymbol{X}^{\mathrm{T}}=\boldsymbol{E}-4\boldsymbol{X}\boldsymbol{X}^{\mathrm{T}}+4\boldsymbol{X}\boldsymbol{X}^{\mathrm{T}}=\boldsymbol{E}.\end{aligned}$$

五、方阵的行列式

定义 6 由 n 阶方阵 $\boldsymbol{A}$ 的元素所构成的行列式（各元素的位置不变），称为方阵 $\boldsymbol{A}$ 的行列式，记作 $\det \boldsymbol{A}$ 或 $|\boldsymbol{A}|$.

应该注意，方阵与行列式是两个不同的概念，n 阶方阵是 n^2 个数按一定方式排成的数表，而 n 阶行列式则是这些数（也就是数表 $\boldsymbol{A}$）按一定的运算法则所确定的一个数.

由 $\boldsymbol{A}$ 确定 $|\boldsymbol{A}|$ 的这个运算满足下述运算规律（设 $\boldsymbol{A}$、$\boldsymbol{B}$ 为 n 阶方阵，λ 为数）：

(i) $|\boldsymbol{A}^{\mathrm{T}}|=|\boldsymbol{A}|$（行列式性质 1）；

(ii) $|\lambda\boldsymbol{A}|=\lambda^{n}|\boldsymbol{A}|$；

(iii) $|\boldsymbol{AB}|=|\boldsymbol{A}||\boldsymbol{B}|$.

我们仅证明(iii)，且仅就 $n=2$ 的情形写出证明，$n\geqslant 3$ 的情形类似可证. 设 $\boldsymbol{A}=(a_{ij})$，$\boldsymbol{B}=(b_{ij})$. 记四阶行列式

$$D=\begin{vmatrix} a_{11} & a_{12} & 0 & 0 \\ a_{21} & a_{22} & 0 & 0 \\ -1 & 0 & b_{11} & b_{12} \\ 0 & -1 & b_{21} & b_{22} \end{vmatrix}=\begin{vmatrix} \boldsymbol{A} & \boldsymbol{O} \\ -\boldsymbol{E} & \boldsymbol{B} \end{vmatrix},$$

由第 1 章例 10 可知 $D=|\boldsymbol{A}||\boldsymbol{B}|$. 今在 D 中以 b_{11} 乘第 1 列，b_{21} 乘第 2 列都加到第 3 列上；再以 b_{12} 乘第 1 列，b_{22} 乘第 2 列都加到第 4 列上，即

$$D\xlongequal{c_3+b_{11}c_1+b_{21}c_2}\begin{vmatrix} a_{11} & a_{12} & a_{11}b_{11}+a_{12}b_{21} & 0 \\ a_{21} & a_{22} & a_{21}b_{11}+a_{22}b_{21} & 0 \\ -1 & 0 & 0 & b_{12} \\ 0 & -1 & 0 & b_{22} \end{vmatrix}$$

$$\xlongequal{c_4+b_{12}c_1+b_{22}c_2}\begin{vmatrix} a_{11} & a_{12} & a_{11}b_{11}+a_{12}b_{21} & a_{11}b_{12}+a_{12}b_{22} \\ a_{21} & a_{22} & a_{21}b_{11}+a_{22}b_{21} & a_{21}b_{12}+a_{22}b_{22} \\ -1 & 0 & 0 & 0 \\ 0 & -1 & 0 & 0 \end{vmatrix}=\begin{vmatrix} \boldsymbol{A} & \boldsymbol{X} \\ -\boldsymbol{E} & \boldsymbol{O} \end{vmatrix},$$

其中二阶矩阵 $\boldsymbol{X}=(x_{ij})$，因 $x_{ij}=a_{i1}b_{1j}+a_{i2}b_{2j}$，由公式(7)知 $\boldsymbol{X}=\boldsymbol{AB}$. 再对上式最后一个行列式作两次行对换：$r_1\leftrightarrow r_3$，$r_2\leftrightarrow r_4$，得

$$D=(-1)^2\begin{vmatrix} -\boldsymbol{E} & \boldsymbol{O} \\ \boldsymbol{A} & \boldsymbol{X} \end{vmatrix}=(-1)^2|-\boldsymbol{E}||\boldsymbol{X}|=(-1)^2(-1)^2|\boldsymbol{X}|=|\boldsymbol{X}|=|\boldsymbol{AB}|.$$

于是

$$|\boldsymbol{AB}|=|\boldsymbol{A}||\boldsymbol{B}|.$$

证毕

由(iii)可知，对于 n 阶矩阵 $\boldsymbol{A}$、$\boldsymbol{B}$，一般来说 $\boldsymbol{AB}\neq\boldsymbol{BA}$，但总有

$$|\boldsymbol{AB}|=|\boldsymbol{BA}|.$$

例 10　行列式 $|\boldsymbol{A}|$ 的各个元素的代数余子式 A_{ij} 所构成的如下的矩阵

$$\boldsymbol{A}^{*}=\begin{pmatrix} A_{11} & A_{21} & \cdots & A_{n1} \\ A_{12} & A_{22} & \cdots & A_{n2} \\ \vdots & \vdots & & \vdots \\ A_{1n} & A_{2n} & \cdots & A_{nn} \end{pmatrix},$$

称为矩阵 $\boldsymbol{A}$ 的伴随矩阵，简称伴随阵. 试证

$$\boldsymbol{A}\boldsymbol{A}^{*}=\boldsymbol{A}^{*}\boldsymbol{A}=|\boldsymbol{A}|\boldsymbol{E}.$$

证 设 $\boldsymbol{A}=(a_{ij})$，记 $\boldsymbol{A}\boldsymbol{A}^{*}=(b_{ij})$，则

$$b_{ij}=a_{i1}A_{j1}+a_{i2}A_{j2}+\cdots+a_{in}A_{jn}=\begin{cases}|\boldsymbol{A}|, & i=j,\\ 0, & i\neq j,\end{cases}$$

故

$$\boldsymbol{A}\boldsymbol{A}^{*}=\begin{pmatrix}|\boldsymbol{A}| & & & \\ & |\boldsymbol{A}| & & \\ & & \ddots & \\ & & & |\boldsymbol{A}|\end{pmatrix}=|\boldsymbol{A}|\boldsymbol{E}.$$

类似有

$$\boldsymbol{A}^{*}\boldsymbol{A}=|\boldsymbol{A}|\boldsymbol{E}.$$

§3 逆 矩 阵

一、逆矩阵的定义、性质和求法

在数的乘法中，对不等于零的数 a 总存在惟一的数 b，使 $ab=ba=1$，此数 b 即是 a 的倒数，即 $b=\frac{1}{a}=a^{-1}$. 利用倒数，数的除法可转化为乘积的形式：$x\div a=x\cdot\frac{1}{a}=x\cdot a^{-1}$，这里 $a\neq0$. 把这一思想应用到矩阵的运算中，并注意到单位矩阵 $\boldsymbol{E}$ 在矩阵的乘法中的作用与数 1 类似，由此我们引入逆矩阵的定义.

定义 7 对于 n 阶矩阵 $\boldsymbol{A}$，如果有一个 n 阶矩阵 $\boldsymbol{B}$，使

$$\boldsymbol{A}\boldsymbol{B}=\boldsymbol{B}\boldsymbol{A}=\boldsymbol{E},$$

则说矩阵 $\boldsymbol{A}$ 是可逆的，并把矩阵 $\boldsymbol{B}$ 称为 $\boldsymbol{A}$ 的逆矩阵，简称逆阵.

如果矩阵 $\boldsymbol{A}$ 是可逆的，那么 $\boldsymbol{A}$ 的逆矩阵是惟一的. 这是因为：若 $\boldsymbol{B}$、$\boldsymbol{C}$ 都是 $\boldsymbol{A}$ 的逆矩阵，则有

$$\boldsymbol{B}=\boldsymbol{B}\boldsymbol{E}=\boldsymbol{B}(\boldsymbol{A}\boldsymbol{C})=(\boldsymbol{B}\boldsymbol{A})\boldsymbol{C}=\boldsymbol{E}\boldsymbol{C}=\boldsymbol{C},$$

所以 $\boldsymbol{A}$ 的逆矩阵是惟一的.

$\boldsymbol{A}$ 的逆矩阵记作 $\boldsymbol{A}^{-1}$. 即若 $\boldsymbol{A}\boldsymbol{B}=\boldsymbol{B}\boldsymbol{A}=\boldsymbol{E}$，则 $\boldsymbol{B}=\boldsymbol{A}^{-1}$.

定理 1 若矩阵 $\boldsymbol{A}$ 可逆，则 $|\boldsymbol{A}|\neq0$.

证 $\boldsymbol{A}$ 可逆，即有 $\boldsymbol{A}^{-1}$，使 $\boldsymbol{A}\boldsymbol{A}^{-1}=\boldsymbol{E}$. 故 $|\boldsymbol{A}|\cdot|\boldsymbol{A}^{-1}|=|\boldsymbol{E}|=1$，所以 $|\boldsymbol{A}|\neq0$.

证毕

定理2 若$|\boldsymbol{A}|\neq 0$,则矩阵$\boldsymbol{A}$可逆,且

$$\boldsymbol{A}^{-1}=\frac{1}{|\boldsymbol{A}|}\boldsymbol{A}^{*}, \tag{8}$$

其中$\boldsymbol{A}^{*}$为矩阵$\boldsymbol{A}$的伴随矩阵.

证 由例10知

$$\boldsymbol{AA}^{*}=\boldsymbol{A}^{*}\boldsymbol{A}=|\boldsymbol{A}|\boldsymbol{E},$$

因$|\boldsymbol{A}|\neq 0$,故有

$$\boldsymbol{A}\frac{1}{|\boldsymbol{A}|}\boldsymbol{A}^{*}=\frac{1}{|\boldsymbol{A}|}\boldsymbol{A}^{*}\boldsymbol{A}=\boldsymbol{E},$$

所以,按逆矩阵的定义,即知$\boldsymbol{A}$可逆,且有

$$\boldsymbol{A}^{-1}=\frac{1}{|\boldsymbol{A}|}\boldsymbol{A}^{*}.$$

证毕

当$|\boldsymbol{A}|=0$时,$\boldsymbol{A}$称为奇异矩阵,否则称非奇异矩阵.由上面两定理可知:**$\boldsymbol{A}$是可逆矩阵的充分必要条件是$|\boldsymbol{A}|\neq 0$,即可逆矩阵就是非奇异矩阵.**

由定理2,可得下述推论.

推论 若$\boldsymbol{AB}=\boldsymbol{E}$(或$\boldsymbol{BA}=\boldsymbol{E}$),则$\boldsymbol{B}=\boldsymbol{A}^{-1}$.

证 $|\boldsymbol{A}|\cdot|\boldsymbol{B}|=|\boldsymbol{E}|=1$,故$|\boldsymbol{A}|\neq 0$,因而$\boldsymbol{A}^{-1}$存在,于是

$$\boldsymbol{B}=\boldsymbol{EB}=(\boldsymbol{A}^{-1}\boldsymbol{A})\boldsymbol{B}=\boldsymbol{A}^{-1}(\boldsymbol{AB})=\boldsymbol{A}^{-1}\boldsymbol{E}=\boldsymbol{A}^{-1}.$$

证毕

逆矩阵满足下述运算规律:

(i) 若$\boldsymbol{A}$可逆,则$\boldsymbol{A}^{-1}$亦可逆,且$(\boldsymbol{A}^{-1})^{-1}=\boldsymbol{A}$;

(ii) 若$\boldsymbol{A}$可逆,数$\lambda\neq 0$,则$\lambda\boldsymbol{A}$可逆,且$(\lambda\boldsymbol{A})^{-1}=\frac{1}{\lambda}\boldsymbol{A}^{-1}$;

(iii) 若$\boldsymbol{A}$、$\boldsymbol{B}$为同阶矩阵且均可逆,则$\boldsymbol{AB}$亦可逆,且

$$(\boldsymbol{AB})^{-1}=\boldsymbol{B}^{-1}\boldsymbol{A}^{-1}.$$

证 $(\boldsymbol{AB})(\boldsymbol{B}^{-1}\boldsymbol{A}^{-1})=\boldsymbol{A}(\boldsymbol{BB}^{-1})\boldsymbol{A}^{-1}=\boldsymbol{AEA}^{-1}=\boldsymbol{AA}^{-1}=\boldsymbol{E}$,由推论,即有$(\boldsymbol{AB})^{-1}=\boldsymbol{B}^{-1}\boldsymbol{A}^{-1}$. 证毕

(iv) 若$\boldsymbol{A}$可逆,则$\boldsymbol{A}^{\mathrm{T}}$亦可逆,且$(\boldsymbol{A}^{\mathrm{T}})^{-1}=(\boldsymbol{A}^{-1})^{\mathrm{T}}$.

证

$$\boldsymbol{A}^{\mathrm{T}}(\boldsymbol{A}^{-1})^{\mathrm{T}}=(\boldsymbol{A}^{-1}\boldsymbol{A})^{\mathrm{T}}=\boldsymbol{E}^{\mathrm{T}}=\boldsymbol{E},$$

所以

$$(\boldsymbol{A}^{\mathrm{T}})^{-1}=(\boldsymbol{A}^{-1})^{\mathrm{T}}.$$

证毕

当$\boldsymbol{A}$可逆时,还可定义

$$\boldsymbol{A}^{0}=\boldsymbol{E},\ \boldsymbol{A}^{-k}=(\boldsymbol{A}^{-1})^{k},$$

其中k为正整数.这样,当$\boldsymbol{A}$可逆,λ、μ为整数时,有

$$\boldsymbol{A}^{\lambda}\boldsymbol{A}^{\mu}=\boldsymbol{A}^{\lambda+\mu},\ (\boldsymbol{A}^{\lambda})^{\mu}=\boldsymbol{A}^{\lambda\mu}.$$

例 11　求二阶矩阵 $\boldsymbol{A}=\begin{pmatrix} a & b \\ c & d \end{pmatrix}$ 的逆矩阵.

解　$|\boldsymbol{A}|=ad-bc, \boldsymbol{A}^*=\begin{pmatrix} d & -b \\ -c & a \end{pmatrix}$，
利用逆矩阵公式(8)，当 $|\boldsymbol{A}|\neq 0$ 时，有

$$\boldsymbol{A}^{-1}=\frac{1}{|\boldsymbol{A}|}\boldsymbol{A}^*=\frac{1}{ad-bc}\begin{pmatrix} d & -b \\ -c & a \end{pmatrix}.$$

例 12　求方阵

$$\boldsymbol{A}=\begin{pmatrix} 1 & 2 & 3 \\ 2 & 2 & 1 \\ 3 & 4 & 3 \end{pmatrix}$$

的逆矩阵.

解　求得 $|\boldsymbol{A}|=2\neq 0$，知 $\boldsymbol{A}^{-1}$ 存在. 再计算 $|\boldsymbol{A}|$ 的余子式

$$M_{11}=2,\quad M_{12}=3,\quad M_{13}=2,$$
$$M_{21}=-6,\quad M_{22}=-6,\quad M_{23}=-2,$$
$$M_{31}=-4,\quad M_{32}=-5,\quad M_{33}=-2,$$

得

$$\boldsymbol{A}^*=\begin{pmatrix} M_{11} & -M_{21} & M_{31} \\ -M_{12} & M_{22} & -M_{32} \\ M_{13} & -M_{23} & M_{33} \end{pmatrix}=\begin{pmatrix} 2 & 6 & -4 \\ -3 & -6 & 5 \\ 2 & 2 & -2 \end{pmatrix},$$

所以

$$\boldsymbol{A}^{-1}=\frac{1}{|\boldsymbol{A}|}\boldsymbol{A}^*=\begin{pmatrix} 1 & 3 & -2 \\ -\frac{3}{2} & -3 & \frac{5}{2} \\ 1 & 1 & -1 \end{pmatrix}.$$

二、逆矩阵的初步应用

可逆矩阵在线性代数中占有重要地位，它的应用是多方面的，下面举几个例子.

例 13　设

$$\boldsymbol{A}=\begin{pmatrix} 1 & 2 & 3 \\ 2 & 2 & 1 \\ 3 & 4 & 3 \end{pmatrix},\ \boldsymbol{B}=\begin{pmatrix} 2 & 1 \\ 5 & 3 \end{pmatrix},\ \boldsymbol{C}=\begin{pmatrix} 1 & 3 \\ 2 & 0 \\ 3 & 1 \end{pmatrix},$$

求矩阵 $\boldsymbol{X}$ 使其满足

$$AXB=C.$$

解　若 A^{-1}，B^{-1}存在，则用 A^{-1}左乘上式，B^{-1}右乘上式，有

$$A^{-1}AXBB^{-1}=A^{-1}CB^{-1},$$

即

$$X=A^{-1}CB^{-1}.$$

由例 12 知$|A|\neq 0$，而$|B|=1$，故知 A、B 都可逆，且

$$A^{-1}=\begin{pmatrix}1 & 3 & -2\\ -\frac{3}{2} & -3 & \frac{5}{2}\\ 1 & 1 & -1\end{pmatrix},\ B^{-1}=\begin{pmatrix}3 & -1\\ -5 & 2\end{pmatrix},$$

于是

$$X=A^{-1}CB^{-1}=\begin{pmatrix}1 & 3 & -2\\ -\frac{3}{2} & -3 & \frac{5}{2}\\ 1 & 1 & -1\end{pmatrix}\begin{pmatrix}1 & 3\\ 2 & 0\\ 3 & 1\end{pmatrix}\begin{pmatrix}3 & -1\\ -5 & 2\end{pmatrix}$$

$$=\begin{pmatrix}1 & 1\\ 0 & -2\\ 0 & 2\end{pmatrix}\begin{pmatrix}3 & -1\\ -5 & 2\end{pmatrix}=\begin{pmatrix}-2 & 1\\ 10 & -4\\ -10 & 4\end{pmatrix}.$$

例 14　设 $P=\begin{pmatrix}1 & 2\\ 1 & 4\end{pmatrix}$，$\Lambda=\begin{pmatrix}1 & 0\\ 0 & 2\end{pmatrix}$，$AP=P\Lambda$，求 A^n.

解

$$|P|=2,\ P^{-1}=\frac{1}{2}\begin{pmatrix}4 & -2\\ -1 & 1\end{pmatrix},$$

$$A=P\Lambda P^{-1},\ A^2=P\Lambda P^{-1}P\Lambda P^{-1}=P\Lambda^2P^{-1},\ \cdots,\ A^n=P\Lambda^nP^{-1},$$

而

$$\Lambda=\begin{pmatrix}1 & 0\\ 0 & 2\end{pmatrix},\ \Lambda^2=\begin{pmatrix}1 & 0\\ 0 & 2\end{pmatrix}\begin{pmatrix}1 & 0\\ 0 & 2\end{pmatrix}=\begin{pmatrix}1 & 0\\ 0 & 2^2\end{pmatrix},\ \cdots,\ \Lambda^n=\begin{pmatrix}1 & 0\\ 0 & 2^n\end{pmatrix},$$

故

$$A^n=\begin{pmatrix}1 & 2\\ 1 & 4\end{pmatrix}\begin{pmatrix}1 & 0\\ 0 & 2^n\end{pmatrix}\frac{1}{2}\begin{pmatrix}4 & -2\\ -1 & 1\end{pmatrix}=\frac{1}{2}\begin{pmatrix}1 & 2^{n+1}\\ 1 & 2^{n+2}\end{pmatrix}\begin{pmatrix}4 & -2\\ -1 & 1\end{pmatrix}$$

$$=\frac{1}{2}\begin{pmatrix}4-2^{n+1} & 2^{n+1}-2\\ 4-2^{n+2} & 2^{n+2}-2\end{pmatrix}=\begin{pmatrix}2-2^n & 2^n-1\\ 2-2^{n+1} & 2^{n+1}-1\end{pmatrix}.$$

设 $\varphi(x)=a_0+a_1x+\cdots+a_mx^m$ 为 x 的 m 次多项式，A 为 n 阶矩阵，记

$$\varphi(A)=a_0E+a_1A+\cdots+a_mA^m,$$

$\varphi(A)$称为矩阵 A 的 m 次多项式.

因为矩阵 $\boldsymbol{A}^k$、$\boldsymbol{A}^l$ 和 $\boldsymbol{E}$ 都是可交换的，所以矩阵 $\boldsymbol{A}$ 的两个多项式 $\varphi(\boldsymbol{A})$ 和 $f(\boldsymbol{A})$ 也是可交换的，即总有

$$\varphi(\boldsymbol{A})f(\boldsymbol{A})=f(\boldsymbol{A})\varphi(\boldsymbol{A}),$$

从而 $\boldsymbol{A}$ 的几个多项式可以像数 x 的多项式一样相乘或分解因式. 例如

$$(\boldsymbol{E}+\boldsymbol{A})(2\boldsymbol{E}-\boldsymbol{A})=2\boldsymbol{E}+\boldsymbol{A}-\boldsymbol{A}^2,$$

$$(\boldsymbol{E}-\boldsymbol{A})^3=\boldsymbol{E}-3\boldsymbol{A}+3\boldsymbol{A}^2-\boldsymbol{A}^3.$$

我们常用例 14 中计算 $\boldsymbol{A}^k$ 的方法来计算 $\boldsymbol{A}$ 的多项式 $\varphi(\boldsymbol{A})$，这就是：

(i) 如果 $\boldsymbol{A}=\boldsymbol{P\Lambda P}^{-1}$，则 $\boldsymbol{A}^k=\boldsymbol{P\Lambda}^k\boldsymbol{P}^{-1}$，从而

$$\begin{aligned}\varphi(\boldsymbol{A})&=a_0\boldsymbol{E}+a_1\boldsymbol{A}+\cdots+a_m\boldsymbol{A}^m\\&=\boldsymbol{P}a_0\boldsymbol{E}\boldsymbol{P}^{-1}+\boldsymbol{P}a_1\boldsymbol{\Lambda}\boldsymbol{P}^{-1}+\cdots+\boldsymbol{P}a_m\boldsymbol{\Lambda}^m\boldsymbol{P}^{-1}=\boldsymbol{P}\varphi(\boldsymbol{\Lambda})\boldsymbol{P}^{-1}.\end{aligned}$$

(ii) 如果 $\boldsymbol{\Lambda}=\mathrm{diag}(\lambda_1,\lambda_2,\cdots,\lambda_n)$ 为对角矩阵，则 $\boldsymbol{\Lambda}^k=\mathrm{diag}(\lambda_1^k,\lambda_2^k,\cdots,\lambda_n^k)$，从而

$$\begin{aligned}\varphi(\boldsymbol{\Lambda})&=a_0\boldsymbol{E}+a_1\boldsymbol{\Lambda}+\cdots+a_m\boldsymbol{\Lambda}^m\\&=a_0\begin{pmatrix}1&&&\\&1&&\\&&\ddots&\\&&&1\end{pmatrix}+a_1\begin{pmatrix}\lambda_1&&&\\&\lambda_2&&\\&&\ddots&\\&&&\lambda_n\end{pmatrix}+\cdots+a_m\begin{pmatrix}\lambda_1^m&&&\\&\lambda_2^m&&\\&&\ddots&\\&&&\lambda_n^m\end{pmatrix}\\&=\begin{pmatrix}\varphi(\lambda_1)&&&\\&\varphi(\lambda_2)&&\\&&\ddots&\\&&&\varphi(\lambda_n)\end{pmatrix}.\end{aligned}$$

上式表明当 $\boldsymbol{\Lambda}=\mathrm{diag}(\lambda_1,\lambda_2,\cdots,\lambda_n)$ 为 n 阶对角矩阵时，$\varphi(\boldsymbol{\Lambda})$ 也是 n 阶对角矩阵，且它的第 i 个对角元为 $\varphi(\lambda_i)$，归结为数的多项式计算 $(i=1,2,\cdots,n)$，这给计算 $\varphi(\boldsymbol{\Lambda})$ 以及经由(i)来计算 $\varphi(\boldsymbol{A})$ 带来很大的方便. 请看下例，在第 5 章中将进一步讨论这个问题.

例 15 设 $\boldsymbol{P}=\begin{pmatrix}-1&1&1\\1&0&2\\1&1&-1\end{pmatrix}$，$\boldsymbol{\Lambda}=\begin{pmatrix}1&&\\&2&\\&&-3\end{pmatrix}$，$\boldsymbol{AP}=\boldsymbol{P\Lambda}$，求 $\varphi(\boldsymbol{A})=\boldsymbol{A}^3+2\boldsymbol{A}^2-3\boldsymbol{A}$.

解 $$|\boldsymbol{P}|=\begin{vmatrix}-1&1&1\\1&0&2\\1&1&-1\end{vmatrix}\xlongequal{r_1+r_3}\begin{vmatrix}0&2&0\\1&0&2\\1&1&-1\end{vmatrix}=6,$$

故 $\boldsymbol{P}$ 可逆，从而

$$\boldsymbol{A}=\boldsymbol{P\Lambda P}^{-1},\ \varphi(\boldsymbol{A})=\boldsymbol{P}\varphi(\boldsymbol{\Lambda})\boldsymbol{P}^{-1}.$$

而 $\varphi(1)=0,\varphi(2)=10,\varphi(-3)=0$,故 $\varphi(\boldsymbol{\Lambda})=\operatorname{diag}(0,10,0)$.

$$\varphi(\boldsymbol{A})=\boldsymbol{P}\varphi(\boldsymbol{\Lambda})\boldsymbol{P}^{-1}=\begin{pmatrix}-1&1&1\\1&0&2\\1&1&-1\end{pmatrix}\begin{pmatrix}0&&\\&10&\\&&0\end{pmatrix}\frac{1}{|\boldsymbol{P}|}\boldsymbol{P}^{*}$$

$$=\frac{10}{6}\begin{pmatrix}0&1&0\\0&0&0\\0&1&0\end{pmatrix}\begin{pmatrix}A_{11}&A_{21}&A_{31}\\A_{12}&A_{22}&A_{32}\\A_{13}&A_{23}&A_{33}\end{pmatrix}=\frac{5}{3}\begin{pmatrix}A_{12}&A_{22}&A_{32}\\0&0&0\\A_{12}&A_{22}&A_{32}\end{pmatrix},$$

而

$$A_{12}=-\begin{vmatrix}1&2\\1&-1\end{vmatrix}=3,\ A_{22}=\begin{vmatrix}-1&1\\1&-1\end{vmatrix}=0,\ A_{32}=-\begin{vmatrix}-1&1\\1&2\end{vmatrix}=3,$$

于是

$$\varphi(\boldsymbol{A})=5\begin{pmatrix}1&0&1\\0&0&0\\1&0&1\end{pmatrix}.$$

§4　克拉默法则

在第 1 章例 1 中,我们利用二阶行列式求解了由两个二元线性方程组成的方程组. 现在进行推广,介绍求解由 n 个 n 元线性方程组成的方程组的克拉默法则.

含有 n 个未知数 $x_1,x_2,\cdots,x_n$ 的 n 个线性方程的方程组

$$\begin{cases}a_{11}x_1+a_{12}x_2+\cdots+a_{1n}x_n=b_1,\\a_{21}x_1+a_{22}x_2+\cdots+a_{2n}x_n=b_2,\\\cdots\cdots\cdots\cdots\\a_{n1}x_1+a_{n2}x_2+\cdots+a_{nn}x_n=b_n,\end{cases}\tag{9}$$

它的解可以用 n 阶行列式表示,即有

克拉默法则　如果线性方程组(9)的系数矩阵 $\boldsymbol{A}$ 的行列式不等于零,即

$$|\boldsymbol{A}|=\begin{vmatrix}a_{11}&\cdots&a_{1n}\\\vdots&&\vdots\\a_{n1}&\cdots&a_{nn}\end{vmatrix}\neq 0,$$

那么,方程组(9)有惟一解

$$x_1=\frac{|\boldsymbol{A}_1|}{|\boldsymbol{A}|},\quad x_2=\frac{|\boldsymbol{A}_2|}{|\boldsymbol{A}|},\cdots,\quad x_n=\frac{|\boldsymbol{A}_n|}{|\boldsymbol{A}|},$$

其中 A_j $(j=1,2,\cdots,n)$ 是把系数矩阵 A 中第 j 列的元素用方程组右端的常数项代替后所得到的 n 阶矩阵,即

$$A_j=\begin{pmatrix} a_{11} & \cdots & a_{1,j-1} & b_1 & a_{1,j+1} & \cdots & a_{1n} \\ \vdots & & \vdots & \vdots & \vdots & & \vdots \\ a_{n1} & \cdots & a_{n,j-1} & b_n & a_{n,j+1} & \cdots & a_{nn} \end{pmatrix}.$$

证 把方程组(9)写成矩阵方程

$$\boldsymbol{Ax}=\boldsymbol{b},$$

这里 $\boldsymbol{A}=(a_{ij})_{n\times n}$ 为 n 阶矩阵,因 $|\boldsymbol{A}|\neq 0$,故 $\boldsymbol{A}^{-1}$ 存在.

令 $\boldsymbol{x}=\boldsymbol{A}^{-1}\boldsymbol{b}$,有

$$\boldsymbol{Ax}=\boldsymbol{AA}^{-1}\boldsymbol{b}=\boldsymbol{b},$$

表明 $\boldsymbol{x}=\boldsymbol{A}^{-1}\boldsymbol{b}$ 是方程组(9)的解向量.

由 $\boldsymbol{Ax}=\boldsymbol{b}$,有 $\boldsymbol{A}^{-1}\boldsymbol{Ax}=\boldsymbol{A}^{-1}\boldsymbol{b}$,即 $\boldsymbol{x}=\boldsymbol{A}^{-1}\boldsymbol{b}$,根据逆矩阵的惟一性,知 $\boldsymbol{x}=\boldsymbol{A}^{-1}\boldsymbol{b}$ 是方程组(9)的惟一的解向量.

由逆矩阵公式 $\boldsymbol{A}^{-1}=\dfrac{1}{|\boldsymbol{A}|}\boldsymbol{A}^*$,有 $\boldsymbol{x}=\boldsymbol{A}^{-1}\boldsymbol{b}=\dfrac{1}{|\boldsymbol{A}|}\boldsymbol{A}^*\boldsymbol{b}$,即

$$\begin{pmatrix} x_1 \\ x_2 \\ \vdots \\ x_n \end{pmatrix}=\frac{1}{|\boldsymbol{A}|}\begin{pmatrix} A_{11} & A_{21} & \cdots & A_{n1} \\ A_{12} & A_{22} & \cdots & A_{n2} \\ \vdots & \vdots & & \vdots \\ A_{1n} & A_{2n} & \cdots & A_{nn} \end{pmatrix}\begin{pmatrix} b_1 \\ b_2 \\ \vdots \\ b_n \end{pmatrix}=\frac{1}{|\boldsymbol{A}|}\begin{pmatrix} b_1A_{11}+b_2A_{21}+\cdots+b_nA_{n1} \\ b_1A_{12}+b_2A_{22}+\cdots+b_nA_{n2} \\ \vdots \\ b_1A_{1n}+b_2A_{2n}+\cdots+b_nA_{nn} \end{pmatrix},$$

亦即

$$x_j=\frac{1}{|\boldsymbol{A}|}(b_1A_{1j}+b_2A_{2j}+\cdots+b_nA_{nj})=\frac{1}{|\boldsymbol{A}|}|\boldsymbol{A}_j| \quad (j=1,2,\cdots,n).$$

证毕

克拉默法则可视为行列式的一个应用,而所给出的证明又可看作逆矩阵的一个应用.它解决的是方程个数与未知数个数相等并且系数行列式不等于零的线性方程组.所以它既是第 1 章例 1 中用二阶行列式求解方程组的推广,又是下一章中求解一般线性方程组的一个特殊的情形.

例 16 分别用克拉默法则和逆矩阵方法求解线性方程组

$$\begin{cases} x_1-x_2-x_3=2, \\ 2x_1-x_2-3x_3=1, \\ 3x_1+2x_2-5x_3=0. \end{cases}$$

解 (1) 用克拉默法则

因方程组的系数矩阵的行列式 $|\boldsymbol{A}|=\begin{vmatrix} 1 & -1 & -1 \\ 2 & -1 & -3 \\ 3 & 2 & -5 \end{vmatrix}=3\neq 0$,由克拉默法则,

它有惟一解,并且

$$x_1=\frac{1}{|\boldsymbol{A}|}\begin{vmatrix}2&-1&-1\\1&-1&-3\\0&2&-5\end{vmatrix}\xlongequal{r_1\leftrightarrow r_2}-\frac{1}{3}\begin{vmatrix}1&-1&-3\\2&-1&-1\\0&2&-5\end{vmatrix}\xlongequal[r_3-2r_2]{r_2-2r_1}-\frac{1}{3}\begin{vmatrix}1&-1&-3\\0&1&5\\0&0&-15\end{vmatrix}=5;$$

$$x_2=\frac{1}{|\boldsymbol{A}|}\begin{vmatrix}1&2&-1\\2&1&-3\\3&0&-5\end{vmatrix}\xlongequal[r_3-3r_1]{r_2-2r_1}\frac{1}{3}\begin{vmatrix}1&2&-1\\0&-3&-1\\0&-6&-2\end{vmatrix}=0;$$

$$x_3=\frac{1}{|\boldsymbol{A}|}\begin{vmatrix}1&-1&2\\2&-1&1\\3&2&0\end{vmatrix}\xlongequal[r_3-3r_1]{r_2-2r_1}\frac{1}{3}\begin{vmatrix}1&-1&2\\0&1&-3\\0&5&-6\end{vmatrix}=\frac{1}{3}\begin{vmatrix}1&-3\\5&-6\end{vmatrix}=3.$$

(2) 用逆矩阵方法

因 $|\boldsymbol{A}|=3\neq 0$,故 $\boldsymbol{A}$ 可逆,于是

$$\begin{aligned}\boldsymbol{x}&=\boldsymbol{A}^{-1}\boldsymbol{b}\\&=\begin{pmatrix}1&-1&-1\\2&-1&-3\\3&2&-5\end{pmatrix}^{-1}\begin{pmatrix}2\\1\\0\end{pmatrix}=\frac{1}{3}\begin{pmatrix}11&-7&2\\1&-2&1\\7&-5&1\end{pmatrix}\begin{pmatrix}2\\1\\0\end{pmatrix}=\frac{1}{3}\begin{pmatrix}15\\0\\9\end{pmatrix}=\begin{pmatrix}5\\0\\3\end{pmatrix},\end{aligned}$$

即有

$$\begin{cases}x_1=5,\\x_2=0,\\x_3=3.\end{cases}$$

§5 矩阵分块法

对于行数和列数较多的矩阵 $\boldsymbol{A}$,运算时常采用分块法,使大矩阵的运算化成小矩阵的运算. 将矩阵 $\boldsymbol{A}$ 用若干条纵线和横线分成许多个小矩阵,每一个小矩阵称为 $\boldsymbol{A}$ 的子块,以子块为元素的形式上的矩阵称为分块矩阵.

例如将 3×4 矩阵

$$\boldsymbol{A}=\begin{pmatrix}a_{11}&a_{12}&a_{13}&a_{14}\\a_{21}&a_{22}&a_{23}&a_{24}\\a_{31}&a_{32}&a_{33}&a_{34}\end{pmatrix}$$

分成子块的分法很多,下面举出三种分块形式:

$$
(\text{i})\left(\begin{array}{cc:cc} a_{11} & a_{12} & a_{13} & a_{14} \\ a_{21} & a_{22} & a_{23} & a_{24} \\ \hdashline a_{31} & a_{32} & a_{33} & a_{34} \end{array}\right),\quad (\text{ii})\left(\begin{array}{c:cc:c} a_{11} & a_{12} & a_{13} & a_{14} \\ a_{21} & a_{22} & a_{23} & a_{24} \\ \hdashline a_{31} & a_{32} & a_{33} & a_{34} \end{array}\right),
$$

$$
(\text{iii})\left(\begin{array}{c:c:c:c} a_{11} & a_{12} & a_{13} & a_{14} \\ a_{21} & a_{22} & a_{23} & a_{24} \\ a_{31} & a_{32} & a_{33} & a_{34} \end{array}\right).
$$

分法(i)可记为

$$
\boldsymbol{A}=\begin{pmatrix} \boldsymbol{A}_{11} & \boldsymbol{A}_{12} \\ \boldsymbol{A}_{21} & \boldsymbol{A}_{22} \end{pmatrix},
$$

其中

$$
\boldsymbol{A}_{11}=\begin{pmatrix} a_{11} & a_{12} \\ a_{21} & a_{22} \end{pmatrix},\ \boldsymbol{A}_{12}=\begin{pmatrix} a_{13} & a_{14} \\ a_{23} & a_{24} \end{pmatrix},\ \boldsymbol{A}_{21}=(a_{31},a_{32}),\ \boldsymbol{A}_{22}=(a_{33},a_{34}),
$$

即 $\boldsymbol{A}_{11},\boldsymbol{A}_{12},\boldsymbol{A}_{21},\boldsymbol{A}_{22}$ 为 $\boldsymbol{A}$ 的子块,而 $\boldsymbol{A}$ 形式上成为以这些子块为元的分块矩阵.分法(ii)及(iii)的分块矩阵请读者写出.

本章第 2 节证明公式 $|\boldsymbol{AB}|=|\boldsymbol{A}||\boldsymbol{B}|$ 时出现的矩阵 $\begin{pmatrix} \boldsymbol{A} & \boldsymbol{O} \\ -\boldsymbol{E} & \boldsymbol{B} \end{pmatrix}$ 及 $\begin{pmatrix} \boldsymbol{A} & \boldsymbol{AB} \\ -\boldsymbol{E} & \boldsymbol{O} \end{pmatrix}$ 正是分块矩阵,在那里是把四个矩阵拼成一个大矩阵,这与把大矩阵分成多个小矩阵是同一个概念的两个方面.

分块矩阵的运算规则与普通矩阵的运算规则相类似,分别说明如下:

(i) 设矩阵 $\boldsymbol{A}$ 与 $\boldsymbol{B}$ 的行数相同、列数相同,采用相同的分块法,有

$$
\boldsymbol{A}=\begin{pmatrix} \boldsymbol{A}_{11} & \cdots & \boldsymbol{A}_{1r} \\ \vdots & & \vdots \\ \boldsymbol{A}_{s1} & \cdots & \boldsymbol{A}_{sr} \end{pmatrix},\ \boldsymbol{B}=\begin{pmatrix} \boldsymbol{B}_{11} & \cdots & \boldsymbol{B}_{1r} \\ \vdots & & \vdots \\ \boldsymbol{B}_{s1} & \cdots & \boldsymbol{B}_{sr} \end{pmatrix},
$$

其中 $\boldsymbol{A}_{ij}$ 与 $\boldsymbol{B}_{ij}$ 的行数相同、列数相同,那么

$$
\boldsymbol{A}+\boldsymbol{B}=\begin{pmatrix} \boldsymbol{A}_{11}+\boldsymbol{B}_{11} & \cdots & \boldsymbol{A}_{1r}+\boldsymbol{B}_{1r} \\ \vdots & & \vdots \\ \boldsymbol{A}_{s1}+\boldsymbol{B}_{s1} & \cdots & \boldsymbol{A}_{sr}+\boldsymbol{B}_{sr} \end{pmatrix}.
$$

(ii) 设 $\boldsymbol{A}=\begin{pmatrix} \boldsymbol{A}_{11} & \cdots & \boldsymbol{A}_{1r} \\ \vdots & & \vdots \\ \boldsymbol{A}_{s1} & \cdots & \boldsymbol{A}_{sr} \end{pmatrix}$,$\lambda$ 为数,那么

$$\lambda\boldsymbol{A}=\begin{pmatrix}\lambda\boldsymbol{A}_{11} & \cdots & \lambda\boldsymbol{A}_{1r}\\ \vdots & & \vdots\\ \lambda\boldsymbol{A}_{s1} & \cdots & \lambda\boldsymbol{A}_{sr}\end{pmatrix}.$$

(iii) 设 $\boldsymbol{A}$ 为 $m\times l$ 矩阵，$\boldsymbol{B}$ 为 $l\times n$ 矩阵，分块成

$$\boldsymbol{A}=\begin{pmatrix}\boldsymbol{A}_{11} & \cdots & \boldsymbol{A}_{1t}\\ \vdots & & \vdots\\ \boldsymbol{A}_{s1} & \cdots & \boldsymbol{A}_{st}\end{pmatrix},\ \boldsymbol{B}=\begin{pmatrix}\boldsymbol{B}_{11} & \cdots & \boldsymbol{B}_{1r}\\ \vdots & & \vdots\\ \boldsymbol{B}_{t1} & \cdots & \boldsymbol{B}_{tr}\end{pmatrix},$$

其中 $\boldsymbol{A}_{i1},\boldsymbol{A}_{i2},\cdots,\boldsymbol{A}_{it}$ 的列数分别等于 $\boldsymbol{B}_{1j},\boldsymbol{B}_{2j},\cdots,\boldsymbol{B}_{tj}$ 的行数，那么

$$\boldsymbol{AB}=\begin{pmatrix}\boldsymbol{C}_{11} & \cdots & \boldsymbol{C}_{1r}\\ \vdots & & \vdots\\ \boldsymbol{C}_{s1} & \cdots & \boldsymbol{C}_{sr}\end{pmatrix},$$

其中

$$\boldsymbol{C}_{ij}=\sum_{k=1}^{t}\boldsymbol{A}_{ik}\boldsymbol{B}_{kj}\quad(i=1,\cdots,s;\ j=1,\cdots,r).$$

例 17　设

$$\boldsymbol{A}=\begin{pmatrix}1&0&0&0\\0&1&0&0\\-1&2&1&0\\1&1&0&1\end{pmatrix},\ \boldsymbol{B}=\begin{pmatrix}1&0&1&0\\-1&2&0&1\\1&0&4&1\\-1&-1&2&0\end{pmatrix},$$

求 $\boldsymbol{AB}$.

解　把 $\boldsymbol{A},\boldsymbol{B}$ 分块成

$$\boldsymbol{A}=\left(\begin{array}{cc|cc}1&0&0&0\\0&1&0&0\\\hline -1&2&1&0\\1&1&0&1\end{array}\right)=\begin{pmatrix}\boldsymbol{E}&\boldsymbol{O}\\\boldsymbol{A}_1&\boldsymbol{E}\end{pmatrix},$$

$$\boldsymbol{B}=\left(\begin{array}{cc|cc}1&0&1&0\\-1&2&0&1\\\hline 1&0&4&1\\-1&-1&2&0\end{array}\right)=\begin{pmatrix}\boldsymbol{B}_{11}&\boldsymbol{E}\\\boldsymbol{B}_{21}&\boldsymbol{B}_{22}\end{pmatrix},$$

则

$$\boldsymbol{AB}=\begin{pmatrix}\boldsymbol{E}&\boldsymbol{O}\\\boldsymbol{A}_1&\boldsymbol{E}\end{pmatrix}\begin{pmatrix}\boldsymbol{B}_{11}&\boldsymbol{E}\\\boldsymbol{B}_{21}&\boldsymbol{B}_{22}\end{pmatrix}=\begin{pmatrix}\boldsymbol{B}_{11}&\boldsymbol{E}\\\boldsymbol{A}_1\boldsymbol{B}_{11}+\boldsymbol{B}_{21}&\boldsymbol{A}_1+\boldsymbol{B}_{22}\end{pmatrix},$$

而

$$A_1B_{11}+B_{21}=\begin{pmatrix}-1&2\\1&1\end{pmatrix}\begin{pmatrix}1&0\\-1&2\end{pmatrix}+\begin{pmatrix}1&0\\-1&-1\end{pmatrix}$$

$$=\begin{pmatrix}-3&4\\0&2\end{pmatrix}+\begin{pmatrix}1&0\\-1&-1\end{pmatrix}=\begin{pmatrix}-2&4\\-1&1\end{pmatrix},$$

$$A_1+B_{22}=\begin{pmatrix}-1&2\\1&1\end{pmatrix}+\begin{pmatrix}4&1\\2&0\end{pmatrix}=\begin{pmatrix}3&3\\3&1\end{pmatrix},$$

于是

$$AB=\left(\begin{array}{cc:cc}1&0&1&0\\-1&2&0&1\\ \hdashline -2&4&3&3\\-1&1&3&1\end{array}\right).$$

(iv) 设 $A=\begin{pmatrix}A_{11}&\cdots&A_{1r}\\ \vdots&&\vdots\\A_{s1}&\cdots&A_{sr}\end{pmatrix}$,则 $A^{\mathrm T}=\begin{pmatrix}A_{11}^{\mathrm T}&\cdots&A_{s1}^{\mathrm T}\\ \vdots&&\vdots\\A_{1r}^{\mathrm T}&\cdots&A_{sr}^{\mathrm T}\end{pmatrix}$.

(v) 设 A 为 n 阶方阵,若 A 的分块矩阵只有在对角线上有非零子块,其余子块都为零矩阵 ,且在对角线上的子块都是方阵,即

$$A=\begin{pmatrix}A_1&&&O\\&A_2&&\\&&\ddots&\\O&&&A_s\end{pmatrix},$$

其中 A_i $(i=1,2,\cdots,s)$都是方阵,那么称 A 为分块对角矩阵.

分块对角矩阵的行列式具有下述性质

$$|A|=|A_1||A_2|\cdots|A_s|.$$

由此性质可知,若 $|A_i|\neq0$ $(i=1,2,\cdots,s)$,则 $|A|\neq0$,并有

$$A^{-1}=\begin{pmatrix}A_1^{-1}&&&O\\&A_2^{-1}&&\\&&\ddots&\\O&&&A_s^{-1}\end{pmatrix}.$$

例 18 设 $A=\begin{pmatrix}5&0&0\\0&3&1\\0&2&1\end{pmatrix}$,求 A^{-1}.

解 因

$$\boldsymbol{A}=\left(\begin{array}{c:cc}5 & 0 & 0\\ \hdashline 0 & 3 & 1\\ 0 & 2 & 1\end{array}\right)=\begin{pmatrix}\boldsymbol{A}_1 & \boldsymbol{O}\\ \boldsymbol{O} & \boldsymbol{A}_2\end{pmatrix},$$

$$\boldsymbol{A}_1=(5),\ \boldsymbol{A}_1^{-1}=\left(\frac{1}{5}\right);\ \boldsymbol{A}_2=\begin{pmatrix}3 & 1\\ 2 & 1\end{pmatrix},\ \boldsymbol{A}_2^{-1}=\begin{pmatrix}1 & -1\\ -2 & 3\end{pmatrix},$$

所以

$$\boldsymbol{A}^{-1}=\left(\begin{array}{c:cc}\frac{1}{5} & 0 & 0\\ \hdashline 0 & 1 & -1\\ 0 & -2 & 3\end{array}\right).$$

对矩阵分块时,有两种分块法应予特别重视,这就是按列分块和按行分块.

$m\times n$ 矩阵 $\boldsymbol{A}$ 有 n 列,称为矩阵 $\boldsymbol{A}$ 的 n 个列向量,若第 j 列记作

$$\boldsymbol{a}_j=\begin{pmatrix}a_{1j}\\ a_{2j}\\ \vdots\\ a_{mj}\end{pmatrix},$$

则 $\boldsymbol{A}$ 可按列分块为

$$\boldsymbol{A}=(\boldsymbol{a}_1,\boldsymbol{a}_2,\cdots,\boldsymbol{a}_n);$$

$m\times n$ 矩阵 $\boldsymbol{A}$ 有 m 行,称为矩阵 $\boldsymbol{A}$ 的 m 个行向量. 若第 i 行记作

$$\boldsymbol{\alpha}_i^{\mathrm{T}}=(a_{i1},a_{i2},\cdots,a_{in})①,$$

则 $\boldsymbol{A}$ 可按行分块为

$$\boldsymbol{A}=\begin{pmatrix}\boldsymbol{\alpha}_1^{\mathrm{T}}\\ \boldsymbol{\alpha}_2^{\mathrm{T}}\\ \vdots\\ \boldsymbol{\alpha}_m^{\mathrm{T}}\end{pmatrix}.$$

对于矩阵 $\boldsymbol{A}=(a_{ij})_{m\times s}$ 与矩阵 $\boldsymbol{B}=(b_{ij})_{s\times n}$ 的乘积矩阵 $\boldsymbol{AB}=\boldsymbol{C}=(c_{ij})_{m\times n}$,若把 $\boldsymbol{A}$ 按行分成 m 块,把 $\boldsymbol{B}$ 按列分成 n 块,便有

$$\boldsymbol{AB}=\begin{pmatrix}\boldsymbol{\alpha}_1^{\mathrm{T}}\\ \boldsymbol{\alpha}_2^{\mathrm{T}}\\ \vdots\\ \boldsymbol{\alpha}_m^{\mathrm{T}}\end{pmatrix}(\boldsymbol{b}_1,\boldsymbol{b}_2,\cdots,\boldsymbol{b}_n)=\begin{pmatrix}\boldsymbol{\alpha}_1^{\mathrm{T}}\boldsymbol{b}_1 & \boldsymbol{\alpha}_1^{\mathrm{T}}\boldsymbol{b}_2 & \cdots & \boldsymbol{\alpha}_1^{\mathrm{T}}\boldsymbol{b}_n\\ \boldsymbol{\alpha}_2^{\mathrm{T}}\boldsymbol{b}_1 & \boldsymbol{\alpha}_2^{\mathrm{T}}\boldsymbol{b}_2 & \cdots & \boldsymbol{\alpha}_2^{\mathrm{T}}\boldsymbol{b}_n\\ \vdots & \vdots & & \vdots\\ \boldsymbol{\alpha}_m^{\mathrm{T}}\boldsymbol{b}_1 & \boldsymbol{\alpha}_m^{\mathrm{T}}\boldsymbol{b}_2 & \cdots & \boldsymbol{\alpha}_m^{\mathrm{T}}\boldsymbol{b}_n\end{pmatrix}=(c_{ij})_{m\times n},$$

---

① 今后列向量(列矩阵)常用小写黑体字母表示,如 $\boldsymbol{a}$、$\boldsymbol{\alpha}$、$\boldsymbol{x}$ 等,而行向量(行矩阵)则用列向量的转置表示,如 $\boldsymbol{a}^{\mathrm{T}}$、$\boldsymbol{\alpha}^{\mathrm{T}}$、$\boldsymbol{x}^{\mathrm{T}}$ 等.

其中

$$c_{ij}=\boldsymbol{\alpha}_i^{\mathrm{T}}\boldsymbol{b}_j=(a_{i1},a_{i2},\cdots,a_{is})\begin{pmatrix}b_{1j}\\b_{2j}\\\vdots\\b_{sj}\end{pmatrix}=\sum_{k=1}^{s}a_{ik}b_{kj},$$

由此可进一步领会矩阵相乘的定义.

例 19 证明矩阵 $\boldsymbol{A}=\boldsymbol{O}$ 的充分必要条件是方阵 $\boldsymbol{A}^{\mathrm{T}}\boldsymbol{A}=\boldsymbol{O}$.

证 条件的必要性是显然的,下面证明条件的充分性.

设 $\boldsymbol{A}=(a_{ij})_{m\times n}$,把 $\boldsymbol{A}$ 按列分块为 $\boldsymbol{A}=(\boldsymbol{a}_1,\boldsymbol{a}_2,\cdots,\boldsymbol{a}_n)$,则

$$\boldsymbol{A}^{\mathrm{T}}\boldsymbol{A}=\begin{pmatrix}\boldsymbol{a}_1^{\mathrm{T}}\\\boldsymbol{a}_2^{\mathrm{T}}\\\vdots\\\boldsymbol{a}_n^{\mathrm{T}}\end{pmatrix}(\boldsymbol{a}_1,\boldsymbol{a}_2,\cdots,\boldsymbol{a}_n)=\begin{pmatrix}\boldsymbol{a}_1^{\mathrm{T}}\boldsymbol{a}_1&\boldsymbol{a}_1^{\mathrm{T}}\boldsymbol{a}_2&\cdots&\boldsymbol{a}_1^{\mathrm{T}}\boldsymbol{a}_n\\\boldsymbol{a}_2^{\mathrm{T}}\boldsymbol{a}_1&\boldsymbol{a}_2^{\mathrm{T}}\boldsymbol{a}_2&\cdots&\boldsymbol{a}_2^{\mathrm{T}}\boldsymbol{a}_n\\\vdots&\vdots&&\vdots\\\boldsymbol{a}_n^{\mathrm{T}}\boldsymbol{a}_1&\boldsymbol{a}_n^{\mathrm{T}}\boldsymbol{a}_2&\cdots&\boldsymbol{a}_n^{\mathrm{T}}\boldsymbol{a}_n\end{pmatrix},$$

即 $\boldsymbol{A}^{\mathrm{T}}\boldsymbol{A}$ 的(i,j)元为 $\boldsymbol{a}_i^{\mathrm{T}}\boldsymbol{a}_j$,因 $\boldsymbol{A}^{\mathrm{T}}\boldsymbol{A}=\boldsymbol{O}$,故

$$\boldsymbol{a}_i^{\mathrm{T}}\boldsymbol{a}_j=0\quad(i,j=1,2,\cdots,n),$$

特殊地,有

$$\boldsymbol{a}_j^{\mathrm{T}}\boldsymbol{a}_j=0\quad(j=1,2,\cdots,n),$$

而

$$\boldsymbol{a}_j^{\mathrm{T}}\boldsymbol{a}_j=(a_{1j},a_{2j},\cdots,a_{mj})\begin{pmatrix}a_{1j}\\a_{2j}\\\vdots\\a_{mj}\end{pmatrix}=a_{1j}^2+a_{2j}^2+\cdots+a_{mj}^2,$$

由 $a_{1j}^2+a_{2j}^2+\cdots+a_{mj}^2=0$(因 a_{ij}为实数),得

$$a_{1j}=a_{2j}=\cdots=a_{mj}=0\quad(j=1,2,\cdots,n),$$

即

$$\boldsymbol{A}=\boldsymbol{O}.$$

证毕

本例阐明了矩阵 $\boldsymbol{A}$ 与方阵 $\boldsymbol{A}^{\mathrm{T}}\boldsymbol{A}$ 之间的一种关系. 特别地,当 $\boldsymbol{A}=\boldsymbol{a}$ 为列向量时,由于 $\boldsymbol{a}^{\mathrm{T}}\boldsymbol{a}$ 为 1×1 矩阵,即 $\boldsymbol{a}^{\mathrm{T}}\boldsymbol{a}$ 是一个数,这时,本例的结论可叙述为:列向量 $\boldsymbol{a}=\boldsymbol{0}$ 的充分必要条件是 $\boldsymbol{a}^{\mathrm{T}}\boldsymbol{a}=0$.

利用矩阵的按列(按行)分块,还可以给出线性方程组的另一矩阵表示形式.

重新回到线性方程组

$$\begin{cases} a_{11}x_1+a_{12}x_2+\cdots+a_{1n}x_n=b_1, \\ a_{21}x_1+a_{22}x_2+\cdots+a_{2n}x_n=b_2, \\ \cdots\cdots\cdots\cdots \\ a_{m1}x_1+a_{m2}x_2+\cdots+a_{mn}x_n=b_m, \end{cases} \tag{1}$$

它的矩阵乘积形式为

$$\boldsymbol{A}_{m\times n}\boldsymbol{x}_{n\times 1}=\boldsymbol{b}_{m\times 1}. \tag{1'}$$

上式中，把 $\boldsymbol{A}$ 按列分块，把 $\boldsymbol{x}$ 按行分块，由分块矩阵的乘法有

$$(\boldsymbol{a}_1,\boldsymbol{a}_2,\cdots,\boldsymbol{a}_n)\begin{pmatrix} x_1 \\ x_2 \\ \vdots \\ x_n \end{pmatrix}=\boldsymbol{b},$$

即

$$x_1\boldsymbol{a}_1+x_2\boldsymbol{a}_2+\cdots+x_n\boldsymbol{a}_n=\boldsymbol{b}. \tag{10}$$

其实把方程组(1)表成

$$\begin{pmatrix} a_{11} \\ a_{21} \\ \vdots \\ a_{m1} \end{pmatrix}x_1+\begin{pmatrix} a_{12} \\ a_{22} \\ \vdots \\ a_{m2} \end{pmatrix}x_2+\cdots+\begin{pmatrix} a_{1n} \\ a_{2n} \\ \vdots \\ a_{mn} \end{pmatrix}x_n=\begin{pmatrix} b_1 \\ b_2 \\ \vdots \\ b_m \end{pmatrix}$$

也即是(10)式.

(1)、(1′)和(10)是线性方程组(1)的各种变形. 今后，它们与(1)将混同使用而不加区分，并都称为线性方程组或线性方程. 解与解向量亦不加区别.

习　题　二

1. 计算下列乘积：

(1) $\begin{pmatrix} 4 & 3 & 1 \\ 1 & -2 & 3 \\ 5 & 7 & 0 \end{pmatrix}\begin{pmatrix} 7 \\ 2 \\ 1 \end{pmatrix}$；　　(2) $(1,2,3)\begin{pmatrix} 3 \\ 2 \\ 1 \end{pmatrix}$；

(3) $\begin{pmatrix} 2 \\ 1 \\ 3 \end{pmatrix}(-1,2)$；　　(4) $\begin{pmatrix} 2 & 1 & 4 & 0 \\ 1 & -1 & 3 & 4 \end{pmatrix}\begin{pmatrix} 1 & 3 & 1 \\ 0 & -1 & 2 \\ 1 & -3 & 1 \\ 4 & 0 & -2 \end{pmatrix}$；

(5) $(x_1,x_2,x_3)\begin{pmatrix} a_{11} & a_{12} & a_{13} \\ a_{12} & a_{22} & a_{23} \\ a_{13} & a_{23} & a_{33} \end{pmatrix}\begin{pmatrix} x_1 \\ x_2 \\ x_3 \end{pmatrix}$.

2. 设 $\boldsymbol{A}=\begin{pmatrix} 1 & 1 & 1 \\ 1 & 1 & -1 \\ 1 & -1 & 1 \end{pmatrix}$, $\boldsymbol{B}=\begin{pmatrix} 1 & 2 & 3 \\ -1 & -2 & 4 \\ 0 & 5 & 1 \end{pmatrix}$,

求 $3\boldsymbol{AB}-2\boldsymbol{A}$ 及 $\boldsymbol{A}^{\mathrm{T}}\boldsymbol{B}$.

3. 已知两个线性变换

$$\begin{cases} x_1 = 2y_1 + y_3, \\ x_2 = -2y_1+3y_2+2y_3, \\ x_3 = 4y_1+y_2+5y_3, \end{cases} \qquad \begin{cases} y_1 = -3z_1+z_2, \\ y_2 = 2z_1+z_3, \\ y_3 = -z_2+3z_3, \end{cases}$$

求从 z_1,z_2,z_3 到 x_1,x_2,x_3 的线性变换.

4. 设 $\boldsymbol{A}=\begin{pmatrix} 1 & 2 \\ 1 & 3 \end{pmatrix}$, $\boldsymbol{B}=\begin{pmatrix} 1 & 0 \\ 1 & 2 \end{pmatrix}$,问:

(1) $\boldsymbol{AB}=\boldsymbol{BA}$ 吗?

(2) $(\boldsymbol{A}+\boldsymbol{B})^2=\boldsymbol{A}^2+2\boldsymbol{AB}+\boldsymbol{B}^2$ 吗?

(3) $(\boldsymbol{A}+\boldsymbol{B})(\boldsymbol{A}-\boldsymbol{B})=\boldsymbol{A}^2-\boldsymbol{B}^2$ 吗?

5. 举反例说明下列命题是错误的:

(1) 若 $\boldsymbol{A}^2=\boldsymbol{O}$,则 $\boldsymbol{A}=\boldsymbol{O}$;

(2) 若 $\boldsymbol{A}^2=\boldsymbol{A}$,则 $\boldsymbol{A}=\boldsymbol{O}$ 或 $\boldsymbol{A}=\boldsymbol{E}$;

(3) 若 $\boldsymbol{AX}=\boldsymbol{AY}$,且 $\boldsymbol{A}\neq\boldsymbol{O}$,则 $\boldsymbol{X}=\boldsymbol{Y}$.

6. (1) 设 $\boldsymbol{A}=\begin{pmatrix} 1 & 0 \\ \lambda & 1 \end{pmatrix}$,求 $\boldsymbol{A}^2,\boldsymbol{A}^3,\cdots,\boldsymbol{A}^k$; (2) 设 $\boldsymbol{A}=\begin{pmatrix} \lambda & 1 & 0 \\ 0 & \lambda & 1 \\ 0 & 0 & \lambda \end{pmatrix}$,求 $\boldsymbol{A}^4$.

7. (1) 设 $\boldsymbol{A}=\begin{pmatrix} 3 & 1 \\ 1 & -3 \end{pmatrix}$,求 $\boldsymbol{A}^{50}$ 和 $\boldsymbol{A}^{51}$;

(2) 设 $\boldsymbol{a}=\begin{pmatrix} 2 \\ 1 \\ -3 \end{pmatrix}$, $\boldsymbol{b}=\begin{pmatrix} 1 \\ 2 \\ 4 \end{pmatrix}$, $\boldsymbol{A}=\boldsymbol{ab}^{\mathrm{T}}$,求 $\boldsymbol{A}^{100}$.

8. (1) 设 $\boldsymbol{A},\boldsymbol{B}$ 为 n 阶矩阵,且 $\boldsymbol{A}$ 为对称矩阵,证明 $\boldsymbol{B}^{\mathrm{T}}\boldsymbol{AB}$ 也是对称矩阵;

(2) 设 $\boldsymbol{A},\boldsymbol{B}$ 都是 n 阶对称矩阵,证明 $\boldsymbol{AB}$ 是对称矩阵的充分必要条件是 $\boldsymbol{AB}=\boldsymbol{BA}$.

9. 求下列矩阵的逆矩阵:

(1) $\begin{pmatrix} 1 & 2 \\ 2 & 5 \end{pmatrix}$; (2) $\begin{pmatrix} \cos\theta & -\sin\theta \\ \sin\theta & \cos\theta \end{pmatrix}$;

(3) $\begin{pmatrix} 1 & 2 & -1 \\ 3 & 4 & -2 \\ 5 & -4 & 1 \end{pmatrix}$; (4) $\begin{pmatrix} a_1 & & & 0 \\ & a_2 & & \\ & & \ddots & \\ 0 & & & a_n \end{pmatrix}$ $(a_1a_2\cdots a_n\neq 0)$.

10. 已知线性变换

$$\begin{cases} x_1 = 2y_1 + 2y_2 + y_3, \\ x_2 = 3y_1 + y_2 + 5y_3, \\ x_3 = 3y_1 + 2y_2 + 3y_3, \end{cases}$$

求从变量 x_1, x_2, x_3 到变量 y_1, y_2, y_3 的线性变换.

11. 设 $\boldsymbol{J}$ 是元素全为 1 的 n（$\geqslant 2$）阶方阵. 证明 $\boldsymbol{E}-\boldsymbol{J}$ 是可逆方阵，且 $(\boldsymbol{E}-\boldsymbol{J})^{-1} = \boldsymbol{E} - \frac{1}{n-1}\boldsymbol{J}$，这里 $\boldsymbol{E}$ 是与 $\boldsymbol{J}$ 同阶的单位矩阵.

12. 设 $\boldsymbol{A}^k = \boldsymbol{O}$（$k$ 为正整数），证明

$$(\boldsymbol{E}-\boldsymbol{A})^{-1} = \boldsymbol{E} + \boldsymbol{A} + \boldsymbol{A}^2 + \cdots + \boldsymbol{A}^{k-1}.$$

13. 设方阵 $\boldsymbol{A}$ 满足 $\boldsymbol{A}^2 - \boldsymbol{A} - 2\boldsymbol{E} = \boldsymbol{O}$，证明 $\boldsymbol{A}$ 及 $\boldsymbol{A}+2\boldsymbol{E}$ 都可逆，并求 $\boldsymbol{A}^{-1}$ 及 $(\boldsymbol{A}+2\boldsymbol{E})^{-1}$.

14. 解下列矩阵方程：

（1）$\begin{pmatrix} 2 & 5 \\ 1 & 3 \end{pmatrix} \boldsymbol{X} = \begin{pmatrix} 4 & -6 \\ 2 & 1 \end{pmatrix}$；

（2）$\boldsymbol{X} \begin{pmatrix} 2 & 1 & -1 \\ 2 & 1 & 0 \\ 1 & -1 & 1 \end{pmatrix} = \begin{pmatrix} 1 & -1 & 3 \\ 4 & 3 & 2 \end{pmatrix}$；

（3）$\begin{pmatrix} 1 & 4 \\ -1 & 2 \end{pmatrix} \boldsymbol{X} \begin{pmatrix} 2 & 0 \\ -1 & 1 \end{pmatrix} = \begin{pmatrix} 3 & 1 \\ 0 & -1 \end{pmatrix}$；

（4）$\boldsymbol{AXB} = \boldsymbol{C}$，其中 $\boldsymbol{A} = \begin{pmatrix} 2 & 1 \\ 5 & 4 \end{pmatrix}$，$\boldsymbol{B} = \begin{pmatrix} 1 & 3 & 3 \\ 1 & 4 & 3 \\ 1 & 3 & 4 \end{pmatrix}$，$\boldsymbol{C} = \begin{pmatrix} 1 & 0 & -1 \\ 1 & -2 & 0 \end{pmatrix}$.

15. 分别应用克拉默法则和逆矩阵解下列线性方程组：

（1）$\begin{cases} x_1 + 2x_2 + 3x_3 = 1, \\ 2x_1 + 2x_2 + 5x_3 = 2, \\ 3x_1 + 5x_2 + x_3 = 3; \end{cases}$　　（2）$\begin{cases} x_1 + x_2 + x_3 = 2, \\ x_1 + 2x_2 + 4x_3 = 3, \\ x_1 + 3x_2 + 9x_3 = 5. \end{cases}$

16. 设 $\boldsymbol{A}$ 为 3 阶矩阵，$|\boldsymbol{A}| = \frac{1}{2}$，求 $|(2\boldsymbol{A})^{-1} - 5\boldsymbol{A}^*|$.

17. 设 $\boldsymbol{A} = \begin{pmatrix} 0 & 3 & 3 \\ 1 & 1 & 0 \\ -1 & 2 & 3 \end{pmatrix}$，$\boldsymbol{AB} = \boldsymbol{A} + 2\boldsymbol{B}$，求 $\boldsymbol{B}$.

18. 设 $\boldsymbol{A} = \begin{pmatrix} 1 & 0 & 1 \\ 0 & 2 & 0 \\ 1 & 0 & 1 \end{pmatrix}$，且 $\boldsymbol{AB} + \boldsymbol{E} = \boldsymbol{A}^2 + \boldsymbol{B}$，求 $\boldsymbol{B}$.

19. 设 $\boldsymbol{A} = \mathrm{diag}(1, -2, 1)$，$\boldsymbol{A}^*\boldsymbol{BA} = 2\boldsymbol{BA} - 8\boldsymbol{E}$，求 $\boldsymbol{B}$.

20. 已知矩阵 $\boldsymbol{A}$ 的伴随矩阵 $\boldsymbol{A}^* = \mathrm{diag}(1, 1, 1, 8)$，且 $\boldsymbol{ABA}^{-1} = \boldsymbol{BA}^{-1} + 3\boldsymbol{E}$，求 $\boldsymbol{B}$.

21. 设 $\boldsymbol{P}^{-1}\boldsymbol{AP} = \boldsymbol{\Lambda}$，其中 $\boldsymbol{P} = \begin{pmatrix} -1 & -4 \\ 1 & 1 \end{pmatrix}$，$\boldsymbol{\Lambda} = \begin{pmatrix} -1 & 0 \\ 0 & 2 \end{pmatrix}$，求 $\boldsymbol{A}^{11}$.

22. 设 $\boldsymbol{AP}=\boldsymbol{P\Lambda}$，其中

$$\boldsymbol{P}=\begin{pmatrix}1&1&1\\1&0&-2\\1&-1&1\end{pmatrix},\boldsymbol{\Lambda}=\begin{pmatrix}-1&&\\&1&\\&&5\end{pmatrix},$$ 求 $\varphi(\boldsymbol{A})=\boldsymbol{A}^8(5\boldsymbol{E}-6\boldsymbol{A}+\boldsymbol{A}^2)$.

23. 设矩阵 $\boldsymbol{A}$ 可逆，证明其伴随矩阵 $\boldsymbol{A}^*$ 也可逆，且 $(\boldsymbol{A}^*)^{-1}=(\boldsymbol{A}^{-1})^*$.

24. 设 n 阶矩阵 $\boldsymbol{A}$ 的伴随矩阵为 $\boldsymbol{A}^*$，证明：

（1）若 $|\boldsymbol{A}|=0$，则 $|\boldsymbol{A}^*|=0$；

（2）$|\boldsymbol{A}^*|=|\boldsymbol{A}|^{n-1}$.

25. 计算 $\begin{pmatrix}1&2&1&0\\0&1&0&1\\0&0&2&1\\0&0&0&3\end{pmatrix}\begin{pmatrix}1&0&3&1\\0&1&2&-1\\0&0&-2&3\\0&0&0&-3\end{pmatrix}$.

26. 设 $\boldsymbol{A}=\begin{pmatrix}3&4&0&0\\4&-3&0&0\\0&0&2&0\\0&0&2&2\end{pmatrix}$，求 $|\boldsymbol{A}^8|$ 及 $\boldsymbol{A}^4$.

27. 设 n 阶矩阵 $\boldsymbol{A}$ 及 s 阶矩阵 $\boldsymbol{B}$ 都可逆，求 $\begin{pmatrix}\boldsymbol{O}&\boldsymbol{A}\\\boldsymbol{B}&\boldsymbol{O}\end{pmatrix}^{-1}$.

28. 求下列矩阵的逆矩阵：

（1）$\begin{pmatrix}5&2&0&0\\2&1&0&0\\0&0&8&3\\0&0&5&2\end{pmatrix}$；　　（2）$\begin{pmatrix}0&0&\frac{1}{5}\\2&1&0\\4&3&0\end{pmatrix}$.

第3章 矩阵的初等变换与线性方程组

本章先引进矩阵的初等变换，建立矩阵的秩的概念，并利用初等变换讨论矩阵的秩的性质；然后利用矩阵的秩讨论线性方程组无解、有惟一解或有无限多解的充分必要条件，并介绍用初等变换解线性方程组的方法.

§1 矩阵的初等变换

矩阵的初等变换是矩阵的一种十分重要的运算，它在解线性方程组、求逆矩阵及矩阵理论的探讨中都可起重要的作用. 为引进矩阵的初等变换，先来分析用消元法解线性方程组的例子.

引例 求解线性方程组

$$\begin{cases} 2x_1-x_2-x_3+x_4=2, & ① \\ x_1+x_2-2x_3+x_4=4, & ② \\ 4x_1-6x_2+2x_3-2x_4=4, & ③ \\ 3x_1+6x_2-9x_3+7x_4=9. & ④ \end{cases} \tag{1}$$

解

$$(1)\xrightarrow[③\div 2]{①\leftrightarrow②}\begin{cases} x_1+x_2-2x_3+x_4=4, & ① \\ 2x_1-x_2-x_3+x_4=2, & ② \\ 2x_1-3x_2+x_3-x_4=2, & ③ \\ 3x_1+6x_2-9x_3+7x_4=9 & ④ \end{cases} \tag{B_1}$$

$$\xrightarrow[\substack{③-2① \\ ④-3①}]{②-③}\begin{cases} x_1+x_2-2x_3+x_4=4, & ① \\ 2x_2-2x_3+2x_4=0, & ② \\ -5x_2+5x_3-3x_4=-6, & ③ \\ 3x_2-3x_3+4x_4=-3 & ④ \end{cases} \tag{B_2}$$

$$\xrightarrow[\substack{③+5② \\ ④-3②}]{②\times\frac{1}{2}}\begin{cases} x_1+x_2-2x_3+x_4=4, & ① \\ x_2-x_3+x_4=0, & ② \\ 2x_4=-6, & ③ \\ x_4=-3 & ④ \end{cases} \tag{B_3}$$

$$\xrightarrow[④-2③]{③\leftrightarrow④}\begin{cases}x_1+x_2-2x_3+x_4=4, & ①\\ \quad x_2-x_3+x_4=0, & ②\\ \quad\quad x_4=-3, & ③\\ \quad\quad 0=0. & ④\end{cases} \qquad (B_4)$$

这里,(1)→(B_1)是为消 x_1 作准备.(B_1)→(B_2)是保留①中的 x_1,消去②、③、④中的 x_1.(B_2)→(B_3)是保留②中的 x_2 并把它的系数变为 1,然后消去③、④中的 x_2,在此同时恰好把 x_3 也消去了.(B_3)→(B_4)是消去 x_4,在此同时恰好把常数也消去了,得到恒等式 0=0(若常数项不能消去,就将得到矛盾方程 0=1,则说明方程组无解).至此消元完毕.

(B_4)是 4 个未知数 3 个有效方程的方程组,应有一个自由未知数,由于方程组(B_4)呈阶梯形,可把每个台阶的第一个未知数(即 x_1,x_2,x_4)选为非自由未知数,剩下的 x_3 选为自由未知数.这样,就只需用"回代"的方法便能求出解:由③得 $x_4=-3$;将 $x_4=-3$ 代入②,得 $x_2=x_3+3$;以 $x_4=-3,x_2=x_3+3$ 代入①,得 $x_1=x_3+4$.于是解得

$$\begin{cases}x_1=x_3+4,\\x_2=x_3+3,\\x_4=\quad -3,\end{cases}$$

其中 x_3 可任意取值.或令 $x_3=c$,方程组的解可记作

$$\boldsymbol{x}=\begin{pmatrix}x_1\\x_2\\x_3\\x_4\end{pmatrix}=\begin{pmatrix}c+4\\c+3\\c\\-3\end{pmatrix},$$

即

$$\boldsymbol{x}=c\begin{pmatrix}1\\1\\1\\0\end{pmatrix}+\begin{pmatrix}4\\3\\0\\-3\end{pmatrix}, \qquad (2)$$

其中 c 为任意常数.

在上述消元过程中,始终把方程组看作一个整体,即不是着眼于某一个方程的变形,而是着眼于整个方程组变成另一个方程组.其中用到三种变换,即:(i)交换方程次序(ⓘ与ⓙ相互替换);(ii)以不等于 0 的数乘某个方程(以ⓘ×k 替换ⓘ);(iii)一个方程加上另一个方程的 k 倍(以ⓘ+kⓙ替换ⓘ).由于这三种变换都是可逆的,即

$$若(A)\xrightarrow{ⓘ\leftrightarrow ⓙ}(B),\quad 则(B)\xrightarrow{ⓘ\leftrightarrow ⓙ}(A);$$

$$若(A)\xrightarrow{ⓘ\times k}(B),\quad 则(B)\xrightarrow{ⓘ\div k}(A);$$

$$若(A)\xrightarrow{ⓘ+kⓙ}(B),\quad 则(B)\xrightarrow{ⓘ-kⓙ}(A).$$

因此变换前的方程组与变换后的方程组是同解的,这三种变换都是方程组的同解变换,所以最后求得的解(2)是方程组(1)的全部解.

在上述变换过程中,实际上只对方程组的系数和常数进行运算,未知数并未参与运算.因此,如果记方程组(1)的增广矩阵为

$$\boldsymbol{B}=(\boldsymbol{A},\boldsymbol{b})=\begin{pmatrix}2&-1&-1&1&2\\1&1&-2&1&4\\4&-6&2&-2&4\\3&6&-9&7&9\end{pmatrix},$$

那么上述对方程组的变换完全可以转换为对矩阵 $\boldsymbol{B}$ 的变换.把方程组的上述三种同解变换移植到矩阵上,就得到矩阵的三种初等变换.

定义 1 下面三种变换称为矩阵的初等行变换:

(i) 对换两行(对换 i,j 两行,记作 $r_i\leftrightarrow r_j$);

(ii) 以数 $k\neq 0$ 乘某一行中的所有元(第 i 行乘 k,记作 $r_i\times k$);

(iii) 把某一行所有元的 k 倍加到另一行对应的元上去(第 j 行的 k 倍加到第 i 行上,记作 r_i+kr_j).

把定义中的"行"换成"列",即得矩阵的初等列变换的定义(所用记号是把"r"换成"c").

矩阵的初等行变换与初等列变换,统称初等变换.

显然,三种初等变换都是可逆的,且其逆变换是同一类型的初等变换;变换 $r_i\leftrightarrow r_j$ 的逆变换就是其本身;变换 $r_i\times k$ 的逆变换为 $r_i\times\left(\dfrac{1}{k}\right)$(或记作 $r_i\div k$);变换 r_i+kr_j 的逆变换为 $r_i+(-k)r_j$(或记作 r_i-kr_j).

如果矩阵 $\boldsymbol{A}$ 经有限次初等行变换变成矩阵 $\boldsymbol{B}$,就称矩阵 $\boldsymbol{A}$ 与 $\boldsymbol{B}$ 行等价,记作 $\boldsymbol{A}\overset{r}{\sim}\boldsymbol{B}$;如果矩阵 $\boldsymbol{A}$ 经有限次初等列变换变成矩阵 $\boldsymbol{B}$,就称矩阵 $\boldsymbol{A}$ 与 $\boldsymbol{B}$ 列等价,记作 $\boldsymbol{A}\overset{c}{\sim}\boldsymbol{B}$;如果矩阵 $\boldsymbol{A}$ 经有限次初等变换变成矩阵 $\boldsymbol{B}$,就称矩阵 $\boldsymbol{A}$ 与 $\boldsymbol{B}$ 等价,记作 $\boldsymbol{A}\sim\boldsymbol{B}$.

矩阵之间的等价关系具有下列性质:

(i) **反身性** $\boldsymbol{A}\sim\boldsymbol{A}$;

(ii) **对称性** 若 $\boldsymbol{A}\sim\boldsymbol{B}$,则 $\boldsymbol{B}\sim\boldsymbol{A}$;

(iii) **传递性** 若 $\boldsymbol{A}\sim\boldsymbol{B}$,$\boldsymbol{B}\sim\boldsymbol{C}$,则 $\boldsymbol{A}\sim\boldsymbol{C}$.

下面用矩阵的初等行变换来解方程组(1),其过程可与方程组(1)的消元过程一一对照:

$$B=\begin{pmatrix}2&-1&-1&1&2\\1&1&-2&1&4\\4&-6&2&-2&4\\3&6&-9&7&9\end{pmatrix}$$

$$\xrightarrow[r_3\div 2]{r_1\leftrightarrow r_2}\begin{pmatrix}1&1&-2&1&4\\2&-1&-1&1&2\\2&-3&1&-1&2\\3&6&-9&7&9\end{pmatrix}=B_1$$

$$\xrightarrow[\substack{r_3-2r_1\\r_4-3r_1}]{r_2-r_3}\begin{pmatrix}1&1&-2&1&4\\0&2&-2&2&0\\0&-5&5&-3&-6\\0&3&-3&4&-3\end{pmatrix}=B_2$$

$$\xrightarrow[\substack{r_3+5r_2\\r_4-3r_2}]{r_2\div 2}\begin{pmatrix}1&1&-2&1&4\\0&1&-1&1&0\\0&0&0&2&-6\\0&0&0&1&-3\end{pmatrix}=B_3$$

$$\xrightarrow[r_4-2r_3]{r_3\leftrightarrow r_4}\begin{pmatrix}1&1&-2&1&4\\0&1&-1&1&0\\0&0&0&1&-3\\0&0&0&0&0\end{pmatrix}=B_4.$$

由方程组(B_4)得到解(2)的回代过程,也可用矩阵的初等行变换来完成,即

$$B_4\xrightarrow[r_2-r_3]{r_1-r_2}\begin{pmatrix}1&0&-1&0&4\\0&1&-1&0&3\\0&0&0&1&-3\\0&0&0&0&0\end{pmatrix}=B_5,$$

B_5 对应方程组

$$\begin{cases}x_1-x_3=4,\\x_2-x_3=3,\\x_4\quad\;\;=-3,\end{cases}$$

取 x_3 为自由未知数,并令 $x_3=c$,即得

$$\boldsymbol{x}=\begin{pmatrix}x_1\\x_2\\x_3\\x_4\end{pmatrix}=\begin{pmatrix}c+4\\c+3\\c\\-3\end{pmatrix}=c\begin{pmatrix}1\\1\\1\\0\end{pmatrix}+\begin{pmatrix}4\\3\\0\\-3\end{pmatrix}, \tag{2}$$

其中 c 为任意常数.

矩阵 $\boldsymbol{B}_4$ 和 $\boldsymbol{B}_5$ 的特点是：都可画出一条从第一行某元左方的竖线开始到最后一列某元下方的横线结束的阶梯线，它的左下方的元全为 0；每段竖线的高度为一行，竖线的右方的第一个元为非零元，称为该非零行的首非零元. 具有这样特点的矩阵称为行阶梯形矩阵. 为明确起见给出如下定义：

定义 2　(1) 非零矩阵若满足(i) 非零行在零行的上面；(ii) 非零行的首非零元所在列在上一行(如果存在的话)的首非零元所在列的右面，则称此矩阵为行阶梯形矩阵；

(2) 进一步，若 $\boldsymbol{A}$ 是行阶梯形矩阵，并且还满足：(i) 非零行的首非零元为 1；(ii) 首非零元所在的列的其他元均为 0，则称 $\boldsymbol{A}$ 为行最简形矩阵.

于是 $\boldsymbol{B}_4$ 和 $\boldsymbol{B}_5$ 都是行阶梯形矩阵，且 $\boldsymbol{B}_5$ 还是行最简形矩阵.

用归纳法不难证明(这里不证)：对于任何非零矩阵 $\boldsymbol{A}_{m\times n}$，总可经有限次初等行变换把它变为行阶梯形矩阵和行最简形矩阵.

利用初等行变换，把一个矩阵化为行阶梯形矩阵和行最简形矩阵，是一种很重要的运算. 由引例可知，要解线性方程组只需把增广矩阵化为行最简形矩阵.

由行最简形矩阵 $\boldsymbol{B}_5$，即可写出方程组的解(2)；反之，由方程组的解(2)也可写出矩阵 $\boldsymbol{B}_5$. 由此可猜想到一个矩阵的行最简形矩阵是惟一确定的(行阶梯形矩阵中非零行的行数也是惟一确定的).

对行最简形矩阵再施以初等列变换，可变成一种形状更简单的矩阵，称为标准形. 例如

$$\boldsymbol{B}_5=\begin{pmatrix}1&0&-1&0&4\\0&1&-1&0&3\\0&0&0&1&-3\\0&0&0&0&0\end{pmatrix}\xrightarrow[c_5-4c_1-3c_2+3c_3]{\substack{c_3\leftrightarrow c_4\\c_4+c_1+c_2}}\begin{pmatrix}1&0&0&0&0\\0&1&0&0&0\\0&0&1&0&0\\0&0&0&0&0\end{pmatrix}=\boldsymbol{F},$$

矩阵 $\boldsymbol{F}$ 称为矩阵 $\boldsymbol{B}$ 的标准形，其特点是：$\boldsymbol{F}$ 的左上角是一个单位矩阵，其余元全为 0.

对于 $m\times n$ 矩阵 $\boldsymbol{A}$，总可经过初等变换(行变换和列变换)把它化为标准形

$$\boldsymbol{F}=\begin{pmatrix}\boldsymbol{E}_r&\boldsymbol{O}\\\boldsymbol{O}&\boldsymbol{O}\end{pmatrix}_{m\times n},$$

此标准形由 m,n,r 三个数完全确定，其中 r 就是行阶梯形矩阵中非零行的行数.

所有与 $\boldsymbol{A}$ 等价的矩阵组成一个集合，标准形 $\boldsymbol{F}$ 是这个集合中形状最简单的矩阵.

矩阵的初等变换是矩阵的一种最基本的运算，为探讨它的应用，需要研究它的性质，下面介绍它的一个最基本的性质.

定理 1 设 $\boldsymbol{A}$ 与 $\boldsymbol{B}$ 为 $m\times n$ 矩阵，那么

(i) $\boldsymbol{A}\overset{r}{\sim}\boldsymbol{B}$ 的充分必要条件是存在 m 阶可逆矩阵 $\boldsymbol{P}$，使 $\boldsymbol{PA}=\boldsymbol{B}$；

(ii) $\boldsymbol{A}\overset{c}{\sim}\boldsymbol{B}$ 的充分必要条件是存在 n 阶可逆矩阵 $\boldsymbol{Q}$，使 $\boldsymbol{AQ}=\boldsymbol{B}$；

(iii) $\boldsymbol{A}\sim\boldsymbol{B}$ 的充分必要条件是存在 m 阶可逆矩阵 $\boldsymbol{P}$ 及 n 阶可逆矩阵 $\boldsymbol{Q}$，使 $\boldsymbol{PAQ}=\boldsymbol{B}$.

为证明定理 1，我们引进初等矩阵的知识.

定义 3 由单位矩阵 $\boldsymbol{E}$ 经过一次初等变换得到的矩阵称为初等矩阵.

三种初等变换对应有三种初等矩阵.

(i) 把单位矩阵中第 i,j 两行对换（或第 i,j 两列对换），得初等矩阵

$$\boldsymbol{E}(i,j)=\begin{pmatrix} 1 & & & & & & & & \\ & \ddots & & & & & & & \\ & & 1 & & & & & & \\ & & & 0 & \cdots & 1 & & & \\ & & & & 1 & & & & \\ & & & \vdots & \ddots & \vdots & & & \\ & & & & & 1 & & & \\ & & & 1 & \cdots & 0 & & & \\ & & & & & & 1 & & \\ & & & & & & & \ddots & \\ & & & & & & & & 1 \end{pmatrix}\begin{matrix} \\ \\ \\ \leftarrow 第\ i\ 行 \\ \\ \\ \\ \leftarrow 第\ j\ 行 \\ \\ \\ \\ \end{matrix},$$

用 m 阶初等矩阵 $\boldsymbol{E}_m(i,j)$ 左乘矩阵 $\boldsymbol{A}=(a_{ij})_{m\times n}$，得

$$\boldsymbol{E}_m(i,j)\boldsymbol{A}=\begin{pmatrix} a_{11} & a_{12} & \cdots a_{1n} \\ \vdots & \vdots & \vdots \\ a_{j1} & a_{j2} & \cdots a_{jn} \\ \vdots & \vdots & \vdots \\ a_{i1} & a_{i2} & \cdots a_{in} \\ \vdots & \vdots & \vdots \\ a_{m1} & a_{m2} & \cdots a_{mn} \end{pmatrix}\begin{matrix} \\ \\ \leftarrow 第\ i\ 行 \\ \\ \leftarrow 第\ j\ 行 \\ \\ \\ \end{matrix}.$$

其结果相当于对矩阵 $\boldsymbol{A}$ 施行第一种初等行变换：把 $\boldsymbol{A}$ 的第 i 行与第 j 行对换（r_i

$\leftrightarrow r_j$). 类似地，以 n 阶初等矩阵 $\boldsymbol{E}_n(i,j)$ 右乘矩阵 $\boldsymbol{A}$，其结果相当于对矩阵 $\boldsymbol{A}$ 施行第一种初等列变换：把 $\boldsymbol{A}$ 的第 i 列与第 j 列对换($c_i \leftrightarrow c_j$).

(ii) 以数 $k\neq 0$ 乘单位矩阵的第 i 行(或第 i 列)，得初等矩阵

$$\boldsymbol{E}(i(k))=\begin{pmatrix}1 & & & & & & \\ & \ddots & & & & & \\ & & 1 & & & & \\ & & & k & & & \\ & & & & 1 & & \\ & & & & & \ddots & \\ & & & & & & 1\end{pmatrix}\begin{matrix}\\ \\ \\ \leftarrow 第\, i\, 行, \\ \\ \\ \\ \end{matrix}$$

可以验知：以 $\boldsymbol{E}_m(i(k))$ 左乘矩阵 $\boldsymbol{A}$，其结果相当于以数 k 乘 $\boldsymbol{A}$ 的第 i 行($r_i\times k$)；以 $\boldsymbol{E}_n(i(k))$ 右乘矩阵 $\boldsymbol{A}$，其结果相当于以数 k 乘 $\boldsymbol{A}$ 的第 i 列($c_i\times k$).

(iii) 以 k 乘单位矩阵的第 j 行加到第 i 行上或以 k 乘单位矩阵的第 i 列加到第 j 列上，得初等矩阵

$$\boldsymbol{E}(ij(k))=\begin{pmatrix}1 & & & & & & \\ & \ddots & & & & & \\ & & 1 & \cdots & k & & \\ & & & \ddots & \vdots & & \\ & & & & 1 & & \\ & & & & & \ddots & \\ & & & & & & 1\end{pmatrix}\begin{matrix}\\ \\ \leftarrow 第\, i\, 行 \\ \\ \leftarrow 第\, j\, 行 \\ \\ \\ \end{matrix}.$$

可以验知：以 $\boldsymbol{E}_m(ij(k))$ 左乘矩阵 $\boldsymbol{A}$，其结果相当于把 $\boldsymbol{A}$ 的第 j 行乘 k 加到第 i 行上(r_i+kr_j)；以 $\boldsymbol{E}_n(ij(k))$ 右乘矩阵 $\boldsymbol{A}$，其结果相当于把 $\boldsymbol{A}$ 的第 i 列乘 k 加到第 j 列上(c_j+kc_i).

归纳上面的讨论，可得

性质 1　**设 $\boldsymbol{A}$ 是一个 $m\times n$ 矩阵，对 $\boldsymbol{A}$ 施行一次初等行变换，相当于在 $\boldsymbol{A}$ 的左边乘相应的 m 阶初等矩阵；对 $\boldsymbol{A}$ 施行一次初等列变换，相当于在 $\boldsymbol{A}$ 的右边乘相应的 n 阶初等矩阵.**

显然初等矩阵都是可逆的，且其逆矩阵是同一类型的初等矩阵：$\boldsymbol{E}(i,j)^{-1}=\boldsymbol{E}(i,j)$，$\boldsymbol{E}(i(k))^{-1}=\boldsymbol{E}\left(i\left(\dfrac{1}{k}\right)\right)$，$\boldsymbol{E}(ij(k))^{-1}=\boldsymbol{E}(ij(-k))$.

性质 2　**方阵 $\boldsymbol{A}$ 可逆的充分必要条件是存在有限个初等矩阵 $\boldsymbol{P}_1,\boldsymbol{P}_2,\cdots,\boldsymbol{P}_l$，使 $\boldsymbol{A}=\boldsymbol{P}_1\boldsymbol{P}_2\cdots\boldsymbol{P}_l$.**

证　先证充分性. 设 $\boldsymbol{A}=\boldsymbol{P}_1\boldsymbol{P}_2\cdots\boldsymbol{P}_l$，因初等矩阵可逆，有限个可逆矩阵的乘积仍可逆. 故 $\boldsymbol{A}$

可逆.

再证必要性. 设 n 阶方阵 $\boldsymbol{A}$ 可逆,它经有限次初等行变换成为行最简形矩阵 $\boldsymbol{B}$. 由性质 1,知有初等矩阵 $\boldsymbol{Q}_1,\cdots,\boldsymbol{Q}_l$ 使

$$\boldsymbol{Q}_l\cdots\boldsymbol{Q}_1\boldsymbol{A}=\boldsymbol{B}.$$

因 $\boldsymbol{A},\boldsymbol{Q}_1,\cdots,\boldsymbol{Q}_l$ 均可逆,故 $\boldsymbol{B}$ 也可逆,从而 $\boldsymbol{B}$ 的非零行数为 n,即 $\boldsymbol{B}$ 有 n 个首非零元 1,但 $\boldsymbol{B}$ 总共只有 n 个列,故 $\boldsymbol{B}=\boldsymbol{E}$. 于是

$$\boldsymbol{A}=\boldsymbol{Q}_1^{-1}\cdots\boldsymbol{Q}_l^{-1}\boldsymbol{B}=\boldsymbol{Q}_1^{-1}\cdots\boldsymbol{Q}_l^{-1}\boldsymbol{E}=\boldsymbol{Q}_1^{-1}\cdots\boldsymbol{Q}_l^{-1}=\boldsymbol{P}_1\cdots\boldsymbol{P}_l,$$

这里 $\boldsymbol{P}_i=\boldsymbol{Q}_i^{-1}$ 为初等矩阵,即 $\boldsymbol{A}$ 是若干个初等矩阵的乘积. 证毕

下面应用初等矩阵的知识来证明定理 1.

定理 1 的证明:

(i) 依据 $\boldsymbol{A}\overset{r}{\sim}\boldsymbol{B}$ 的定义和初等矩阵的性质,有

$\boldsymbol{A}\overset{r}{\sim}\boldsymbol{B}\Leftrightarrow\boldsymbol{A}$ 经有限次初等行变换变成 $\boldsymbol{B}$

$\Leftrightarrow$存在有限个 m 阶初等矩阵 $\boldsymbol{P}_1,\boldsymbol{P}_2,\cdots,\boldsymbol{P}_l$,使 $\boldsymbol{P}_l\cdots\boldsymbol{P}_2\boldsymbol{P}_1\boldsymbol{A}=\boldsymbol{B}$

$\Leftrightarrow$存在 m 阶可逆矩阵 $\boldsymbol{P}$,使 $\boldsymbol{PA}=\boldsymbol{B}$.

类似可证明(ii)和(iii). 证毕

定理 1 把矩阵的初等变换与矩阵的乘法联系了起来,从而可以依据矩阵乘法的运算规律得到初等变换的运算规律,也可以利用矩阵的初等变换去研究矩阵的乘法. 下面先给出定理 1 的一个推论,然后介绍一种利用初等变换求逆阵的方法.

推论　方阵 $\boldsymbol{A}$ 可逆的充分必要条件是 $\boldsymbol{A}\overset{r}{\sim}\boldsymbol{E}$.

证　$\boldsymbol{A}$ 可逆$\Leftrightarrow$存在可逆矩阵 $\boldsymbol{P}$,使 $\boldsymbol{PA}=\boldsymbol{E}$

$\Leftrightarrow\boldsymbol{A}\overset{r}{\sim}\boldsymbol{E}$. 证毕

定理 1 表明,如果 $\boldsymbol{A}\overset{r}{\sim}\boldsymbol{B}$,即 $\boldsymbol{A}$ 经一系列初等行变换变为 $\boldsymbol{B}$,则有可逆矩阵 $\boldsymbol{P}$,使 $\boldsymbol{PA}=\boldsymbol{B}$. 那么,如何去求出这个可逆矩阵 $\boldsymbol{P}$?

由于 $\boldsymbol{PA}=\boldsymbol{B}\Leftrightarrow\begin{cases}\boldsymbol{PA}=\boldsymbol{B},\\ \boldsymbol{PE}=\boldsymbol{P}\end{cases}\Leftrightarrow\boldsymbol{P}(\boldsymbol{A},\boldsymbol{E})=(\boldsymbol{B},\boldsymbol{P})\Leftrightarrow(\boldsymbol{A},\boldsymbol{E})\overset{r}{\sim}(\boldsymbol{B},\boldsymbol{P})$,因此,如果对矩阵$(\boldsymbol{A},\boldsymbol{E})$作初等行变换,那么,当把 $\boldsymbol{A}$ 变为 $\boldsymbol{B}$ 时,$\boldsymbol{E}$ 就变为 $\boldsymbol{P}$. 于是就得到所求的可逆矩阵 $\boldsymbol{P}$.

例 1　设 $\boldsymbol{A}=\begin{pmatrix}2&-1&-1\\1&1&-2\\4&-6&2\end{pmatrix}$的行最简形矩阵为 $\boldsymbol{F}$,求 $\boldsymbol{F}$,并求一个可逆矩阵 $\boldsymbol{P}$,使 $\boldsymbol{PA}=\boldsymbol{F}$.

解　把 $\boldsymbol{A}$ 用初等行变换化成行最简形矩阵,即为 $\boldsymbol{F}$. 但需求出 $\boldsymbol{P}$,故按上段所述,对$(\boldsymbol{A},\boldsymbol{E})$作初等行变换把 $\boldsymbol{A}$ 化成行最简形矩阵,便同时得到 $\boldsymbol{F}$ 和 $\boldsymbol{P}$. 运算如下:

$$(\boldsymbol{A},\boldsymbol{E})=\begin{pmatrix}2&-1&-1&1&0&0\\1&1&-2&0&1&0\\4&-6&2&0&0&1\end{pmatrix}\xrightarrow[r_2-2r_1]{\substack{r_1\leftrightarrow r_2\\r_3-2r_2}}\begin{pmatrix}1&1&-2&0&1&0\\0&-3&3&1&-2&0\\0&-4&4&-2&0&1\end{pmatrix}$$

$$\xrightarrow[r_3+4r_2]{\substack{r_2-r_3\\r_1-r_2}}\begin{pmatrix}1&0&-1&-3&3&1\\0&1&-1&3&-2&-1\\0&0&0&10&-8&-3\end{pmatrix},$$

故 $\boldsymbol{F}=\begin{pmatrix}1&0&-1\\0&1&-1\\0&0&0\end{pmatrix}$ 为 $\boldsymbol{A}$ 的行最简形矩阵，而使 $\boldsymbol{PA}=\boldsymbol{F}$ 的可逆矩阵

$$\boldsymbol{P}=\begin{pmatrix}-3&3&1\\3&-2&-1\\10&-8&-3\end{pmatrix}.$$

注　上述解中所得 $(\boldsymbol{F},\boldsymbol{P})$，可继续作初等行变换 $r_3\times k,r_1+kr_3,r_2+kr_3$，则 $\boldsymbol{F}$ 不变而 $\boldsymbol{P}$ 变．由此可知本例中使 $\boldsymbol{PA}=\boldsymbol{F}$ 的可逆矩阵 $\boldsymbol{P}$ 不是惟一的．

例 2　设 $\boldsymbol{A}=\begin{pmatrix}0&-2&1\\3&0&-2\\-2&3&0\end{pmatrix}$，证明 $\boldsymbol{A}$ 可逆，并求 $\boldsymbol{A}^{-1}$.

解　如同例 1，初等行变换把 $(\boldsymbol{A},\boldsymbol{E})$ 化成 $(\boldsymbol{F},\boldsymbol{P})$，其中 $\boldsymbol{F}$ 为 $\boldsymbol{A}$ 的行最简形矩阵. 如果 $\boldsymbol{F}=\boldsymbol{E}$，由定理 1 之推论知 $\boldsymbol{A}$ 可逆，并由 $\boldsymbol{PA}=\boldsymbol{E}$，知 $\boldsymbol{P}=\boldsymbol{A}^{-1}$．运算如下：

$$(\boldsymbol{A},\boldsymbol{E})=\begin{pmatrix}0&-2&1&1&0&0\\3&0&-2&0&1&0\\-2&3&0&0&0&1\end{pmatrix}$$

$$\xrightarrow[r_1\leftrightarrow r_2]{\substack{r_3\times 3\\r_3+2r_2}}\begin{pmatrix}3&0&-2&0&1&0\\0&-2&1&1&0&0\\0&9&-4&0&2&3\end{pmatrix}\xrightarrow[r_3+9r_2]{r_3\times 2}\begin{pmatrix}3&0&-2&0&1&0\\0&-2&1&1&0&0\\0&0&1&9&4&6\end{pmatrix}$$

$$\xrightarrow[r_2-r_3]{r_1+2r_3}\begin{pmatrix}3&0&0&18&9&12\\0&-2&0&-8&-4&-6\\0&0&1&9&4&6\end{pmatrix}\xrightarrow[r_2\div(-2)]{r_1\div 3}\begin{pmatrix}1&0&0&6&3&4\\0&1&0&4&2&3\\0&0&1&9&4&6\end{pmatrix},$$

因 $\boldsymbol{A}\overset{r}{\sim}\boldsymbol{E}$，故 $\boldsymbol{A}$ 可逆，且 $\boldsymbol{A}^{-1}=\begin{pmatrix}6&3&4\\4&2&3\\9&4&6\end{pmatrix}$.

例 3　求解矩阵方程 $\boldsymbol{AX}=\boldsymbol{B}$，其中 $\boldsymbol{A}=\begin{pmatrix}2&1&-3\\1&2&-2\\-1&3&2\end{pmatrix}$，$\boldsymbol{B}=\begin{pmatrix}1&-1\\2&0\\-2&5\end{pmatrix}$.

解 设可逆矩阵 $\boldsymbol{P}$ 使 $\boldsymbol{PA}=\boldsymbol{F}$ 为行最简形矩阵，则

$$\boldsymbol{P}(\boldsymbol{A},\boldsymbol{B})=(\boldsymbol{F},\boldsymbol{PB}),$$

因此对矩阵$(\boldsymbol{A},\boldsymbol{B})$作初等行变换把 $\boldsymbol{A}$ 变为 $\boldsymbol{F}$，同时把 $\boldsymbol{B}$ 变为 $\boldsymbol{PB}$. 若 $\boldsymbol{F}=\boldsymbol{E}$，则 $\boldsymbol{A}$ 可逆，且 $\boldsymbol{P}=\boldsymbol{A}^{-1}$，这时所给方程有惟一解 $\boldsymbol{X}=\boldsymbol{PB}=\boldsymbol{A}^{-1}\boldsymbol{B}$. 由

$$(\boldsymbol{A},\boldsymbol{B})=\begin{pmatrix}2&1&-3&1&-1\\1&2&-2&2&0\\-1&3&2&-2&5\end{pmatrix}\xrightarrow[r_3+r_1]{\substack{r_1\leftrightarrow r_2\\ r_2-2r_1}}\begin{pmatrix}1&2&-2&2&0\\0&-3&1&-3&-1\\0&5&0&0&5\end{pmatrix}$$

$$\xrightarrow[r_3+3r_2]{\substack{r_3\leftrightarrow r_2\\ r_2\div 5}}\begin{pmatrix}1&2&-2&2&0\\0&1&0&0&1\\0&0&1&-3&2\end{pmatrix}\xrightarrow{r_1-2r_2+2r_3}\begin{pmatrix}1&0&0&-4&2\\0&1&0&0&1\\0&0&1&-3&2\end{pmatrix},$$

可见 $\boldsymbol{A}\overset{r}{\sim}\boldsymbol{E}$，因此 $\boldsymbol{A}$ 可逆，且

$$\boldsymbol{X}=\boldsymbol{A}^{-1}\boldsymbol{B}=\begin{pmatrix}-4&2\\0&1\\-3&2\end{pmatrix}$$

即为所给方程的惟一解．

例 2 和例 3 是一种用初等行变换求 $\boldsymbol{A}^{-1}$或 $\boldsymbol{A}^{-1}\boldsymbol{B}$ 的方法，当 $\boldsymbol{A}$ 为 3 阶或更高阶的矩阵时，求 $\boldsymbol{A}^{-1}$或 $\boldsymbol{A}^{-1}\boldsymbol{B}$ 通常都用此方法．这是当 $\boldsymbol{A}$ 为可逆矩阵时，求解方程 $\boldsymbol{AX}=\boldsymbol{B}$ 的方法（求 $\boldsymbol{A}^{-1}$也就是求方程 $\boldsymbol{AX}=\boldsymbol{E}$ 的解）．这方法就是把方程 $\boldsymbol{AX}=\boldsymbol{B}$ 的增广矩阵$(\boldsymbol{A},\boldsymbol{B})$化为行最简形矩阵，从而求得方程的解．特别地，求解线性方程组 $\boldsymbol{Ax}=\boldsymbol{b}$ （$\boldsymbol{A}$ 为可逆矩阵）时把增广矩阵$(\boldsymbol{A},\boldsymbol{b})$化为行最简形矩阵，其最后一列就是解向量，从而得到了一个求解线性方程组的新途径.

例 4 求解线性方程组

$$\begin{cases}x_1-x_2-x_3=2,\\2x_1-x_2-3x_3=1,\\3x_1+2x_2-5x_3=0.\end{cases}$$

解 记此方程组为 $\boldsymbol{Ax}=\boldsymbol{b}$，则增广矩阵

$$(\boldsymbol{A},\boldsymbol{b})=\begin{pmatrix}1&-1&-1&2\\2&-1&-3&1\\3&2&-5&0\end{pmatrix}\xrightarrow[r_3-3r_1]{r_2-2r_1}\begin{pmatrix}1&-1&-1&2\\0&1&-1&-3\\0&5&-2&-6\end{pmatrix}$$

$$\xrightarrow[\substack{r_3-5r_2\\ r_3\times\frac{1}{3}}]{r_1+r_2}\begin{pmatrix}1&0&-2&-1\\0&1&-1&-3\\0&0&1&3\end{pmatrix}\xrightarrow[r_2+r_3]{r_1+2r_3}\begin{pmatrix}1&0&0&5\\0&1&0&0\\0&0&1&3\end{pmatrix}.$$

因 $A \overset{r}{\sim} E$，故 A 可逆，于是方程组有解，且解为

$$x = A^{-1}b = \begin{pmatrix} 5 \\ 0 \\ 3 \end{pmatrix}.$$

此方程组我们已在第 2 章例 16 中分别用克拉默法则和逆矩阵求解过. 比较这三种方法，显然这里介绍的方法最为方便和快捷.

§2　矩阵的秩

为了更好地理解矩阵的秩的概念，重新讨论上节引例中增广矩阵 B 及其行阶梯形矩阵 B_4 和 B_5：

$$B = \begin{pmatrix} 2 & -1 & -1 & 1 & 2 \\ 1 & 1 & -2 & 1 & 4 \\ 4 & -6 & 2 & -2 & 4 \\ 3 & 6 & -9 & 7 & 9 \end{pmatrix} \overset{r}{\sim} \begin{pmatrix} 1 & 1 & -2 & 1 & 4 \\ 0 & 1 & -1 & 1 & 0 \\ 0 & 0 & 0 & 1 & -3 \\ 0 & 0 & 0 & 0 & 0 \end{pmatrix} = B_4$$

$$\overset{r}{\sim} \begin{pmatrix} 1 & 0 & -1 & 0 & 4 \\ 0 & 1 & -1 & 0 & 3 \\ 0 & 0 & 0 & 1 & -3 \\ 0 & 0 & 0 & 0 & 0 \end{pmatrix} = B_5,$$

我们发现 B_4 和 B_5 都恰好有 3 个非零行. 自然要问：每一个与 B 行等价的行阶梯形矩阵是否都恰好有 3 个非零行？回答是肯定的. 为阐明这一问题先引入矩阵子式的概念.

定义 4　在 $m \times n$ 矩阵 A 中，任取 k 行与 k 列（$k \leqslant m, k \leqslant n$），位于这些行列交叉处的 k^2 个元素，不改变它们在 A 中所处的位置次序而得的 k 阶行列式，称为矩阵 A 的 k 阶子式.

$m \times n$ 矩阵 A 的 k 阶子式共有 $C_m^k \cdot C_n^k$ 个.

现在来观察行阶梯形矩阵 B_4 的子式. 取 B_4 的第 1、第 2、第 3 行和第 1、第 2、第 4 列，得到三阶非零子式 $\begin{vmatrix} 1 & 1 & 1 \\ 0 & 1 & 1 \\ 0 & 0 & 1 \end{vmatrix}$；而它的任一四阶子式都将因含有零行而成为 0. 换言之，B_4 中非零子式的最高阶数是 3. 同样 B_5 中非零子式的最高阶数也是 3.

非零子式在矩阵的初等行变换中的意义可以表述成如下的引理.

引理 设 $A \stackrel{r}{\sim} B$,则 A 与 B 中非零子式的最高阶数相等.

证 先证 B 是 A 经过一次初等行变换而得的情形.

设 D 是 A 中的 r 阶非零子式. 当 $A \xrightarrow{r_i \leftrightarrow r_j} B$ 或 $A \xrightarrow{r_i \times k} B$ 时,在 B 中总能找到与 D 相对应的 r 阶子式 D_1,由于 $D_1=D$ 或 $D_1=-D$ 或 $D_1=kD$,因此 $D_1 \neq 0$.

当 $A \xrightarrow{r_i+kr_j} B$ 时,因为对于作变换 $r_i \leftrightarrow r_j$ 时结论成立,所以只需考虑 $A \xrightarrow{r_1+kr_2} B$ 这一特殊情形. 分两种情形讨论:① D 不包含 A 的第 1 行,这时 D 也是 B 的 r 阶非零子式;② D 包含 A 的第 1 行,这时把 B 中与 D 对应的 r 阶子式 D_1 记作

$$D_1=\begin{vmatrix} r_1+kr_2 \\ r_p \\ \vdots \\ r_q \end{vmatrix}=\begin{vmatrix} r_1 \\ r_p \\ \vdots \\ r_q \end{vmatrix}+k\begin{vmatrix} r_2 \\ r_p \\ \vdots \\ r_q \end{vmatrix}=D+kD_2,$$

若 $p=2$,则 $D_1=D\neq 0$;若 $p\neq 2$,则 D_2 也是 B 的 r 阶子式,由 $D_1-kD_2=D\neq 0$,知 D_1 与 D_2 不同时为 0. 总之,B 中存在 r 阶非零子式 D_1 或 D_2.

记 A 和 B 中非零子式的最高阶数分别为 s 和 t,那么上述表明 $s \leqslant t$. 因 A 经一次初等行变换成为 B,B 也就可经一次初等行变换成为 A,故又有 $t \leqslant s$,于是 $s=t$.

经一次初等行变换结论成立,即可知经有限次初等行变换结论也成立. 证毕

现在可以回答本节一开始提出的问题了.

设 C 是任一与 B 行等价的行阶梯形矩阵,由引理,C 中非零子式的最高阶数应与 B_4 中非零子式的最高阶数相同,即 C 有且仅有 3 个非零行.

值得注意的是上面的讨论中,关心的并不是非零子式(作为行列式)本身,而是它的阶数,尤其是非零子式的最高阶数. 由此给出矩阵的秩的定义:

定义 5 设在矩阵 A 中有一个不等于 0 的 r 阶子式 D,且所有 $r+1$ 阶子式(如果存在的话)全等于 0,那么 D 称为矩阵 A 的最高阶非零子式,数 r 称为矩阵 A 的秩,记作 $R(A)$. 并规定零矩阵的秩等于 0.

由行列式的性质可知,在 A 中当所有 $r+1$ 阶子式全等于 0 时,所有高于 $r+1$ 阶的子式也全等于 0,因此把 r 阶非零子式称为最高阶非零子式,而 A 的秩 $R(A)$ 就是 A 的非零子式的最高阶数.

由于 $R(A)$ 是 A 的非零子式的最高阶数,因此,若矩阵 A 中有某个 s 阶子式不为 0,则 $R(A) \geqslant s$;若 A 中所有 t 阶子式全为 0,则 $R(A)<t$.

显然,若 A 为 $m \times n$ 矩阵,则 $0 \leqslant R(A) \leqslant \min\{m,n\}$.

由于行列式与其转置行列式相等,因此 A^{T} 的子式与 A 的子式对应相等,从而 $R(A^{\mathrm{T}})=R(A)$.

对于 n 阶矩阵 A,由于 A 的 n 阶子式只有一个 $|A|$,故当 $|A|\neq 0$ 时 $R(A)=n$,当 $|A|=0$ 时 $R(A)<n$. 可见可逆矩阵的秩等于矩阵的阶数,不可逆矩阵的秩

小于矩阵的阶数．因此，可逆矩阵又称满秩矩阵，不可逆矩阵（奇异矩阵）又称降秩矩阵．

矩阵的初等变换作为一种运算，其深刻意义在于它不改变矩阵的秩，即有

定理 2　若 $\boldsymbol{A}\sim\boldsymbol{B}$，则 $R(\boldsymbol{A})=R(\boldsymbol{B})$．

证　由引理，只须证明 $\boldsymbol{A}$ 经初等列变换变成 $\boldsymbol{B}$ 的情形，这时 $\boldsymbol{A}^{\mathrm{T}}$ 经初等行变换变为 $\boldsymbol{B}^{\mathrm{T}}$，由引理知 $R(\boldsymbol{A}^{\mathrm{T}})=R(\boldsymbol{B}^{\mathrm{T}})$，又 $R(\boldsymbol{A})=R(\boldsymbol{A}^{\mathrm{T}})$，$R(\boldsymbol{B})=R(\boldsymbol{B}^{\mathrm{T}})$，因此 $R(\boldsymbol{A})=R(\boldsymbol{B})$．

总之，若 $\boldsymbol{A}$ 经有限次初等变换变为 $\boldsymbol{B}$（即 $\boldsymbol{A}\sim\boldsymbol{B}$），则 $R(\boldsymbol{A})=R(\boldsymbol{B})$．　证毕

由于 $\boldsymbol{A}\sim\boldsymbol{B}$ 的充分必要条件是有可逆矩阵 $\boldsymbol{P}$、$\boldsymbol{Q}$，使 $\boldsymbol{PAQ}=\boldsymbol{B}$，因此可得

推论　若可逆矩阵 $\boldsymbol{P}$、$\boldsymbol{Q}$ 使 $\boldsymbol{PAQ}=\boldsymbol{B}$，则 $R(\boldsymbol{A})=R(\boldsymbol{B})$．

对于一般的矩阵，当行数与列数较高时，按定义求秩是很麻烦的．然而对于行阶梯形矩阵，如前所示，它的秩就等于非零行的行数，一看便知毋须计算．因此依据定理 2 把矩阵化为行阶梯形矩阵来求秩是方便而有效的方法．

例 5　求矩阵 $\boldsymbol{A}$ 和 $\boldsymbol{B}$ 的秩，其中

$$\boldsymbol{A}=\begin{pmatrix}1&2&3\\2&3&-5\\4&7&1\end{pmatrix},\quad \boldsymbol{B}=\begin{pmatrix}3&2&0&5&0\\3&-2&3&6&-1\\2&0&1&5&-3\\1&6&-4&-1&4\end{pmatrix}.$$

解　在 $\boldsymbol{A}$ 中，容易看出一个 2 阶子式 $\begin{vmatrix}1&2\\2&3\end{vmatrix}\neq 0$，$\boldsymbol{A}$ 的 3 阶子式只有一个 $|\boldsymbol{A}|$，经计算可知 $|\boldsymbol{A}|=0$，因此 $R(\boldsymbol{A})=2$．

对 $\boldsymbol{B}$ 作初等行变换变成行阶梯形矩阵

$$\boldsymbol{B}=\begin{pmatrix}3&2&0&5&0\\3&-2&3&6&-1\\2&0&1&5&-3\\1&6&-4&-1&4\end{pmatrix}\xrightarrow[\substack{r_3-2r_1\\ r_4-3r_1}]{\substack{r_1\leftrightarrow r_4\\ r_2-r_4}}\begin{pmatrix}1&6&-4&-1&4\\0&-4&3&1&-1\\0&-12&9&7&-11\\0&-16&12&8&-12\end{pmatrix}$$

$$\xrightarrow[r_4-4r_2]{r_3-3r_2}\begin{pmatrix}1&6&-4&-1&4\\0&-4&3&1&-1\\0&0&0&4&-8\\0&0&0&4&-8\end{pmatrix}\xrightarrow{r_4-r_3}\begin{pmatrix}1&6&-4&-1&4\\0&-4&3&1&-1\\0&0&0&4&-8\\0&0&0&0&0\end{pmatrix},$$

因为行阶梯形矩阵有 3 个非零行，所以 $R(\boldsymbol{B})=3$．

例 6　设 $\boldsymbol{A}=\begin{pmatrix}1&-2&2&-1\\2&-4&8&0\\-2&4&-2&3\\3&-6&0&-6\end{pmatrix}$，$\boldsymbol{b}=\begin{pmatrix}1\\2\\3\\4\end{pmatrix}$，

求矩阵 $\boldsymbol{A}$ 及矩阵 $\boldsymbol{B}=(\boldsymbol{A},\boldsymbol{b})$ 的秩.

解 对 $\boldsymbol{B}$ 作初等行变换变为行阶梯形矩阵,设 $\boldsymbol{B}$ 的行阶梯形矩阵为 $\widetilde{\boldsymbol{B}}=(\widetilde{\boldsymbol{A}},\tilde{\boldsymbol{b}})$,则 $\widetilde{\boldsymbol{A}}$ 就是 $\boldsymbol{A}$ 的行阶梯形矩阵,故从 $\widetilde{\boldsymbol{B}}=(\widetilde{\boldsymbol{A}},\tilde{\boldsymbol{b}})$ 中可同时看出 $R(\boldsymbol{A})$ 及 $R(\boldsymbol{B})$.

$$\boldsymbol{B}=\begin{pmatrix}1&-2&2&-1&1\\2&-4&8&0&2\\-2&4&-2&3&3\\3&-6&0&-6&4\end{pmatrix}\xrightarrow[r_4-3r_1]{\substack{r_2-2r_1\\r_3+2r_1}}\begin{pmatrix}1&-2&2&-1&1\\0&0&4&2&0\\0&0&2&1&5\\0&0&-6&-3&1\end{pmatrix}$$

$$\xrightarrow[r_4+3r_2]{\substack{r_2\div 2\\r_3-r_2}}\begin{pmatrix}1&-2&2&-1&1\\0&0&2&1&0\\0&0&0&0&5\\0&0&0&0&1\end{pmatrix}\xrightarrow[r_4-r_3]{r_3\div 5}\begin{pmatrix}1&-2&2&-1&1\\0&0&2&1&0\\0&0&0&0&1\\0&0&0&0&0\end{pmatrix},$$

因此

$$R(\boldsymbol{A})=2,\ R(\boldsymbol{B})=3.$$

从矩阵 $\boldsymbol{B}$ 的行阶梯形矩阵可知,本例中的 $\boldsymbol{A}$ 与 $\boldsymbol{b}$ 所对应的线性方程组 $\boldsymbol{Ax}=\boldsymbol{b}$ 是无解的,这是因为行阶梯形矩阵的第 3 行表示矛盾方程 $0=1$.

例 7 设

$$\boldsymbol{A}=\begin{pmatrix}1&2&-1&1\\3&2&\lambda&-1\\5&6&3&\mu\end{pmatrix},$$

已知 $R(\boldsymbol{A})=2$,求 λ 与 μ 的值.

解 $$\boldsymbol{A}\xrightarrow[r_3-5r_1]{r_2-3r_1}\begin{pmatrix}1&2&-1&1\\0&-4&\lambda+3&-4\\0&-4&8&\mu-5\end{pmatrix}\xrightarrow{r_3-r_2}\begin{pmatrix}1&2&-1&1\\0&-4&\lambda+3&-4\\0&0&5-\lambda&\mu-1\end{pmatrix},$$

因 $R(\boldsymbol{A})=2$,故

$$\begin{cases}5-\lambda=0,\\\mu-1=0,\end{cases}\quad 即\quad\begin{cases}\lambda=5,\\\mu=1.\end{cases}$$

下面讨论矩阵的秩的性质. 前面我们已经提出了矩阵秩的一些最基本的性质,归纳起来有

① $0\leqslant R(\boldsymbol{A}_{m\times n})\leqslant\min\{m,n\}$.

② $R(\boldsymbol{A}^{\mathrm{T}})=R(\boldsymbol{A})$.

③ 若 $\boldsymbol{A}\sim\boldsymbol{B}$,则 $R(\boldsymbol{A})=R(\boldsymbol{B})$.

④ 若 $\boldsymbol{P}$、$\boldsymbol{Q}$ 可逆,则 $R(\boldsymbol{PAQ})=R(\boldsymbol{A})$.

下面再介绍几个常用的矩阵秩的性质:

⑤ $\max\{R(\boldsymbol{A}),R(\boldsymbol{B})\}\leqslant R(\boldsymbol{A},\boldsymbol{B})\leqslant R(\boldsymbol{A})+R(\boldsymbol{B})$,
特别地，当 $\boldsymbol{B}=\boldsymbol{b}$ 为非零列向量时，有

$$R(\boldsymbol{A})\leqslant R(\boldsymbol{A},\boldsymbol{b})\leqslant R(\boldsymbol{A})+1.$$

证　因为 $\boldsymbol{A}$ 的最高阶非零子式总是 $(\boldsymbol{A},\boldsymbol{B})$ 的非零子式，所以 $R(\boldsymbol{A})\leqslant R(\boldsymbol{A},\boldsymbol{B})$. 同理有 $R(\boldsymbol{B})\leqslant R(\boldsymbol{A},\boldsymbol{B})$. 两式合起来，即为

$$\max\{R(\boldsymbol{A}),R(\boldsymbol{B})\}\leqslant R(\boldsymbol{A},\boldsymbol{B}).$$

设 $R(\boldsymbol{A})=r,R(\boldsymbol{B})=t$. 把 $\boldsymbol{A}^{\mathrm{T}}$ 和 $\boldsymbol{B}^{\mathrm{T}}$ 分别作初等行变换化为行阶梯形矩阵 $\widetilde{\boldsymbol{A}}$ 和 $\widetilde{\boldsymbol{B}}$. 因由性质 2，$R(\boldsymbol{A}^{\mathrm{T}})=r,R(\boldsymbol{B}^{\mathrm{T}})=t$，故 $\widetilde{\boldsymbol{A}}$ 和 $\widetilde{\boldsymbol{B}}$ 中分别含 r 个和 t 个非零行，从而 $\begin{pmatrix}\widetilde{\boldsymbol{A}}\\ \widetilde{\boldsymbol{B}}\end{pmatrix}$ 中只含 $r+t$ 个非零行，并且 $\begin{pmatrix}\boldsymbol{A}^{\mathrm{T}}\\ \boldsymbol{B}^{\mathrm{T}}\end{pmatrix}\overset{r}{\sim}\begin{pmatrix}\widetilde{\boldsymbol{A}}\\ \widetilde{\boldsymbol{B}}\end{pmatrix}$. 于是

$$R(\boldsymbol{A},\boldsymbol{B})=R\begin{pmatrix}\boldsymbol{A}^{\mathrm{T}}\\ \boldsymbol{B}^{\mathrm{T}}\end{pmatrix}^{\mathrm{T}}=R\begin{pmatrix}\boldsymbol{A}^{\mathrm{T}}\\ \boldsymbol{B}^{\mathrm{T}}\end{pmatrix}=R\begin{pmatrix}\widetilde{\boldsymbol{A}}\\ \widetilde{\boldsymbol{B}}\end{pmatrix}\leqslant r+t=R(\boldsymbol{A})+R(\boldsymbol{B}).$$

证毕

例如令

$$\boldsymbol{A}=\begin{pmatrix}1&0\\0&1\\0&0\end{pmatrix},\ \boldsymbol{B}=\begin{pmatrix}0\\0\\1\end{pmatrix},\ \boldsymbol{C}=\begin{pmatrix}1\\1\\0\end{pmatrix},$$

则

$$R(\boldsymbol{A},\boldsymbol{B})=R\begin{pmatrix}1&0&0\\0&1&0\\0&0&1\end{pmatrix}=3=R(\boldsymbol{A})+R(\boldsymbol{B}),$$

$$R(\boldsymbol{A},\boldsymbol{C})=R\begin{pmatrix}1&0&1\\0&1&1\\0&0&0\end{pmatrix}=2<R(\boldsymbol{A})+R(\boldsymbol{C}).$$

⑥ $R(\boldsymbol{A}+\boldsymbol{B})\leqslant R(\boldsymbol{A})+R(\boldsymbol{B})$.

证　无妨设 $\boldsymbol{A},\boldsymbol{B}$ 为 $m\times n$ 矩阵. 对矩阵 $\begin{pmatrix}\boldsymbol{A}+\boldsymbol{B}\\ \boldsymbol{B}\end{pmatrix}$ 作初等行变换 r_i-r_{n+i} $(i=1,2,\cdots,n)$ 即得

$$\begin{pmatrix}\boldsymbol{A}+\boldsymbol{B}\\ \boldsymbol{B}\end{pmatrix}\overset{r}{\sim}\begin{pmatrix}\boldsymbol{A}\\ \boldsymbol{B}\end{pmatrix},$$

于是

$$R(\boldsymbol{A}+\boldsymbol{B})\leqslant R\begin{pmatrix}\boldsymbol{A}+\boldsymbol{B}\\ \boldsymbol{B}\end{pmatrix}=R\begin{pmatrix}\boldsymbol{A}\\ \boldsymbol{B}\end{pmatrix}=R(\boldsymbol{A}^{\mathrm{T}},\boldsymbol{B}^{\mathrm{T}})^{\mathrm{T}}=R(\boldsymbol{A}^{\mathrm{T}},\boldsymbol{B}^{\mathrm{T}})\overset{\text{由⑤}}{\leqslant}R(\boldsymbol{A}^{\mathrm{T}})+R(\boldsymbol{B}^{\mathrm{T}})$$
$$=R(\boldsymbol{A})+R(\boldsymbol{B}).$$

证毕

后面我们还要介绍两条常用的性质，现先罗列于下：

⑦ $R(\boldsymbol{AB})\leqslant\min\{R(\boldsymbol{A}),R(\boldsymbol{B})\}$ （见下节定理 7）.

⑧ 若 $\boldsymbol{A}_{m\times n}\boldsymbol{B}_{n\times l}=\boldsymbol{O}$，则 $R(\boldsymbol{A})+R(\boldsymbol{B})\leqslant n$（见下章例 13）.

例 8　设 $\boldsymbol{A}$ 为 n 阶矩阵，证明 $R(\boldsymbol{A}+\boldsymbol{E})+R(\boldsymbol{A}-\boldsymbol{E})\geqslant n$.

证　因 $(\boldsymbol{A}+\boldsymbol{E})+(\boldsymbol{E}-\boldsymbol{A})=2\boldsymbol{E}$，由性质⑥，有

$$R(\boldsymbol{A}+\boldsymbol{E})+R(\boldsymbol{E}-\boldsymbol{A})\geqslant R(2\boldsymbol{E})=n,$$

而 $R(\boldsymbol{E}-\boldsymbol{A})=R(\boldsymbol{A}-\boldsymbol{E})$，所以

$$R(\boldsymbol{A}+\boldsymbol{E})+R(\boldsymbol{A}-\boldsymbol{E})\geqslant n.$$

例 9　证明：若 $\boldsymbol{A}_{m\times n}\boldsymbol{B}_{n\times l}=\boldsymbol{C}$，且 $R(\boldsymbol{A})=n$，则 $R(\boldsymbol{B})=R(\boldsymbol{C})$.

证　因 $R(\boldsymbol{A})=n$，知 $\boldsymbol{A}$ 的行最简形矩阵为 $\begin{pmatrix}\boldsymbol{E}_n\\ \boldsymbol{O}\end{pmatrix}_{m\times n}$，并有 m 阶可逆矩阵 $\boldsymbol{P}$，使 $\boldsymbol{PA}=\begin{pmatrix}\boldsymbol{E}_n\\ \boldsymbol{O}\end{pmatrix}$. 于是

$$\boldsymbol{PC}=\boldsymbol{PAB}=\begin{pmatrix}\boldsymbol{E}_n\\ \boldsymbol{O}\end{pmatrix}\boldsymbol{B}=\begin{pmatrix}\boldsymbol{B}\\ \boldsymbol{O}\end{pmatrix}.$$

由矩阵秩的性质④，知 $R(\boldsymbol{C})=R(\boldsymbol{PC})$，而 $R\begin{pmatrix}\boldsymbol{B}\\ \boldsymbol{O}\end{pmatrix}=R(\boldsymbol{B})$，故

$$R(\boldsymbol{C})=R(\boldsymbol{B}).$$

本例中的矩阵 $\boldsymbol{A}$ 的秩等于它的列数，这样的矩阵称为列满秩矩阵. 当 $\boldsymbol{A}$ 为方阵时，列满秩矩阵就成为满秩矩阵，也就是可逆矩阵. 因此，本例的结论当 $\boldsymbol{A}$ 为方阵这一特殊情形时就是矩阵秩的性质④.

本例另一种重要的特殊情形是 $\boldsymbol{C}=\boldsymbol{O}$，这时结论为

设 $\boldsymbol{AB}=\boldsymbol{O}$，若 $\boldsymbol{A}$ 为列满秩矩阵，则 $\boldsymbol{B}=\boldsymbol{O}$.

这是因为，按本例的结论，这时有 $R(\boldsymbol{B})=0$，故 $\boldsymbol{B}=\boldsymbol{O}$. 这一结论通常称为矩阵乘法的消去律.

§3　线性方程组的解

设有 n 个未知数 m 个方程的线性方程组

$$\begin{cases}a_{11}x_1+a_{12}x_2+\cdots+a_{1n}x_n=b_1,\\ a_{21}x_1+a_{22}x_2+\cdots+a_{2n}x_n=b_2,\\ \cdots\cdots\cdots\cdots\\ a_{m1}x_1+a_{m2}x_2+\cdots+a_{mn}x_n=b_m,\end{cases}\tag{3}$$

(3)式可以写成以向量 $\boldsymbol{x}$ 为未知元的向量方程

$$\boldsymbol{Ax}=\boldsymbol{b},\tag{4}$$

第二章中已经说明，线性方程组(3)与向量方程(4)将混同使用而不加区分，解

与解向量的名称亦不加区别.

线性方程组(3)如果有解,就称它是相容的;如果无解,就称它不相容.利用系数矩阵 $\boldsymbol{A}$ 和增广矩阵 $\boldsymbol{B}=(\boldsymbol{A},\boldsymbol{b})$ 的秩,可以方便地讨论线性方程组是否有解(即是否相容)以及有解时解是否惟一等问题,其结论是

定理 3　**n 元线性方程组 $\boldsymbol{Ax}=\boldsymbol{b}$**

(i) **无解的充分必要条件是** $R(\boldsymbol{A})<R(\boldsymbol{A},\boldsymbol{b})$;

(ii) **有惟一解的充分必要条件是** $R(\boldsymbol{A})=R(\boldsymbol{A},\boldsymbol{b})=n$;

(iii) **有无限多解的充分必要条件是** $R(\boldsymbol{A})=R(\boldsymbol{A},\boldsymbol{b})<n$.

证　只需证明条件的充分性,因为(i),(ii),(iii)中条件的必要性依次是(ii)(iii),(i)(iii),(i)(ii)中条件的充分性的逆否命题.

设 $R(\boldsymbol{A})=r$. 为叙述方便,无妨设 $\boldsymbol{B}=(\boldsymbol{A},\boldsymbol{b})$ 的行最简形矩阵为

$$\widetilde{\boldsymbol{B}}=\begin{pmatrix} 1 & 0 & \cdots & 0 & b_{11} & \cdots & b_{1,n-r} & d_1 \\ 0 & 1 & \cdots & 0 & b_{21} & \cdots & b_{2,n-r} & d_2 \\ \vdots & \vdots & & \vdots & \vdots & & \vdots & \vdots \\ 0 & 0 & \cdots & 1 & b_{r1} & \cdots & b_{r,n-r} & d_r \\ 0 & 0 & \cdots & 0 & 0 & \cdots & 0 & d_{r+1} \\ 0 & 0 & \cdots & 0 & 0 & \cdots & 0 & 0 \\ \vdots & \vdots & & \vdots & \vdots & & \vdots & \vdots \\ 0 & 0 & \cdots & 0 & 0 & \cdots & 0 & 0 \end{pmatrix}.$$

(i) 若 $R(\boldsymbol{A})<R(\boldsymbol{B})$,则 $\widetilde{\boldsymbol{B}}$ 中的 $d_{r+1}=1$,于是 $\widetilde{\boldsymbol{B}}$ 的第 $r+1$ 行对应矛盾方程 $0=1$,故方程(4)无解.

(ii) 若 $R(\boldsymbol{A})=R(\boldsymbol{B})$,则进一步把 $\boldsymbol{B}$ 化成行最简形矩阵,而对于齐次线性方程组,则把系数矩阵 $\boldsymbol{A}$ 化成行最简形矩阵.

(iii) 设 $R(\boldsymbol{A})=R(\boldsymbol{B})=r$,把行最简形中 r 个非零行的首非零元所对应的未知数取作非自由未知数,其余 $n-r$ 个未知数取作自由未知数,并令自由未知数分别等于 $c_1,c_2,\cdots,c_{n-r}$,由 $\boldsymbol{B}$(或 $\boldsymbol{A}$)是行最简形矩阵,即可写出含 $n-r$ 个参数的通解.

例 10　求解齐次线性方程组

$$\begin{cases} x_1+2x_2+2x_3+\ x_4=0, \\ 2x_1+\ x_2-2x_3-2x_4=0, \\ x_1-\ x_2-4x_3-3x_4=0. \end{cases}$$

解　对系数矩阵 $\boldsymbol{A}$ 施行初等行变换变为行最简形矩阵

$$A=\begin{pmatrix}1&2&2&1\\2&1&-2&-2\\1&-1&-4&-3\end{pmatrix}\overset{r_2-2r_1}{\underset{r_3-r_1}{\sim}}\begin{pmatrix}1&2&2&1\\0&-3&-6&-4\\0&-3&-6&-4\end{pmatrix}$$

$$\overset{r_3-r_2}{\underset{r_2\div(-3)}{\sim}}\begin{pmatrix}1&2&2&1\\0&1&2&\frac{4}{3}\\0&0&0&0\end{pmatrix}\overset{r_1-2r_2}{\sim}\begin{pmatrix}1&0&-2&-\frac{5}{3}\\0&1&2&\frac{4}{3}\\0&0&0&0\end{pmatrix},$$

即得与原方程组同解的方程组

$$\begin{cases}x_1-2x_3-\frac{5}{3}x_4=0,\\x_2+2x_3+\frac{4}{3}x_4=0,\end{cases}$$

由此即得

$$\begin{cases}x_1=\ \ 2x_3+\frac{5}{3}x_4,\\x_2=-2x_3-\frac{4}{3}x_4\end{cases}\quad(x_3,x_4\text{ 可任意取值}).$$

令 $x_3=c_1,x_4=c_2$,把它写成通常的参数形式

$$\begin{cases}x_1=\ \ 2c_1+\frac{5}{3}c_2,\\x_2=-2c_1-\frac{4}{3}c_2,\\x_3=\ \ \ \ c_1\ ,\\x_4=\ \ \ \ \ \ \ \ \ \ c_2,\end{cases}$$

其中 c_1,c_2 为任意实数,或写成向量形式

$$\begin{pmatrix}x_1\\x_2\\x_3\\x_4\end{pmatrix}=\begin{pmatrix}2c_1+\frac{5}{3}c_2\\-2c_1-\frac{4}{3}c_2\\c_1\\c_2\end{pmatrix}=c_1\begin{pmatrix}2\\-2\\1\\0\end{pmatrix}+c_2\begin{pmatrix}\frac{5}{3}\\-\frac{4}{3}\\0\\1\end{pmatrix}.$$

例 11　求解非齐次线性方程组

$$\begin{cases}x_1-2x_2+3x_3-\ x_4=1,\\3x_1-\ x_2+5x_3-3x_4=2,\\2x_1+\ x_2+2x_3-2x_4=3.\end{cases}$$

解　对增广矩阵 $\boldsymbol{B}$ 施行初等行变换

$$\boldsymbol{B}=\begin{pmatrix}1&-2&3&-1&1\\3&-1&5&-3&2\\2&1&2&-2&3\end{pmatrix}$$

$$\overset{r_2-3r_1}{\underset{r_3-2r_1}{\sim}}\begin{pmatrix}1&-2&3&-1&1\\0&5&-4&0&-1\\0&5&-4&0&1\end{pmatrix}\overset{r_3-r_2}{\sim}\begin{pmatrix}1&-2&3&-1&1\\0&5&-4&0&-1\\0&0&0&0&2\end{pmatrix},$$

可见 $R(\boldsymbol{A})=2,R(\boldsymbol{B})=3$，故方程组无解.

例 12　求解非齐次线性方程组

$$\begin{cases}x_1+\ x_2-3x_3-\ x_4=1,\\3x_1-\ x_2-3x_3+4x_4=4,\\x_1+5x_2-9x_3-8x_4=0.\end{cases}$$

解　对增广矩阵 $\boldsymbol{B}$ 施行初等行变换

$$\boldsymbol{B}=\begin{pmatrix}1&1&-3&-1&1\\3&-1&-3&4&4\\1&5&-9&-8&0\end{pmatrix}\overset{r_2-3r_1}{\underset{r_3-r_1}{\sim}}\begin{pmatrix}1&1&-3&-1&1\\0&-4&6&7&1\\0&4&-6&-7&-1\end{pmatrix}$$

$$\overset{r_3+r_2}{\underset{r_2\div(-4)}{\sim}}\begin{pmatrix}1&1&-3&-1&1\\0&1&-\frac{3}{2}&-\frac{7}{4}&-\frac{1}{4}\\0&0&0&0&0\end{pmatrix}\overset{r_1-r_2}{\sim}\begin{pmatrix}1&0&-\frac{3}{2}&\frac{3}{4}&\frac{5}{4}\\0&1&-\frac{3}{2}&-\frac{7}{4}&-\frac{1}{4}\\0&0&0&0&0\end{pmatrix},$$

即得

$$\begin{cases}x_1=\frac{3}{2}x_3-\frac{3}{4}x_4+\frac{5}{4},\\x_2=\frac{3}{2}x_3+\frac{7}{4}x_4-\frac{1}{4},\\x_3=\quad x_3,\\x_4=\qquad\qquad x_4,\end{cases}$$

亦即

$$\begin{pmatrix}x_1\\x_2\\x_3\\x_4\end{pmatrix}=c_1\begin{pmatrix}\frac{3}{2}\\\frac{3}{2}\\1\\0\end{pmatrix}+c_2\begin{pmatrix}-\frac{3}{4}\\\frac{7}{4}\\0\\1\end{pmatrix}+\begin{pmatrix}\frac{5}{4}\\-\frac{1}{4}\\0\\0\end{pmatrix}\quad(c_1,c_2\in\mathbb{R}).$$

例 13 设有线性方程组

$$\begin{cases}(1+\lambda)x_1+x_2+x_3=0,\\ x_1+(1+\lambda)x_2+x_3=3,\\ x_1+x_2+(1+\lambda)x_3=\lambda,\end{cases}$$

问 λ 取何值时,此方程组(1) 有惟一解;(2) 无解;(3) 有无限多解?并在有无限多解时求其通解.

解法 1 对增广矩阵 $\boldsymbol{B}=(\boldsymbol{A},\boldsymbol{b})$ 作初等行变换把它变为行阶梯形矩阵,有

$$\boldsymbol{B}=\begin{pmatrix}1+\lambda&1&1&0\\1&1+\lambda&1&3\\1&1&1+\lambda&\lambda\end{pmatrix}\overset{r_1\leftrightarrow r_3}{\sim}\begin{pmatrix}1&1&1+\lambda&\lambda\\1&1+\lambda&1&3\\1+\lambda&1&1&0\end{pmatrix}$$

$$\underset{r_3-(1+\lambda)r_1}{\overset{r_2-r_1}{\sim}}\begin{pmatrix}1&1&1+\lambda&\lambda\\0&\lambda&-\lambda&3-\lambda\\0&-\lambda&-\lambda(2+\lambda)&-\lambda(1+\lambda)\end{pmatrix}$$

$$\overset{r_3+r_2}{\sim}\begin{pmatrix}1&1&1+\lambda&\lambda\\0&\lambda&-\lambda&3-\lambda\\0&0&-\lambda(3+\lambda)&(1-\lambda)(3+\lambda)\end{pmatrix}.$$

(1) 当 $\lambda\neq0$ 且 $\lambda\neq-3$ 时,$R(\boldsymbol{A})=R(\boldsymbol{B})=3$,方程组有惟一解;

(2) 当 $\lambda=0$ 时,$R(\boldsymbol{A})=1$,$R(\boldsymbol{B})=2$,方程组无解;

(3) 当 $\lambda=-3$ 时,$R(\boldsymbol{A})=R(\boldsymbol{B})=2$,方程组有无限多个解,这时

$$\boldsymbol{B}\overset{r}{\sim}\begin{pmatrix}1&1&-2&-3\\0&-3&3&6\\0&0&0&0\end{pmatrix}\overset{r}{\sim}\begin{pmatrix}1&0&-1&-1\\0&1&-1&-2\\0&0&0&0\end{pmatrix},$$

由此便得通解

$$\begin{cases}x_1=x_3-1,\\x_2=x_3-2\end{cases}\quad(x_3\text{ 可任意取值}),$$

即

$$\begin{pmatrix}x_1\\x_2\\x_3\end{pmatrix}=c\begin{pmatrix}1\\1\\1\end{pmatrix}+\begin{pmatrix}-1\\-2\\0\end{pmatrix}\quad(c\in\mathbb{R}).$$

解法 2 因系数矩阵 $\boldsymbol{A}$ 为 3 阶方阵,故有 $R(\boldsymbol{A})\leqslant R(\boldsymbol{A},\boldsymbol{b})_{3\times4}\leqslant3$. 于是由定理 3,知方程有惟一解的充分必要条件是 $\boldsymbol{A}$ 的秩 $R(\boldsymbol{A})=3$,即 $|\boldsymbol{A}|\neq0$. 而

$$|\boldsymbol{A}|=\begin{vmatrix}1+\lambda&1&1\\1&1+\lambda&1\\1&1&1+\lambda\end{vmatrix}=(3+\lambda)\begin{vmatrix}1&1&1\\1&1+\lambda&1\\1&1&1+\lambda\end{vmatrix}$$

$$=(3+\lambda)\begin{vmatrix}1 & 1 & 1\\0 & \lambda & 0\\0 & 0 & \lambda\end{vmatrix}=(3+\lambda)\lambda^2,$$

因此,当 $\lambda\neq0$ 且 $\lambda\neq-3$ 时,方程组有惟一解.

当 $\lambda=0$ 时

$$\boldsymbol{B}=\begin{pmatrix}1 & 1 & 1 & 0\\1 & 1 & 1 & 3\\1 & 1 & 1 & 0\end{pmatrix}\overset{r}{\sim}\begin{pmatrix}1 & 1 & 1 & 0\\0 & 0 & 0 & 1\\0 & 0 & 0 & 0\end{pmatrix},$$

知 $R(\boldsymbol{A})=1,R(\boldsymbol{B})=2$,故方程组无解.

当 $\lambda=-3$ 时

$$\boldsymbol{B}=\begin{pmatrix}-2 & 1 & 1 & 0\\1 & -2 & 1 & 3\\1 & 1 & -2 & -3\end{pmatrix}\overset{r}{\sim}\begin{pmatrix}1 & 0 & -1 & -1\\0 & 1 & -1 & -2\\0 & 0 & 0 & 0\end{pmatrix},$$

知 $R(\boldsymbol{A})=R(\boldsymbol{B})=2$,故方程组有无限多个解,且通解为

$$\begin{pmatrix}x_1\\x_2\\x_3\end{pmatrix}=c\begin{pmatrix}1\\1\\1\end{pmatrix}+\begin{pmatrix}-1\\-2\\0\end{pmatrix}\quad(c\in\mathbb{R}).$$

比较解法 1 与解法 2,显见解法 2 较简单. 但解法 2 的方法只适用于系数矩阵为方阵的情形.

对含参数的矩阵作初等变换时,例如在本例中对矩阵 $\boldsymbol{B}$ 作初等变换时,由于 $\lambda+1,\lambda+3$ 等因式可以等于 0,故不宜作诸如 $r_2-\dfrac{1}{\lambda+1}r_1,r_2\times(\lambda+1)$, $r_3\div(\lambda+3)$ 这样的变换. 如果作了这种变换,则需对 $\lambda+1=0$（或 $\lambda+3=0$）的情形另作讨论. 因此,对含参数的矩阵作初等变换较不方便.

由定理 3 容易得出线性方程组理论中两个最基本的定理,这就是

定理 4　n **元齐次线性方程组** $\boldsymbol{Ax}=\boldsymbol{0}$ **有非零解的充分必要条件是** $R(\boldsymbol{A})<n$.

定理 5　**线性方程组** $\boldsymbol{Ax}=\boldsymbol{b}$ **有解的充分必要条件是** $R(\boldsymbol{A})=R(\boldsymbol{A},\boldsymbol{b})$.

显然,定理 4 是定理 3(iii) 的特殊情形,而定理 5 就是定理 3(i).

为了下一章论述的需要,下面把定理 5 推广到矩阵方程.

定理 6　**矩阵方程** $\boldsymbol{AX}=\boldsymbol{B}$ **有解的充分必要条件是** $R(\boldsymbol{A})=R(\boldsymbol{A},\boldsymbol{B})$.

证　设 $\boldsymbol{A}$ 为 $m\times n$ 矩阵,$\boldsymbol{B}$ 为 $m\times l$ 矩阵,则 $\boldsymbol{X}$ 为 $n\times l$ 矩阵. 把 $\boldsymbol{X}$ 和 $\boldsymbol{B}$ 按列分块,记为

$$X=(x_1,x_2,\cdots,x_l),\ B=(b_1,b_2,\cdots,b_l),$$

则矩阵方程 $AX=B$ 等价于 l 个向量方程

$$Ax_i=b_i\quad(i=1,2,\cdots,l).$$

又,设 $R(A)=r$,且 A 的行最简形矩阵为 $\tilde{A}$,则 $\tilde{A}$ 有 r 个非零行,且 $\tilde{A}$ 的后 $m-r$ 行全为零行. 再设

$$(A,B)=(A,b_1,b_2,\cdots,b_l)\overset{r}{\sim}(\tilde{A},\tilde{b}_1,\tilde{b}_2,\cdots,\tilde{b}_l),$$

从而

$$(A,b_i)\overset{r}{\sim}(\tilde{A},\tilde{b}_i)\quad(i=1,2,\cdots,l).$$

由上述讨论并依据定理5,可得

$$\begin{aligned}AX=B\text{ 有解}&\Leftrightarrow Ax_i=b_i\text{ 有解}\ (i=1,2,\cdots,l)\\&\Leftrightarrow R(A,b_i)=R(A)\ (i=1,2,\cdots,l)\\&\Leftrightarrow \tilde{b}_i\text{ 的后 } m-r \text{ 个元全为零}\ (i=1,2,\cdots,l)\\&\Leftrightarrow(\tilde{b}_1,\tilde{b}_2,\cdots,\tilde{b}_l)\text{ 的后 } m-r \text{ 行全为零行}\\&\Leftrightarrow R(A,B)=r=R(A).\end{aligned}$$

证毕

利用定理6,容易得出矩阵的秩的性质7,即

定理7 设 $AB=C$,则 $R(C)\leqslant\min\{R(A),R(B)\}$.

证 因 $AB=C$,知矩阵方程 $AX=C$ 有解 $X=B$,于是据定理6有 $R(A)=R(A,C)$. 而 $R(C)\leqslant R(A,C)$,因此 $R(C)\leqslant R(A)$.

又 $B^{\mathrm{T}}A^{\mathrm{T}}=C^{\mathrm{T}}$,由上段证明知有 $R(C^{\mathrm{T}})\leqslant R(B^{\mathrm{T}})$,即 $R(C)\leqslant R(B)$.

综合便得 $R(C)\leqslant\min\{R(A),R(B)\}$. 证毕

定理6和定理7的应用,我们在下一章中讨论.

习 题 三

1. 用初等行变换把下列矩阵化为行最简形矩阵:

(1) $\begin{pmatrix}1&0&2&-1\\2&0&3&1\\3&0&4&3\end{pmatrix}$; (2) $\begin{pmatrix}0&2&-3&1\\0&3&-4&3\\0&4&-7&-1\end{pmatrix}$;

(3) $\begin{pmatrix}1&-1&3&-4&3\\3&-3&5&-4&1\\2&-2&3&-2&0\\3&-3&4&-2&-1\end{pmatrix}$; (4) $\begin{pmatrix}2&3&1&-3&-7\\1&2&0&-2&-4\\3&-2&8&3&0\\2&-3&7&4&3\end{pmatrix}$.

2. 设 $A=\begin{pmatrix}1&2&3&4\\2&3&4&5\\5&4&3&2\end{pmatrix}$,求一个可逆矩阵 P,使 PA 为行最简形矩阵.

3. 设 $\boldsymbol{A}=\begin{pmatrix}-5 & 3 & 1\\ 2 & -1 & 1\end{pmatrix}$,

(1) 求可逆矩阵 $\boldsymbol{P}$,使 $\boldsymbol{PA}$ 为行最简形矩阵;

(2) 求一个可逆矩阵 $\boldsymbol{Q}$,使 $\boldsymbol{QA}^{\mathrm{T}}$ 为行最简形矩阵.

4. 试利用矩阵的初等变换,求下列方阵的逆矩阵:

(1) $\begin{pmatrix}3 & 2 & 1\\ 3 & 1 & 5\\ 3 & 2 & 3\end{pmatrix}$;　　(2) $\begin{pmatrix}3 & -2 & 0 & -1\\ 0 & 2 & 2 & 1\\ 1 & -2 & -3 & -2\\ 0 & 1 & 2 & 1\end{pmatrix}$.

5. 试利用矩阵的初等行变换,求解第 2 章习题二第 15 题之(2).

6. (1) 设 $\boldsymbol{A}=\begin{pmatrix}4 & 1 & -2\\ 2 & 2 & 1\\ 3 & 1 & -1\end{pmatrix}$,$\boldsymbol{B}=\begin{pmatrix}1 & -3\\ 2 & 2\\ 3 & -1\end{pmatrix}$,求 $\boldsymbol{X}$ 使 $\boldsymbol{AX}=\boldsymbol{B}$;

(2) 设 $\boldsymbol{A}=\begin{pmatrix}0 & 2 & 1\\ 2 & -1 & 3\\ -3 & 3 & -4\end{pmatrix}$,$\boldsymbol{B}=\begin{pmatrix}1 & 2 & 3\\ 2 & -3 & 1\end{pmatrix}$,求 $\boldsymbol{X}$ 使 $\boldsymbol{XA}=\boldsymbol{B}$;

(3) 设 $\boldsymbol{A}=\begin{pmatrix}1 & -1 & 0\\ 0 & 1 & -1\\ -1 & 0 & 1\end{pmatrix}$,$\boldsymbol{AX}=2\boldsymbol{X}+\boldsymbol{A}$,求 $\boldsymbol{X}$.

7. 在秩是 r 的矩阵中,有没有等于 0 的 $r-1$ 阶子式?有没有等于 0 的 r 阶子式?

8. 从矩阵 $\boldsymbol{A}$ 中划去一行得到矩阵 $\boldsymbol{B}$,问 $\boldsymbol{A},\boldsymbol{B}$ 的秩的关系怎样?

9. 求作一个秩是 4 的方阵,它的两个行向量是

$$(1,0,1,0,0),\ (1,-1,0,0,0).$$

10. 求下列矩阵的秩:

(1) $\begin{pmatrix}3 & 1 & 0 & 2\\ 1 & -1 & 2 & -1\\ 1 & 3 & -4 & 4\end{pmatrix}$;　　(2) $\begin{pmatrix}3 & 2 & -1 & -3 & -1\\ 2 & -1 & 3 & 1 & -3\\ 7 & 0 & 5 & -1 & -8\end{pmatrix}$;

(3) $\begin{pmatrix}2 & 1 & 8 & 3 & 7\\ 2 & -3 & 0 & 7 & -5\\ 3 & -2 & 5 & 8 & 0\\ 1 & 0 & 3 & 2 & 0\end{pmatrix}$.

11. 设 $\boldsymbol{A}$、$\boldsymbol{B}$ 都是 $m\times n$ 矩阵,证明 $\boldsymbol{A}\sim\boldsymbol{B}$ 的充分必要条件是 $R(\boldsymbol{A})=R(\boldsymbol{B})$.

12. 设 $\boldsymbol{A}=\begin{pmatrix}1 & -2 & 3k\\ -1 & 2k & -3\\ k & -2 & 3\end{pmatrix}$,问 k 为何值,可使

(1) $R(\boldsymbol{A})=1$;　(2) $R(\boldsymbol{A})=2$;　(3) $R(\boldsymbol{A})=3$.

13. 求解下列齐次线性方程组:

(1) $\begin{cases} x_1+x_2+2x_3-x_4=0,\\ 2x_1+x_2+x_3-x_4=0,\\ 2x_1+2x_2+x_3+2x_4=0;\end{cases}$　　(2) $\begin{cases} x_1+2x_2+x_3-x_4=0,\\ 3x_1+6x_2-x_3-3x_4=0,\\ 5x_1+10x_2+x_3-5x_4=0;\end{cases}$

(3) $\begin{cases} 2x_1+3x_2-x_3-7x_4=0,\\ 3x_1+x_2+2x_3-7x_4=0,\\ 4x_1+x_2-3x_3+6x_4=0,\\ x_1-2x_2+5x_3-5x_4=0;\end{cases}$　　(4) $\begin{cases} 3x_1+4x_2-5x_3+7x_4=0,\\ 2x_1-3x_2+3x_3-2x_4=0,\\ 4x_1+11x_2-13x_3+16x_4=0,\\ 7x_1-2x_2+x_3+3x_4=0.\end{cases}$

14. 求解下列非齐次线性方程组：

(1) $\begin{cases} 4x_1+2x_2-x_3=2,\\ 3x_1-x_2+2x_3=10,\\ 11x_1+3x_2\qquad=8;\end{cases}$　　(2) $\begin{cases} 2x+3y+z=4,\\ x-2y+4z=-5,\\ 3x+8y-2z=13,\\ 4x-y+9z=-6;\end{cases}$

(3) $\begin{cases} 2x+y-z+w=1,\\ 4x+2y-2z+w=2,\\ 2x+y-z-w=1;\end{cases}$　　(4) $\begin{cases} 2x+y-z+w=1,\\ 3x-2y+z-3w=4,\\ x+4y-3z+5w=-2.\end{cases}$

15. 写出一个以

$$\boldsymbol{x}=c_1\begin{pmatrix}2\\-3\\1\\0\end{pmatrix}+c_2\begin{pmatrix}-2\\4\\0\\1\end{pmatrix}$$

为通解的齐次线性方程组.

16. 设有线性方程组

$$\begin{pmatrix}1&\lambda-1&-2\\0&\lambda-2&\lambda+1\\0&0&2\lambda+1\end{pmatrix}\begin{pmatrix}x_1\\x_2\\x_3\end{pmatrix}=\begin{pmatrix}1\\3\\5\end{pmatrix},$$

问 λ 为何值时(1)有惟一解;(2)无解;(3)有无限多解？并在有无限多解时求其通解.

17. λ 取何值时,非齐次线性方程组

$$\begin{cases}\lambda x_1+x_2+x_3=1,\\ x_1+\lambda x_2+x_3=\lambda,\\ x_1+x_2+\lambda x_3=\lambda^2\end{cases}$$

(1) 有惟一解;(2) 无解;(3) 有无限多个解？并在有无限多解时求其通解.

18. 非齐次线性方程组

$$\begin{cases}-2x_1+x_2+x_3=-2,\\ x_1-2x_2+x_3=\lambda,\\ x_1+x_2-2x_3=\lambda^2\end{cases}$$

当 λ 取何值时有解？并求出它的通解.

19. 设

$$\begin{cases}(2-\lambda)x_1+2x_2-2x_3=1,\\ 2x_1+(5-\lambda)x_2-4x_3=2,\\ -2x_1-4x_2+(5-\lambda)x_3=-\lambda-1,\end{cases}$$

问 λ 为何值时,此方程组有惟一解、无解或有无限多解？并在有无限多解时求其通解.

20. 证明 $R(\boldsymbol{A})=1$ 的充分必要条件是存在非零列向量 $\boldsymbol{a}$ 及非零行向量 $\boldsymbol{b}^{\mathrm{T}}$,使 $\boldsymbol{A}=\boldsymbol{a}\boldsymbol{b}^{\mathrm{T}}$.

21. 设 $\boldsymbol{A}$ 为列满秩矩阵,$\boldsymbol{AB}=\boldsymbol{C}$,证明线性方程 $\boldsymbol{Bx}=\boldsymbol{0}$ 与 $\boldsymbol{Cx}=\boldsymbol{0}$同解.

22. 设 $\boldsymbol{A}$ 为 $m\times n$ 矩阵,证明方程 $\boldsymbol{AX}=\boldsymbol{E}_m$ 有解的充分必要条件是 $R(\boldsymbol{A})=m$.

第4章 向量组的线性相关性

§1 向量组及其线性组合

第2章中我们已经介绍过向量的概念,现再叙述如下:

定义1 n个有次序的数$a_1,a_2,\cdots,a_n$所组成的数组称为n维向量,这n个数称为该向量的n个分量,第i个数a_i称为第i个分量.

分量全为实数的向量称为实向量,分量为复数的向量称为复向量.本书中除特别指明者外,一般只讨论实向量.

n维向量可写成一行,也可写成一列.按第2章中的规定,分别称为行向量和列向量,也就是行矩阵和列矩阵,并规定行向量与列向量都按矩阵的运算规则进行运算.因此,n维列向量

$$\boldsymbol{a}=\begin{pmatrix}a_1\\a_2\\\vdots\\a_n\end{pmatrix}$$

与n维行向量

$$\boldsymbol{a}^{\mathrm{T}}=(a_1,a_2,\cdots,a_n)$$

总看做是两个不同的向量(按定义1,$\boldsymbol{a}$与$\boldsymbol{a}^{\mathrm{T}}$应是同一个向量).

本书中,列向量用黑体小写字母$\boldsymbol{a},\boldsymbol{b},\boldsymbol{\alpha},\boldsymbol{\beta}$等表示,行向量则用$\boldsymbol{a}^{\mathrm{T}},\boldsymbol{b}^{\mathrm{T}},\boldsymbol{\alpha}^{\mathrm{T}},\boldsymbol{\beta}^{\mathrm{T}}$等表示.所讨论的向量在没有指明是行向量还是列向量时,都当作列向量.

在解析几何中,我们把"既有大小又有方向的量"叫做向量,并把可随意平行移动的有向线段作为向量的几何形象.在引进坐标系以后,这种向量就有了坐标表示式——三个有次序的实数,也就是本书中的3维向量.因此,当$n\leqslant 3$时,n维向量可以把有向线段作为几何形象,但当$n>3$时,n维向量就不再有这种几何形象,只是沿用一些几何术语罢了.

几何中,"空间"通常是作为点的集合,即构成"空间"的元素是点,这样的空间叫做点空间.我们把3维向量的全体所组成的集合

$$\mathbb{R}^3=\{\boldsymbol{r}=(x,y,z)^{\mathrm{T}}\mid x,y,z\in\mathbb{R}\}$$

叫做3维向量空间.在点空间取定坐标系以后,空间中的点$P(x,y,z)$与3维向量$\boldsymbol{r}=(x,y,z)^{\mathrm{T}}$之间有一一对应的关系,因此,向量空间可以类比为取定了坐标

系的点空间. 在讨论向量的运算时,我们把向量看作有向线段;在讨论向量集时,则把向量 $\boldsymbol{r}$ 看作以 $\boldsymbol{r}$ 为向径的点 P,从而把点 P 的轨迹作为向量集的图形. 例如点集

$$\Pi=\{P(x,y,z)\mid ax+by+cz=d\}$$

是一个平面(a,b,c 不全为 0),于是向量集

$$\{\boldsymbol{r}=(x,y,z)^{\mathrm{T}}\mid ax+by+cz=d\}$$

也叫做向量空间$\mathbb{R}^3$ 中的平面,并把 Π 作为它的图形.

类似地,n 维向量的全体所组成的集合

$$\mathbb{R}^n=\{\boldsymbol{x}=(x_1,x_2,\cdots,x_n)^{\mathrm{T}}\mid x_1,x_2,\cdots,x_n\in\mathbb{R}\}$$

叫做 n 维向量空间. n 维向量的集合

$$\{\boldsymbol{x}=(x_1,x_2,\cdots,x_n)^{\mathrm{T}}\mid a_1x_1+a_2x_2+\cdots+a_nx_n=b\}$$

叫做 n 维向量空间$\mathbb{R}^n$ 中的 $n-1$ 维超平面.

若干个同维数的列向量(或同维数的行向量)所组成的集合叫做向量组. 例如一个 $m\times n$ 矩阵的全体列向量是一个含 n 个 m 维列向量的向量组,它的全体行向量是一个含 m 个 n 维行向量的向量组. 又如线性方程 $\boldsymbol{A}_{m\times n}\boldsymbol{x}=\boldsymbol{0}$的全体解当 $R(\boldsymbol{A})<n$ 时是一个含无限多个 n 维列向量的向量组.

下面我们先讨论只含有限个向量的向量组,以后再把讨论的结果推广到含无限多个向量的向量组.

矩阵的列向量组和行向量组都是只含有限个向量的向量组;反之,一个含有限个向量的向量组总可以构成一个矩阵. 例如

m 个 n 维列向量所组成的向量组 $A:\boldsymbol{a}_1,\boldsymbol{a}_2,\cdots,\boldsymbol{a}_m$ 构成一个 $n\times m$ 矩阵

$$\boldsymbol{A}=(\boldsymbol{a}_1,\boldsymbol{a}_2,\cdots,\boldsymbol{a}_m);$$

m 个 n 维行向量所组成的向量组 $B:\boldsymbol{\beta}_1^{\mathrm{T}},\boldsymbol{\beta}_2^{\mathrm{T}},\cdots,\boldsymbol{\beta}_m^{\mathrm{T}}$,构成一个 $m\times n$ 矩阵

$$\boldsymbol{B}=\begin{pmatrix}\boldsymbol{\beta}_1^{\mathrm{T}}\\\boldsymbol{\beta}_2^{\mathrm{T}}\\\vdots\\\boldsymbol{\beta}_m^{\mathrm{T}}\end{pmatrix}.$$

总之,含有限个向量的有序向量组可以与矩阵一一对应.

定义 2 给定向量组 $A:\boldsymbol{a}_1,\boldsymbol{a}_2,\cdots,\boldsymbol{a}_m$,对于任何一组实数 $k_1,k_2,\cdots,k_m$,表达式

$$k_1\boldsymbol{a}_1+k_2\boldsymbol{a}_2+\cdots+k_m\boldsymbol{a}_m$$

称为向量组 A 的一个线性组合,$k_1,k_2,\cdots,k_m$ 称为这个线性组合的系数.

给定向量组 $A:\boldsymbol{a}_1,\boldsymbol{a}_2,\cdots,\boldsymbol{a}_m$ 和向量 $\boldsymbol{b}$,如果存在一组数 $\lambda_1,\lambda_2,\cdots,\lambda_m$,使

$$\boldsymbol{b}=\lambda_1\boldsymbol{a}_1+\lambda_2\boldsymbol{a}_2+\cdots+\lambda_m\boldsymbol{a}_m,$$

则向量 $\boldsymbol{b}$ 是向量组 A 的线性组合,这时称向量 $\boldsymbol{b}$ 能由向量组 A 线性表示.

向量 $\boldsymbol{b}$ 能由向量组 A 线性表示,也就是方程组

$$x_1\boldsymbol{a}_1+x_2\boldsymbol{a}_2+\cdots+x_m\boldsymbol{a}_m=\boldsymbol{b}$$

有解. 由上章定理 5,立即可得

定理 1　向量 $\boldsymbol{b}$ 能由向量组 $A:\boldsymbol{a}_1,\boldsymbol{a}_2,\cdots,\boldsymbol{a}_m$ 线性表示的充分必要条件是矩阵 $\boldsymbol{A}=(\boldsymbol{a}_1,\boldsymbol{a}_2,\cdots,\boldsymbol{a}_m)$ 的秩等于矩阵 $\boldsymbol{B}=(\boldsymbol{a}_1,\boldsymbol{a}_2,\cdots,\boldsymbol{a}_m,\boldsymbol{b})$ 的秩.

定义 3　设有两个向量组 $A:\boldsymbol{a}_1,\boldsymbol{a}_2,\cdots,\boldsymbol{a}_m$ 及 $B:\boldsymbol{b}_1,\boldsymbol{b}_2,\cdots,\boldsymbol{b}_l$,若 B 组中的每个向量都能由向量组 A 线性表示,则称向量组 B 能由向量组 A 线性表示. 若向量组 A 与向量组 B 能相互线性表示,则称这两个向量组等价.

把向量组 A 和 B 所构成的矩阵依次记作 $\boldsymbol{A}=(\boldsymbol{a}_1,\boldsymbol{a}_2,\cdots,\boldsymbol{a}_m)$ 和 $\boldsymbol{B}=(\boldsymbol{b}_1,\boldsymbol{b}_2,\cdots,\boldsymbol{b}_l)$, 向量组 B 能由向量组 A 线性表示,即对每个向量 $\boldsymbol{b}_j(j=1,2,\cdots,l)$ 存在数 $k_{1j},k_{2j},\cdots,k_{mj}$,使

$$\boldsymbol{b}_j=k_{1j}\boldsymbol{a}_1+k_{2j}\boldsymbol{a}_2+\cdots+k_{mj}\boldsymbol{a}_m=(\boldsymbol{a}_1,\boldsymbol{a}_2,\cdots,\boldsymbol{a}_m)\begin{pmatrix}k_{1j}\\k_{2j}\\\vdots\\k_{mj}\end{pmatrix},$$

从而

$$(\boldsymbol{b}_1,\boldsymbol{b}_2,\cdots,\boldsymbol{b}_l)=(\boldsymbol{a}_1,\boldsymbol{a}_2,\cdots,\boldsymbol{a}_m)\begin{pmatrix}k_{11}&k_{12}&\cdots&k_{1l}\\k_{21}&k_{22}&\cdots&k_{2l}\\\vdots&\vdots&&\vdots\\k_{m1}&k_{m2}&\cdots&k_{ml}\end{pmatrix},$$

这里,矩阵 $\boldsymbol{K}_{m\times l}=(k_{ij})$ 称为这一线性表示的系数矩阵.

由此可知,若 $\boldsymbol{C}_{m\times n}=\boldsymbol{A}_{m\times l}\boldsymbol{B}_{l\times n}$,则矩阵 $\boldsymbol{C}$ 的列向量组能由矩阵 $\boldsymbol{A}$ 的列向量组线性表示,$\boldsymbol{B}$ 为这一表示的系数矩阵:

$$(\boldsymbol{c}_1,\boldsymbol{c}_2,\cdots,\boldsymbol{c}_n)=(\boldsymbol{a}_1,\boldsymbol{a}_2,\cdots,\boldsymbol{a}_l)\begin{pmatrix}b_{11}&b_{12}&\cdots&b_{1n}\\b_{21}&b_{22}&\cdots&b_{2n}\\\vdots&\vdots&&\vdots\\b_{l1}&b_{l2}&\cdots&b_{ln}\end{pmatrix};$$

同时,$\boldsymbol{C}$ 的行向量组能由 $\boldsymbol{B}$ 的行向量组线性表示,$\boldsymbol{A}$ 为这一表示的系数矩阵:

$$\begin{pmatrix}\boldsymbol{\gamma}_1^{\mathrm{T}}\\ \boldsymbol{\gamma}_2^{\mathrm{T}}\\ \vdots\\ \boldsymbol{\gamma}_m^{\mathrm{T}}\end{pmatrix}=\begin{pmatrix}a_{11} & a_{12} & \cdots & a_{1l}\\ a_{21} & a_{22} & \cdots & a_{2l}\\ \vdots & \vdots & & \vdots\\ a_{m1} & a_{m2} & \cdots & a_{ml}\end{pmatrix}\begin{pmatrix}\boldsymbol{\beta}_1^{\mathrm{T}}\\ \boldsymbol{\beta}_2^{\mathrm{T}}\\ \vdots\\ \boldsymbol{\beta}_l^{\mathrm{T}}\end{pmatrix}.$$

设矩阵 $\boldsymbol{A}$ 与 $\boldsymbol{B}$ 行等价，即矩阵 $\boldsymbol{A}$ 经初等行变换变成矩阵 $\boldsymbol{B}$，则 $\boldsymbol{B}$ 的每个行向量都是 $\boldsymbol{A}$ 的行向量组的线性组合，即 $\boldsymbol{B}$ 的行向量组能由 $\boldsymbol{A}$ 的行向量组线性表示．由于初等变换可逆，知矩阵 $\boldsymbol{B}$ 亦可经初等行变换变为 $\boldsymbol{A}$，从而 $\boldsymbol{A}$ 的行向量组也能由 $\boldsymbol{B}$ 的行向量组线性表示．于是 $\boldsymbol{A}$ 的行向量组与 $\boldsymbol{B}$ 的行向量组等价．

类似可知，若矩阵 $\boldsymbol{A}$ 与 $\boldsymbol{B}$ 列等价，则 $\boldsymbol{A}$ 的列向量组与 $\boldsymbol{B}$ 的列向量组等价．

向量组的线性组合、线性表示及等价等概念，也可移用于线性方程组：对方程组 A 的各个方程作线性运算所得到的一个方程就称为方程组 A 的一个线性组合；若方程组 B 的每个方程都是方程组 A 的线性组合，就称方程组 B 能由方程组 A 线性表示，这时方程组 A 的解一定是方程组 B 的解；若方程组 A 与方程组 B 能相互线性表示，就称这两个方程组可互推，可互推的线性方程组一定同解．

按定义 3，向量组 $B:\boldsymbol{b}_1,\boldsymbol{b}_2,\cdots,\boldsymbol{b}_l$ 能由向量组 $A:\boldsymbol{a}_1,\boldsymbol{a}_2,\cdots,\boldsymbol{a}_m$ 线性表示，其含义是存在矩阵 $\boldsymbol{K}_{m\times l}$，使 $(\boldsymbol{b}_1,\cdots,\boldsymbol{b}_l)=(\boldsymbol{a}_1,\cdots,\boldsymbol{a}_m)\boldsymbol{K}$，也就是矩阵方程

$$(\boldsymbol{a}_1,\boldsymbol{a}_2,\cdots,\boldsymbol{a}_m)\boldsymbol{X}=(\boldsymbol{b}_1,\boldsymbol{b}_2,\cdots,\boldsymbol{b}_l)$$

有解．由上章定理 6，立即可得

定理 2　向量组 $B:\boldsymbol{b}_1,\boldsymbol{b}_2,\cdots,\boldsymbol{b}_l$ 能由向量组 $A:\boldsymbol{a}_1,\boldsymbol{a}_2,\cdots,\boldsymbol{a}_m$ 线性表示的充分必要条件是矩阵 $\boldsymbol{A}=(\boldsymbol{a}_1,\boldsymbol{a}_2,\cdots,\boldsymbol{a}_m)$ 的秩等于矩阵 $(\boldsymbol{A},\boldsymbol{B})=(\boldsymbol{a}_1,\cdots,\boldsymbol{a}_m,\boldsymbol{b}_1,\cdots,\boldsymbol{b}_l)$ 的秩，即 $R(\boldsymbol{A})=R(\boldsymbol{A},\boldsymbol{B})$．

推论　向量组 $A:\boldsymbol{a}_1,\boldsymbol{a}_2,\cdots,\boldsymbol{a}_m$ 与向量组 $B:\boldsymbol{b}_1,\boldsymbol{b}_2,\cdots,\boldsymbol{b}_l$ 等价的充分必要条件是

$$R(\boldsymbol{A})=R(\boldsymbol{B})=R(\boldsymbol{A},\boldsymbol{B}),$$

其中 $\boldsymbol{A}$ 和 $\boldsymbol{B}$ 是向量组 A 和 B 所构成的矩阵．

证　因向量组 A 与向量组 B 能相互线性表示，依据定理 2，知它们等价的充分必要条件是

$$R(\boldsymbol{A})=R(\boldsymbol{A},\boldsymbol{B})\quad 且\quad R(\boldsymbol{B})=R(\boldsymbol{B},\boldsymbol{A}),$$

而 $R(\boldsymbol{A},\boldsymbol{B})=R(\boldsymbol{B},\boldsymbol{A})$，合起来即得充分必要条件为

$$R(\boldsymbol{A})=R(\boldsymbol{B})=R(\boldsymbol{A},\boldsymbol{B}).$$

证毕

例 1 设

$$\boldsymbol{a}_1=\begin{pmatrix}1\\1\\2\\2\end{pmatrix},\ \boldsymbol{a}_2=\begin{pmatrix}1\\2\\1\\3\end{pmatrix},\ \boldsymbol{a}_3=\begin{pmatrix}1\\-1\\4\\0\end{pmatrix},\ \boldsymbol{b}=\begin{pmatrix}1\\0\\3\\1\end{pmatrix},$$

证明向量 $\boldsymbol{b}$ 能由向量组 $\boldsymbol{a}_1,\boldsymbol{a}_2,\boldsymbol{a}_3$ 线性表示,并求出表示式.

解 根据定理 1,要证矩阵 $\boldsymbol{A}=(\boldsymbol{a}_1,\boldsymbol{a}_2,\boldsymbol{a}_3)$ 与 $\boldsymbol{B}=(\boldsymbol{A},\boldsymbol{b})$ 的秩相等. 为此,把 $\boldsymbol{B}$ 化成行最简形矩阵:

$$\boldsymbol{B}=\begin{pmatrix}1&1&1&1\\1&2&-1&0\\2&1&4&3\\2&3&0&1\end{pmatrix}\overset{\substack{r_2-r_1\\r_3-2r_1\\r_4-2r_1}}{\sim}\begin{pmatrix}1&1&1&1\\0&1&-2&-1\\0&-1&2&1\\0&1&-2&-1\end{pmatrix}\overset{r}{\sim}\begin{pmatrix}1&0&3&2\\0&1&-2&-1\\0&0&0&0\\0&0&0&0\end{pmatrix},$$

可见,$R(\boldsymbol{A})=R(\boldsymbol{B})$,因此,向量 $\boldsymbol{b}$ 能由向量组 $\boldsymbol{a}_1,\boldsymbol{a}_2,\boldsymbol{a}_3$ 线性表示.

由上述行最简形矩阵,可得方程$(\boldsymbol{a}_1,\boldsymbol{a}_2,\boldsymbol{a}_3)\begin{pmatrix}x_1\\x_2\\x_3\end{pmatrix}=\boldsymbol{b}$ 的通解为

$$\begin{pmatrix}x_1\\x_2\\x_3\end{pmatrix}=c\begin{pmatrix}-3\\2\\1\end{pmatrix}+\begin{pmatrix}2\\-1\\0\end{pmatrix}=\begin{pmatrix}-3c+2\\2c-1\\c\end{pmatrix},$$

其中 c 可任意取值,从而得表示式

$$\boldsymbol{b}=(\boldsymbol{a}_1,\boldsymbol{a}_2,\boldsymbol{a}_3)\begin{pmatrix}x_1\\x_2\\x_3\end{pmatrix}=(-3c+2)\boldsymbol{a}_1+(2c-1)\boldsymbol{a}_2+c\boldsymbol{a}_3.$$

例 2 设

$$\boldsymbol{a}_1=\begin{pmatrix}1\\-1\\1\\-1\end{pmatrix},\ \boldsymbol{a}_2=\begin{pmatrix}3\\1\\1\\3\end{pmatrix},\ \boldsymbol{b}_1=\begin{pmatrix}2\\0\\1\\1\end{pmatrix},\ \boldsymbol{b}_2=\begin{pmatrix}1\\1\\0\\2\end{pmatrix},\ \boldsymbol{b}_3=\begin{pmatrix}3\\-1\\2\\0\end{pmatrix},$$

证明向量组 $\boldsymbol{a}_1,\boldsymbol{a}_2$ 与向量组 $\boldsymbol{b}_1,\boldsymbol{b}_2,\boldsymbol{b}_3$ 等价.

证 记 $\boldsymbol{A}=(\boldsymbol{a}_1,\boldsymbol{a}_2)$,$\boldsymbol{B}=(\boldsymbol{b}_1,\boldsymbol{b}_2,\boldsymbol{b}_3)$. 根据定理 2 的推论,只要证 $R(\boldsymbol{A})=R(\boldsymbol{B})=R(\boldsymbol{A},\boldsymbol{B})$. 为此把矩阵$(\boldsymbol{A},\boldsymbol{B})$化成行阶梯形矩阵:

$$(\boldsymbol{A},\boldsymbol{B})=\begin{pmatrix}1&3&2&1&3\\-1&1&0&1&-1\\1&1&1&0&2\\-1&3&1&2&0\end{pmatrix}\overset{r}{\sim}\begin{pmatrix}1&3&2&1&3\\0&4&2&2&2\\0&-2&-1&-1&-1\\0&6&3&3&3\end{pmatrix}\overset{r}{\sim}\begin{pmatrix}1&3&2&1&3\\0&2&1&1&1\\0&0&0&0&0\\0&0&0&0&0\end{pmatrix},$$

可见，$R(\boldsymbol{A})=2,R(\boldsymbol{A},\boldsymbol{B})=2$.

容易看出矩阵 $\boldsymbol{B}$ 中有不等于 0 的 2 阶子式，故 $R(\boldsymbol{B})\geqslant 2$. 又

$$R(\boldsymbol{B})\leqslant R(\boldsymbol{A},\boldsymbol{B})=2,$$

于是知 $R(\boldsymbol{B})=2$. 因此，

$$R(\boldsymbol{A})=R(\boldsymbol{B})=R(\boldsymbol{A},\boldsymbol{B}),$$

故向量组 $\boldsymbol{a}_1,\boldsymbol{a}_2$ 与向量组 $\boldsymbol{b}_1,\boldsymbol{b}_2,\boldsymbol{b}_3$ 等价.

定理 3　设向量组 $B:\boldsymbol{b}_1,\boldsymbol{b}_2,\cdots,\boldsymbol{b}_l$ 能由向量组 $A:\boldsymbol{a}_1,\boldsymbol{a}_2,\cdots,\boldsymbol{a}_m$ 线性表示，则 $R(\boldsymbol{b}_1,\boldsymbol{b}_2,\cdots,\boldsymbol{b}_l)\leqslant R(\boldsymbol{a}_1,\boldsymbol{a}_2,\cdots,\boldsymbol{a}_m)$.

证　记 $\boldsymbol{A}=(\boldsymbol{a}_1,\boldsymbol{a}_2,\cdots,\boldsymbol{a}_m),\boldsymbol{B}=(\boldsymbol{b}_1,\boldsymbol{b}_2,\cdots,\boldsymbol{b}_l)$. 按定理的条件，根据定理 2 有 $R(\boldsymbol{A})=R(\boldsymbol{A},\boldsymbol{B})$，而 $R(\boldsymbol{B})\leqslant R(\boldsymbol{A},\boldsymbol{B})$，因此

$$R(\boldsymbol{B})\leqslant R(\boldsymbol{A}).$$

证毕

前面我们把定理 1 与上章定理 5 对应，把定理 2 与上章定理 6 对应，而定理 3 可与上章定理7对应. 事实上，按定理 3 的条件，知有矩阵 $\boldsymbol{K}$，使 $\boldsymbol{B}=\boldsymbol{AK}$，从而根据上章定理 7，即有 $R(\boldsymbol{B})\leqslant R(\boldsymbol{A})$.

上述各定理之间的对应，其基础是向量组与矩阵的对应，从而有下述对应：

向量组 $B:\boldsymbol{b}_1,\boldsymbol{b}_2,\cdots,\boldsymbol{b}_l$ 能由向量组 $A:\boldsymbol{a}_1,\boldsymbol{a}_2,\cdots,\boldsymbol{a}_m$ 线性表示

$\Leftrightarrow$ 有矩阵 $\boldsymbol{K}$，使 $\boldsymbol{B}=\boldsymbol{AK}$

$\Leftrightarrow$ 方程 $\boldsymbol{AX}=\boldsymbol{B}$ 有解.

上述对应的三种叙述都可对应到充分必要条件：$R(\boldsymbol{A})=R(\boldsymbol{A},\boldsymbol{B})$，并都有必要条件：$R(\boldsymbol{A})\geqslant R(\boldsymbol{B})$. 这里，第一种可称为几何语言，后两种以及充分必要条件和必要条件则都是矩阵语言. 我们要掌握用矩阵语言表述几何问题，还要掌握用几何语言来解释矩阵表述的结论.

上一章中把线性方程组写成矩阵形式，通过矩阵的运算求得它的解，还用矩阵的语言给出了线性方程组有解、有惟一解的充分必要条件；本章中将向量组的问题表述成矩阵形式，通过矩阵的运算得出结果，然后把矩阵形式的结果“翻译”成几何问题的结论. 这种用矩阵来表述问题，并通过矩阵的运算解决问题的方法，通常叫做矩阵方法，这正是线性代数的基本方法，读者应有意识地去加强这一方法的练习.

例 3　设 n 维向量组 $A:\boldsymbol{a}_1,\boldsymbol{a}_2,\cdots,\boldsymbol{a}_m$ 构成 $n\times m$ 矩阵 $\boldsymbol{A}=(\boldsymbol{a}_1,\boldsymbol{a}_2,\cdots,\boldsymbol{a}_m)$，$n$

阶单位矩阵 $\boldsymbol{E}=(\boldsymbol{e}_1,\boldsymbol{e}_2,\cdots,\boldsymbol{e}_n)$ 的列向量叫做 n 维单位坐标向量. 证明：n 维单位坐标向量组 $\boldsymbol{e}_1,\boldsymbol{e}_2,\cdots,\boldsymbol{e}_n$ 能由向量组 A 线性表示的充分必要条件是$R(\boldsymbol{A})=n$.

证 根据定理 2,向量组 $\boldsymbol{e}_1,\boldsymbol{e}_2,\cdots,\boldsymbol{e}_n$ 能由向量组 A 线性表示的充分必要条件是 $R(\boldsymbol{A})=R(\boldsymbol{A},\boldsymbol{E})$.

而 $R(\boldsymbol{A},\boldsymbol{E})\geqslant R(\boldsymbol{E})=n$,又矩阵$(\boldsymbol{A},\boldsymbol{E})$含 n 行,知 $R(\boldsymbol{A},\boldsymbol{E})\leqslant n$,合起来有 $R(\boldsymbol{A},\boldsymbol{E})=n$. 因此条件 $R(\boldsymbol{A})=R(\boldsymbol{A},\boldsymbol{E})$就是 $R(\boldsymbol{A})=n$.

本例所证结论用矩阵语言可叙述为

对矩阵 $\boldsymbol{A}_{n\times m}$,存在矩阵 $\boldsymbol{K}_{m\times n}$,使 $\boldsymbol{AK}=\boldsymbol{E}_n$ 的充分必要条件是 $R(\boldsymbol{A})=n$. 也可叙述为

矩阵方程 $\boldsymbol{A}_{n\times m}\boldsymbol{X}=\boldsymbol{E}_n$ 有解的充分必要条件是 $R(\boldsymbol{A})=n$（参见第 3 章习题三第 22 题）.

§2 向量组的线性相关性

定义 4 给定向量组 $A:\boldsymbol{a}_1,\boldsymbol{a}_2,\cdots,\boldsymbol{a}_m$,如果存在不全为零的数 $k_1,k_2,\cdots,k_m$,使

$$k_1\boldsymbol{a}_1+k_2\boldsymbol{a}_2+\cdots+k_m\boldsymbol{a}_m=\boldsymbol{0},$$

则称向量组 A 是线性相关的,否则称它线性无关.

说向量组 $\boldsymbol{a}_1,\boldsymbol{a}_2,\cdots,\boldsymbol{a}_m$ 线性相关,通常是指 $m\geqslant 2$ 的情形,但定义 4 也适用于 $m=1$ 的情形. 当 $m=1$ 时,向量组只含一个向量,对于只含一个向量 $\boldsymbol{a}$ 的向量组,当 $\boldsymbol{a}=\boldsymbol{0}$时是线性相关的,当 $\boldsymbol{a}\neq\boldsymbol{0}$时是线性无关的. 对于含两个向量 $\boldsymbol{a}_1,\boldsymbol{a}_2$ 的向量组,它线性相关的充分必要条件是 $\boldsymbol{a}_1,\boldsymbol{a}_2$ 的分量对应成比例,其几何意义是两向量共线. 三个向量线性相关的几何意义是三向量共面.

向量组 $A:\boldsymbol{a}_1,\boldsymbol{a}_2,\cdots,\boldsymbol{a}_m\ (m\geqslant 2)$线性相关,也就是在向量组 A 中至少有一个向量能由其余 $m-1$ 个向量线性表示. 这是因为

如果向量组 A 线性相关,则有不全为 0 的数 $k_1,k_2,\cdots,k_m$ 使 $k_1\boldsymbol{a}_1+k_2\boldsymbol{a}_2+\cdots+k_m\boldsymbol{a}_m=\boldsymbol{0}$. 因 $k_1,k_2,\cdots,k_m$ 不全为 0,不妨设 $k_1\neq 0$,于是便有

$$\boldsymbol{a}_1=\frac{-1}{k_1}(k_2\boldsymbol{a}_2+\cdots+k_m\boldsymbol{a}_m),$$

即 $\boldsymbol{a}_1$ 能由 $\boldsymbol{a}_2,\cdots,\boldsymbol{a}_m$ 线性表示.

如果向量组 A 中有某个向量能由其余 $m-1$ 个向量线性表示，不妨设 $\boldsymbol{a}_m$ 能由 $\boldsymbol{a}_1,\cdots,\boldsymbol{a}_{m-1}$ 线性表示，即有 $\lambda_1,\cdots,\lambda_{m-1}$ 使 $\boldsymbol{a}_m=\lambda_1\boldsymbol{a}_1+\cdots+\lambda_{m-1}\boldsymbol{a}_{m-1}$，于是

$$\lambda_1\boldsymbol{a}_1+\cdots+\lambda_{m-1}\boldsymbol{a}_{m-1}+(-1)\boldsymbol{a}_m=\boldsymbol{0},$$

因为 $\lambda_1,\cdots,\lambda_{m-1},-1$ 这 m 个数不全为 0（至少 $-1\neq 0$），所以向量组 A 线性相关.

向量组的线性相关与线性无关的概念也可移用于线性方程组. 当方程组中有某个方程是其余方程的线性组合时，这个方程就是多余的，这时称方程组（各个方程）是线性相关的；当方程组中没有多余方程，就称该方程组（各个方程）线性无关（或线性独立）. 显然，方程组 $\boldsymbol{Ax}=\boldsymbol{b}$ 线性相关的充分必要条件是矩阵 $\boldsymbol{B}=(\boldsymbol{A},\boldsymbol{b})$ 的行向量组线性相关。

向量组 $A:\boldsymbol{a}_1,\boldsymbol{a}_2,\cdots,\boldsymbol{a}_m$ 构成矩阵 $\boldsymbol{A}=(\boldsymbol{a}_1,\boldsymbol{a}_2,\cdots,\boldsymbol{a}_m)$，向量组 A 线性相关，就是齐次线性方程组

$$x_1\boldsymbol{a}_1+x_2\boldsymbol{a}_2+\cdots+x_m\boldsymbol{a}_m=\boldsymbol{0},$$

即 $\boldsymbol{Ax}=\boldsymbol{0}$ 有非零解. 由上章定理 4，立即可得

定理 4　向量组 $A:\boldsymbol{a}_1,\boldsymbol{a}_2,\cdots,\boldsymbol{a}_m$ 线性相关的充分必要条件是它所构成的矩阵 $\boldsymbol{A}=(\boldsymbol{a}_1,\boldsymbol{a}_2,\cdots,\boldsymbol{a}_m)$ 的秩小于向量个数 m；向量组 A 线性无关的充分必要条件是 $R(\boldsymbol{A})=m$.

例 4　试讨论 n 维单位坐标向量组的线性相关性.

解　n 维单位坐标向量组构成的矩阵

$$\boldsymbol{E}=(\boldsymbol{e}_1,\boldsymbol{e}_2,\cdots,\boldsymbol{e}_n)$$

是 n 阶单位矩阵. 由 $|\boldsymbol{E}|=1\neq 0$，知 $R(\boldsymbol{E})=n$，即 $R(\boldsymbol{E})$ 等于向量组中向量个数，故由定理 4 知此向量组是线性无关的.

例 5　已知

$$\boldsymbol{a}_1=\begin{pmatrix}1\\1\\1\end{pmatrix},\ \boldsymbol{a}_2=\begin{pmatrix}0\\2\\5\end{pmatrix},\ \boldsymbol{a}_3=\begin{pmatrix}2\\4\\7\end{pmatrix},$$

试讨论向量组 $\boldsymbol{a}_1,\boldsymbol{a}_2,\boldsymbol{a}_3$ 及向量组 $\boldsymbol{a}_1,\boldsymbol{a}_2$ 的线性相关性.

解　对矩阵 $(\boldsymbol{a}_1,\boldsymbol{a}_2,\boldsymbol{a}_3)$ 施行初等行变换变成行阶梯形矩阵，即可同时看出矩阵 $(\boldsymbol{a}_1,\boldsymbol{a}_2,\boldsymbol{a}_3)$ 及 $(\boldsymbol{a}_1,\boldsymbol{a}_2)$ 的秩，利用定理 4 即可得出结论.

$$(\boldsymbol{a}_1,\boldsymbol{a}_2,\boldsymbol{a}_3)=\begin{pmatrix}1&0&2\\1&2&4\\1&5&7\end{pmatrix}\underset{r_3-r_1}{\overset{r_2-r_1}{\sim}}\begin{pmatrix}1&0&2\\0&2&2\\0&5&5\end{pmatrix}\overset{r_3-\frac{5}{2}r_2}{\sim}\begin{pmatrix}1&0&2\\0&2&2\\0&0&0\end{pmatrix},$$

可见 $R(\boldsymbol{a}_1,\boldsymbol{a}_2,\boldsymbol{a}_3)=2$，故向量组 $\boldsymbol{a}_1,\boldsymbol{a}_2,\boldsymbol{a}_3$ 线性相关；同时可见 $R(\boldsymbol{a}_1,\boldsymbol{a}_2)=2$，故向量组 $\boldsymbol{a}_1,\boldsymbol{a}_2$ 线性无关.

例 6 已知向量组 $\boldsymbol{a}_1,\boldsymbol{a}_2,\boldsymbol{a}_3$ 线性无关，$\boldsymbol{b}_1=\boldsymbol{a}_1+\boldsymbol{a}_2$，$\boldsymbol{b}_2=\boldsymbol{a}_2+\boldsymbol{a}_3$，$\boldsymbol{b}_3=\boldsymbol{a}_3+\boldsymbol{a}_1$，试证向量组 $\boldsymbol{b}_1,\boldsymbol{b}_2,\boldsymbol{b}_3$ 线性无关.

证 1 设有 x_1,x_2,x_3 使

$$x_1\boldsymbol{b}_1+x_2\boldsymbol{b}_2+x_3\boldsymbol{b}_3=\boldsymbol{0},$$

即

$$x_1(\boldsymbol{a}_1+\boldsymbol{a}_2)+x_2(\boldsymbol{a}_2+\boldsymbol{a}_3)+x_3(\boldsymbol{a}_3+\boldsymbol{a}_1)=\boldsymbol{0},$$

亦即

$$(x_1+x_3)\boldsymbol{a}_1+(x_1+x_2)\boldsymbol{a}_2+(x_2+x_3)\boldsymbol{a}_3=\boldsymbol{0},$$

因 $\boldsymbol{a}_1,\boldsymbol{a}_2,\boldsymbol{a}_3$ 线性无关，故有

$$\begin{cases}x_1+x_3=0,\\ x_1+x_2=0,\\ x_2+x_3=0,\end{cases}$$

由于此方程组的系数矩阵

$$\boldsymbol{K}=\begin{pmatrix}1&0&1\\1&1&0\\0&1&1\end{pmatrix}$$

的行列式 $|\boldsymbol{K}|=2\neq0$，故方程组只有零解 $x_1=x_2=x_3=0$，所以向量组 $\boldsymbol{b}_1,\boldsymbol{b}_2,\boldsymbol{b}_3$ 线性无关.

证 2 把已知的三个向量等式写成一个矩阵等式

$$(\boldsymbol{b}_1,\boldsymbol{b}_2,\boldsymbol{b}_3)=(\boldsymbol{a}_1,\boldsymbol{a}_2,\boldsymbol{a}_3)\begin{pmatrix}1&0&1\\1&1&0\\0&1&1\end{pmatrix},$$

记作 $\boldsymbol{B}=\boldsymbol{A}\boldsymbol{K}$. 设 $\boldsymbol{B}\boldsymbol{x}=\boldsymbol{0}$，以 $\boldsymbol{B}=\boldsymbol{A}\boldsymbol{K}$ 代入得 $\boldsymbol{A}(\boldsymbol{K}\boldsymbol{x})=\boldsymbol{0}$. 因为矩阵 $\boldsymbol{A}$ 的列向量组线性无关，根据向量组线性无关的定义，知 $\boldsymbol{K}\boldsymbol{x}=\boldsymbol{0}$. 又因 $|\boldsymbol{K}|=2\neq0$，知方程 $\boldsymbol{K}\boldsymbol{x}=\boldsymbol{0}$ 只有零解 $\boldsymbol{x}=\boldsymbol{0}$. 所以矩阵 $\boldsymbol{B}$ 的列向量组 $\boldsymbol{b}_1,\boldsymbol{b}_2,\boldsymbol{b}_3$ 线性无关.

证 3 把已知条件合写成

$$(\boldsymbol{b}_1,\boldsymbol{b}_2,\boldsymbol{b}_3)=(\boldsymbol{a}_1,\boldsymbol{a}_2,\boldsymbol{a}_3)\begin{pmatrix}1&0&1\\1&1&0\\0&1&1\end{pmatrix},$$

记作 $\boldsymbol{B}=\boldsymbol{A}\boldsymbol{K}$. 因 $|\boldsymbol{K}|=2\neq0$，知 $\boldsymbol{K}$ 可逆，根据上章所述矩阵秩的性质④知 $R(\boldsymbol{B})=R(\boldsymbol{A})$.

因为 $\boldsymbol{A}$ 的列向量组线性无关，根据定理 4 知 $R(\boldsymbol{A})=3$，从而 $R(\boldsymbol{B})=3$，再由定理 4 知 $\boldsymbol{B}$ 的 3 个列向量线性无关，即 $\boldsymbol{b}_1,\boldsymbol{b}_2,\boldsymbol{b}_3$ 线性无关.

本例给出三种证法，这三种证法都是常用的. 证 1 是按线性相关性的定义，通过向量的运算得到以 $\boldsymbol{K}$ 为系数矩阵的齐次方程，再把问题转化为它只有零解；证 2 和证 3 都首先把已知三个向量等式合并成矩阵等式，立即得到矩阵 $\boldsymbol{K}$；之后，证 2 把证明向量组线性无关转化为证明齐次方程没有非零解，因而去考察方程 $\boldsymbol{Bx}=\boldsymbol{0}$，证 3 用了矩阵的秩的有关知识，还用了定理 4，从而可以不涉及线性方程而直接证得结论.

线性相关性是向量组的一个重要性质，下面介绍与之有关的一些简单的结论.

定理 5　**(1) 若向量组 $A:\boldsymbol{a}_1,\cdots,\boldsymbol{a}_m$ 线性相关，则向量组 $B:\boldsymbol{a}_1,\cdots,\boldsymbol{a}_m,\boldsymbol{a}_{m+1}$ 也线性相关. 反之，若向量组 B 线性无关，则向量组 A 也线性无关.**

(2) m 个 n 维向量组成的向量组，当维数 n 小于向量个数 m 时一定线性相关. 特别地 $n+1$ 个 n 维向量一定线性相关.

(3) 设向量组 $A:\boldsymbol{a}_1,\boldsymbol{a}_2,\cdots,\boldsymbol{a}_m$ 线性无关，而向量组 $B:\boldsymbol{a}_1,\cdots,\boldsymbol{a}_m,\boldsymbol{b}$ 线性相关，则向量 $\boldsymbol{b}$ 必能由向量组 A 线性表示，且表示式是惟一的.

证　这些结论都可利用定理 4 来证明.

(1) 记 $\boldsymbol{A}=(\boldsymbol{a}_1,\cdots,\boldsymbol{a}_m)$，$\boldsymbol{B}=(\boldsymbol{a}_1,\cdots,\boldsymbol{a}_m,\boldsymbol{a}_{m+1})$，有 $R(\boldsymbol{B})\leqslant R(\boldsymbol{A})+1$. 因向量组 A 线性相关，故根据定理 4，有 $R(\boldsymbol{A})<m$，从而 $R(\boldsymbol{B})\leqslant R(\boldsymbol{A})+1<m+1$，因此根据定理 4 知向量组 B 线性相关.

结论(1)是对向量组增加 1 个向量而言的，增加多个向量结论也仍然成立. 即设向量组 A 是向量组 B 的一部分（这时称向量组 A 是向量组 B 的部分组），于是结论(1)可一般地叙述为：一个向量组若有线性相关的部分组，则该向量组线性相关. 特别地，含零向量的向量组必线性相关. 一个向量组若线性无关，则它的任何部分组都线性无关.

(2) m 个 n 维向量 $\boldsymbol{a}_1,\boldsymbol{a}_2,\cdots,\boldsymbol{a}_m$ 构成矩阵 $\boldsymbol{A}_{n\times m}=(\boldsymbol{a}_1,\boldsymbol{a}_2,\cdots,\boldsymbol{a}_m)$，有 $R(\boldsymbol{A})\leqslant n$. 当 $n<m$ 时，有 $R(\boldsymbol{A})<m$，故 m 个向量 $\boldsymbol{a}_1,\boldsymbol{a}_2,\cdots,\boldsymbol{a}_m$ 线性相关.

(3) 记 $\boldsymbol{A}=(\boldsymbol{a}_1,\cdots,\boldsymbol{a}_m)$，$\boldsymbol{B}=(\boldsymbol{a}_1,\cdots,\boldsymbol{a}_m,\boldsymbol{b})$，有 $R(\boldsymbol{A})\leqslant R(\boldsymbol{B})$. 因向量组 A 线性无关，有 $R(\boldsymbol{A})=m$；因向量组 B 线性相关，有 $R(\boldsymbol{B})<m+1$. 所以 $m\leqslant R(\boldsymbol{B})<m+1$，即有 $R(\boldsymbol{B})=m$.

由 $R(\boldsymbol{A})=R(\boldsymbol{B})=m$，根据上章定理 3，知方程组

$$(\boldsymbol{a}_1,\cdots,\boldsymbol{a}_m)\boldsymbol{x}=\boldsymbol{b}$$

有惟一解，即向量 $\boldsymbol{b}$ 能由向量组 A 线性表示，且表示式是惟一的.　　证毕

例 7　设向量组 $\boldsymbol{a}_1,\boldsymbol{a}_2,\boldsymbol{a}_3$ 线性相关，向量组 $\boldsymbol{a}_2,\boldsymbol{a}_3,\boldsymbol{a}_4$ 线性无关，证明：

(1) $\boldsymbol{a}_1$ 能由 $\boldsymbol{a}_2,\boldsymbol{a}_3$ 线性表示；

(2) $\boldsymbol{a}_4$ 不能由 $\boldsymbol{a}_1,\boldsymbol{a}_2,\boldsymbol{a}_3$ 线性表示.

证 (1) 因 $\boldsymbol{a}_2,\boldsymbol{a}_3,\boldsymbol{a}_4$ 线性无关,由定理 5(1)知 $\boldsymbol{a}_2,\boldsymbol{a}_3$ 线性无关,而 $\boldsymbol{a}_1,\boldsymbol{a}_2,\boldsymbol{a}_3$ 线性相关,由定理 5(3)知 $\boldsymbol{a}_1$ 能由 $\boldsymbol{a}_2,\boldsymbol{a}_3$ 线性表示.

(2) 用反证法. 假设 $\boldsymbol{a}_4$ 能由 $\boldsymbol{a}_1,\boldsymbol{a}_2,\boldsymbol{a}_3$ 表示,而由(1)知 $\boldsymbol{a}_1$ 能由 $\boldsymbol{a}_2,\boldsymbol{a}_3$ 表示,因此 $\boldsymbol{a}_4$ 能由 $\boldsymbol{a}_2,\boldsymbol{a}_3$ 线性表示,这与 $\boldsymbol{a}_2,\boldsymbol{a}_3,\boldsymbol{a}_4$ 线性无关矛盾. 故 $\boldsymbol{a}_4$ 不能由 $\boldsymbol{a}_1,\boldsymbol{a}_2,\boldsymbol{a}_3$ 线性表示.

§3 向量组的秩

在上两节的讨论中,向量组只局限于含有限个向量. 现在我们将去掉这一限制:向量组可以含无限多个向量.

例如

$$A:\begin{pmatrix}0\\0\end{pmatrix},\begin{pmatrix}1\\1\end{pmatrix},\begin{pmatrix}2\\2\end{pmatrix},\cdots,\begin{pmatrix}k\\k\end{pmatrix},\cdots$$

与

$$B:\begin{pmatrix}0\\0\end{pmatrix},\begin{pmatrix}1\\2\end{pmatrix},\begin{pmatrix}2\\3\end{pmatrix},\cdots,\begin{pmatrix}k\\k+1\end{pmatrix},\cdots$$

就是这样的向量组. 因为它们都是二维向量组,由定理 5 之(2),知向量组 A 或向量组 B 中任意三个向量都是线性相关的;但进一步从线性无关部分组所含向量的个数来看就不一样了:向量组 B 中有含两个向量的线性无关部分组,如 $\begin{pmatrix}1\\2\end{pmatrix},\begin{pmatrix}2\\3\end{pmatrix}$;但向量组 A 中任何含两个向量的部分组都是线性相关的,换言之,A 组中只有最多含一个向量的线性无关部分组,而 B 组中却有最多含两个向量的线性无关部分组.

上一章中,我们引入了矩阵的最高阶非零子式,并把它的阶数定义为矩阵的秩,它在前两节向量组线性表示和线性相关性的讨论中起了十分重要的作用。现在,按向量组与矩阵的对应,特别把含最多个向量的线性无关部分组与最高阶的非零子式相对应,就可将秩的概念引进向量组.

定义 5 设有向量组 A,如果在 A 中能选出 r 个向量 $\boldsymbol{a}_1,\boldsymbol{a}_2,\cdots,\boldsymbol{a}_r$,满足

(i) 向量组 $A_0:\boldsymbol{a}_1,\boldsymbol{a}_2,\cdots,\boldsymbol{a}_r$ 线性无关;

(ii) 向量组 A 中任意 $r+1$ 个向量(如果 A 中有 $r+1$ 个向量的话)都线性相关,

那么称向量组 A_0 是向量组 A 的一个最大线性无关向量组(简称最大无关组),最大无关组所含向量个数 r 称为向量组 A 的秩,记作 R_A.

只含零向量的向量组没有最大无关组,规定它的秩为 0.

根据定义 5，本节一开始给出的向量组 A 的秩 $R_A=1$，$\begin{pmatrix}1\\1\end{pmatrix}$ 是它的一个最大无关组；向量组 B 的秩 $R_B=2$，$\begin{pmatrix}1\\2\end{pmatrix}$，$\begin{pmatrix}2\\3\end{pmatrix}$ 是它的一个最大无关组，显然两者的最大无关组都不惟一（甚至都有无限多个）.

若向量组 A 线性无关，则 A 自身就是它的最大无关组，而其秩就等于它所含向量的个数.

向量组 A 和它自己的最大无关组 A_0 是等价的. 这是因为 A_0 组是 A 组的一个部分组，故 A_0 组总能由 A 组线性表示（A 中每个向量都能由 A 组表示）；而由定义 5 的条件(ii)知，对于 A 中任一向量 $\boldsymbol{a}$，$r+1$ 个向量 $\boldsymbol{a}_1,\cdots,\boldsymbol{a}_r,\boldsymbol{a}$ 线性相关，而 $\boldsymbol{a}_1,\cdots,\boldsymbol{a}_r$ 线性无关，根据定理 5 (3) 知 $\boldsymbol{a}$ 能由 $\boldsymbol{a}_1,\cdots,\boldsymbol{a}_r$ 线性表示，即 A 组能由 A_0 组线性表示. 所以 A 组与 A_0 组等价. n 维向量组 A 可能含有许多个甚至无限多个向量，但 A_0 至多含 n 个向量. 用 A_0 来“代表”A，就把 A 组的问题转化为相应的 A_0 组的问题了.

上述结论的逆命题也是成立的，即能与向量组自身等价的线性无关部分组一定是最大无关组，现把它作为定理 3 的推论叙述如下：

推论（最大无关组的等价定义）　设向量组 $A_0:\boldsymbol{a}_1,\boldsymbol{a}_2,\cdots,\boldsymbol{a}_r$ 是向量组 A 的一个部分组，且满足

(i) **向量组 A_0 线性无关；**

(ii) **向量组 A 的任一向量都能由向量组 A_0 线性表示，**

那么向量组 A_0 便是向量组 A 的一个最大无关组.

证　只要证向量组 A 中任意 $r+1$ 个向量线性相关. 设 $\boldsymbol{b}_1,\boldsymbol{b}_2,\cdots,\boldsymbol{b}_{r+1}$ 是 A 中任意 $r+1$ 个向量，由条件(ii)知这 $r+1$ 个向量能由向量组 A_0 线性表示，从而根据定理 3，有

$$R(\boldsymbol{b}_1,\boldsymbol{b}_2,\cdots,\boldsymbol{b}_{r+1})\leqslant R(\boldsymbol{a}_1,\boldsymbol{a}_2,\cdots,\boldsymbol{a}_r)=r,$$

再据定理 4 知 $r+1$ 个向量 $\boldsymbol{b}_1,\boldsymbol{b}_2,\cdots,\boldsymbol{b}_{r+1}$ 线性相关. 因此向量组 A_0 满足定义 5 所规定的最大无关组的条件.　　证毕

下面给出分别按定义 5 和它的等价定义求向量组的秩的例题.

例 8　全体 n 维向量构成的向量组记作 $\mathbb{R}^n$，求 $\mathbb{R}^n$ 的一个最大无关组及 $\mathbb{R}^n$ 的秩.

解　在例 4 中，我们证明了 n 维单位坐标向量构成的向量组

$$E:\boldsymbol{e}_1,\boldsymbol{e}_2,\cdots,\boldsymbol{e}_n$$

是线性无关的，又根据定理 5 的结论(2)，知 $\mathbb{R}^n$ 中的任意 $n+1$ 个向量都线性相关，因此向量组 E 是 $\mathbb{R}^n$ 的一个最大无关组，且 $\mathbb{R}^n$ 的秩等于 n.

显然，$\mathbb{R}^n$ 的最大无关组很多，任何 n 个线性无关的 n 维向量都是 $\mathbb{R}^n$ 的最大

无关组.

例 9 设齐次线性方程组

$$\begin{cases} x_1+2x_2+\ \ x_3-2x_4=0, \\ 2x_1+3x_2\qquad\ -\ x_4=0, \\ x_1-\ x_2-5x_3+7x_4=0 \end{cases}$$

的全体解向量构成的向量组为 S,求 S 的秩.

解 先解方程,为此把系数矩阵 $\boldsymbol{A}$ 化成行最简形矩阵:

$$\boldsymbol{A}=\begin{pmatrix} 1 & 2 & 1 & -2 \\ 2 & 3 & 0 & -1 \\ 1 & -1 & -5 & 7 \end{pmatrix} \underset{r_3-r_1}{\overset{r_2-2r_1}{\sim}} \begin{pmatrix} 1 & 2 & 1 & -2 \\ 0 & -1 & -2 & 3 \\ 0 & -3 & -6 & 9 \end{pmatrix} \underset{r_2\times(-1)}{\overset{\substack{r_1+2r_2\\ r_3-3r_2}}{\sim}} \begin{pmatrix} 1 & 0 & -3 & 4 \\ 0 & 1 & 2 & -3 \\ 0 & 0 & 0 & 0 \end{pmatrix},$$

得

$$\begin{cases} x_1=3x_3-4x_4, \\ x_2=-2x_3+3x_4, \end{cases}$$

令自由未知数 $x_3=c_1, x_4=c_2$,得通解

$$\begin{pmatrix} x_1 \\ x_2 \\ x_3 \\ x_4 \end{pmatrix}=c_1\begin{pmatrix} 3 \\ -2 \\ 1 \\ 0 \end{pmatrix}+c_2\begin{pmatrix} -4 \\ 3 \\ 0 \\ 1 \end{pmatrix}\ (c_1,c_2\text{ 为任意常数}),$$

把上式记作 $\boldsymbol{x}=c_1\boldsymbol{\xi}_1+c_2\boldsymbol{\xi}_2$,知

$$S=\{\boldsymbol{x}=c_1\boldsymbol{\xi}_1+c_2\boldsymbol{\xi}_2 \mid c_1,c_2\in\mathbb{R}\},$$

即 S 能由向量组 $\boldsymbol{\xi}_1,\boldsymbol{\xi}_2$ 线性表示. 又因 $\boldsymbol{\xi}_1,\boldsymbol{\xi}_2$ 的四个分量显然不成比例,故 $\boldsymbol{\xi}_1,\boldsymbol{\xi}_2$ 线性无关. 因此根据最大无关组的等价定义知 $\boldsymbol{\xi}_1,\boldsymbol{\xi}_2$ 是 S 的最大无关组,从而 $R_S=2$.

对于只含有限个 n 维向量的向量组 $A:\boldsymbol{a}_1,\boldsymbol{a}_2,\cdots,\boldsymbol{a}_m$,它可以构成矩阵 $\boldsymbol{A}=(\boldsymbol{a}_1,\boldsymbol{a}_2,\cdots,\boldsymbol{a}_m)$. 把定义 5 与上章矩阵的最高阶非零子式及矩阵的秩的定义作比较,容易想到向量组 A 的秩就等于矩阵 $\boldsymbol{A}$ 的秩,即有

定理 6 矩阵的秩等于它的列向量组的秩,也等于它的行向量组的秩.

证 设 $\boldsymbol{A}=(\boldsymbol{a}_1,\boldsymbol{a}_2,\cdots,\boldsymbol{a}_m)$,$R(\boldsymbol{A})=r$,并设 r 阶子式 $D_r\neq 0$. 根据定理 4,由 $D_r\neq 0$ 知 D_r 所在的 r 列构成的 $n\times r$ 矩阵的秩为 r,故此 r 列线性无关;又由 $\boldsymbol{A}$ 中所有 $r+1$ 阶子式均为零,知 $\boldsymbol{A}$ 中任意 $r+1$ 个列向量构成的 $n\times(r+1)$ 矩阵的秩 $<r+1$,故此 $r+1$ 列线性相关. 因此 D_r 所在的 r 列是 $\boldsymbol{A}$ 的列向量组的一个最大无关组,所以列向量组的秩等于 r.

类似可证矩阵 $\boldsymbol{A}$ 的行向量组的秩也等于 $R(\boldsymbol{A})$. 证毕

今后向量组 $\boldsymbol{a}_1,\boldsymbol{a}_2,\cdots,\boldsymbol{a}_m$ 的秩也记作 $R(\boldsymbol{a}_1,\boldsymbol{a}_2,\cdots,\boldsymbol{a}_m)$.

从上述证明中可见：若 D_r 是矩阵 $\boldsymbol{A}$ 的一个最高阶非零子式，则 D_r 所在的 r 列即是 $\boldsymbol{A}$ 的列向量组的一个最大无关组，D_r 所在的 r 行即是 $\boldsymbol{A}$ 的行向量组的一个最大无关组. 这一事实在下面的例题中得到应用.

例 10　设矩阵

$$\boldsymbol{A}=\begin{pmatrix}2 & -1 & -1 & 1 & 2\\ 1 & 1 & -2 & 1 & 4\\ 4 & -6 & 2 & -2 & 4\\ 3 & 6 & -9 & 7 & 9\end{pmatrix},$$

求矩阵 $\boldsymbol{A}$ 的列向量组的一个最大无关组，并把不属于最大无关组的列向量用最大无关组线性表示.

解　对 $\boldsymbol{A}$ 施行初等行变换变为行阶梯形矩阵（参看第 3 章 §1 引例）

$$\boldsymbol{A}\overset{r}{\sim}\begin{pmatrix}1 & 1 & -2 & 1 & 4\\ 0 & 1 & -1 & 1 & 0\\ 0 & 0 & 0 & 1 & -3\\ 0 & 0 & 0 & 0 & 0\end{pmatrix},$$

知 $R(\boldsymbol{A})=3$，故列向量组的最大无关组含 3 个向量. 而三个非零行的首非零元在 1,2,4 三列，故 $\boldsymbol{a}_1,\boldsymbol{a}_2,\boldsymbol{a}_4$ 为列向量组的一个最大无关组.

为把 $\boldsymbol{a}_3,\boldsymbol{a}_5$ 用 $\boldsymbol{a}_1,\boldsymbol{a}_2,\boldsymbol{a}_4$ 线性表示，把 $\boldsymbol{A}$ 再变成行最简形矩阵

$$\boldsymbol{A}\overset{r}{\sim}\begin{pmatrix}1 & 0 & -1 & 0 & 4\\ 0 & 1 & -1 & 0 & 3\\ 0 & 0 & 0 & 1 & -3\\ 0 & 0 & 0 & 0 & 0\end{pmatrix},$$

把上列行最简形矩阵记作 $\boldsymbol{B}=(\boldsymbol{b}_1,\boldsymbol{b}_2,\boldsymbol{b}_3,\boldsymbol{b}_4,\boldsymbol{b}_5)$，由于方程 $\boldsymbol{Ax}=\boldsymbol{0}$ 与 $\boldsymbol{Bx}=\boldsymbol{0}$ 同解，即方程

$$x_1\boldsymbol{a}_1+x_2\boldsymbol{a}_2+x_3\boldsymbol{a}_3+x_4\boldsymbol{a}_4+x_5\boldsymbol{a}_5=\boldsymbol{0}$$

与

$$x_1\boldsymbol{b}_1+x_2\boldsymbol{b}_2+x_3\boldsymbol{b}_3+x_4\boldsymbol{b}_4+x_5\boldsymbol{b}_5=\boldsymbol{0}$$

同解，因此向量 $\boldsymbol{a}_1,\boldsymbol{a}_2,\boldsymbol{a}_3,\boldsymbol{a}_4,\boldsymbol{a}_5$ 之间的线性关系与向量 $\boldsymbol{b}_1,\boldsymbol{b}_2,\boldsymbol{b}_3,\boldsymbol{b}_4,\boldsymbol{b}_5$ 之间的线性关系是相同的. 现在

$$\boldsymbol{b}_3=\begin{pmatrix}-1\\ -1\\ 0\\ 0\end{pmatrix}=(-1)\begin{pmatrix}1\\ 0\\ 0\\ 0\end{pmatrix}+(-1)\begin{pmatrix}0\\ 1\\ 0\\ 0\end{pmatrix}=-\boldsymbol{b}_1-\boldsymbol{b}_2,$$

$$b_5=4b_1+3b_2-3b_4,$$

因此

$$a_3=-a_1-a_2,\quad a_5=4a_1+3a_2-3a_4.$$

本例的解法表明:如果矩阵 $A_{m\times n}$ 与 $B_{l\times n}$ 的行向量组等价(这时齐次线性方程组 $Ax=0$ 与 $Bx=0$ 可互推),则方程 $Ax=0$ 与 $Bx=0$ 同解,从而 A 的列向量组各向量之间与 B 的列向量组各向量之间有相同的线性关系. 如果 B 是一个行最简形矩阵,则容易看出 B 的列向量组各向量之间的线性关系,从而也就得到 A 的列向量组各向量之间的线性关系(一个向量组的这种线性关系一般很多,但只要求出这个向量组的最大无关组及不属于最大无关组的向量用最大无关组线性表示的表示式,有了这些,就能推知其余的线性关系).

依据向量组的秩的定义及定理 6 可知前面介绍的定理 1、2、3、4 中出现的矩阵的秩都可改为向量组的秩. 例如定理 2 可叙述为

定理 2′　向量组 $b_1,b_2,\cdots,b_l$ 能由向量组 $a_1,a_2,\cdots,a_m$ 线性表示的充分必要条件是

$$R(a_1,a_2,\cdots,a_m)=R(a_1,\cdots,a_m,b_1,\cdots,b_l).$$

这里记号 $R(a_1,a_2,\cdots,a_m)$ 既可理解为矩阵的秩,也可理解成向量组的秩.

前面我们建立定理 1、2、3 时,限制向量组只含有限个向量,现在我们要去掉这一限制,把定理 1、2、3 推广到一般情形. 推广的方法是利用向量组的最大无关组作过渡. 下面仅推广定理 3,定理 1 和 2 的推广请读者自行完成.

定理 3′　若向量组 B 能由向量组 A 线性表示,则 $R_B\leqslant R_A$.

证　设 $R_A=s,R_B=t$,并设向量组 A 和 B 的最大无关组依次为

$$A_0:a_1,a_2,\cdots,a_s \quad 和 \quad B_0:b_1,b_2,\cdots,b_t,$$

由于向量组 B_0 能由向量组 B 表示,向量组 B 能由向量组 A 表示,向量组 A 能由向量组 A_0 表示,因此向量组 B_0 能由向量组 A_0 表示,根据定理 3,有

$$R(b_1,b_2,\cdots,b_t)\leqslant R(a_1,a_2,\cdots,a_s),$$

即 $t\leqslant s$.　　证毕

今后,定理 3 与 3′将不加区别,都称定理 3. 定理 1 和 2 与推广后的定理也不加区别.

例 11　设向量组 B 能由向量组 A 线性表示,且它们的秩相等,证明向量组 A 与向量组 B 等价.

证　设向量组 A 和 B 合并成向量组 C,根据定理 2,因 B 组能由 A 组表示,故 $R_A=R_C$,又已知 $R_B=R_A$,故有 $R_A=R_B=R_C$. 根据定理 2 的推论,知 A 组与 B 组等价.

§4　线性方程组的解的结构

在上一章中，我们已经介绍了用矩阵的初等变换解线性方程组的方法，并建立了两个重要定理，即

(1) n 个未知数的齐次线性方程组 $\boldsymbol{Ax}=\boldsymbol{0}$ 有非零解的充分必要条件是系数矩阵的秩 $R(\boldsymbol{A})<n$.

(2) n 个未知数的非齐次线性方程组 $\boldsymbol{Ax}=\boldsymbol{b}$ 有解的充分必要条件是系数矩阵 $\boldsymbol{A}$ 的秩等于增广矩阵 $\boldsymbol{B}$ 的秩，且当 $R(\boldsymbol{A})=R(\boldsymbol{B})=n$ 时方程组有惟一解，当 $R(\boldsymbol{A})=R(\boldsymbol{B})=r<n$ 时方程组有无限多个解.

下面我们用向量组线性相关性的理论来讨论线性方程组的解. 先讨论齐次线性方程组.

设有齐次线性方程组

$$\begin{cases} a_{11}x_1+a_{12}x_2+\cdots+a_{1n}x_n=0, \\ a_{21}x_1+a_{22}x_2+\cdots+a_{2n}x_n=0, \\ \cdots\cdots\cdots\cdots \\ a_{m1}x_1+a_{m2}x_2+\cdots+a_{mn}x_n=0, \end{cases} \tag{1}$$

记

$$\boldsymbol{A}=\begin{pmatrix} a_{11} & a_{12} & \cdots & a_{1n} \\ a_{21} & a_{22} & \cdots & a_{2n} \\ \vdots & \vdots & & \vdots \\ a_{m1} & a_{m2} & \cdots & a_{mn} \end{pmatrix},\ \boldsymbol{x}=\begin{pmatrix} x_1 \\ x_2 \\ \vdots \\ x_n \end{pmatrix},$$

则(1)式可写成向量方程

$$\boldsymbol{Ax}=\boldsymbol{0}. \tag{2}$$

若 $x_1=\xi_{11},x_2=\xi_{21},\cdots,x_n=\xi_{n1}$ 为(1)的解，则

$$\boldsymbol{x}=\boldsymbol{\xi}_1=\begin{pmatrix} \xi_{11} \\ \xi_{21} \\ \vdots \\ \xi_{n1} \end{pmatrix}$$

称为方程组(1)的解向量，它也就是向量方程(2)的解.

根据向量方程(2)，我们来讨论解向量的性质.

性质 1　若 $\boldsymbol{x}=\boldsymbol{\xi}_1,\boldsymbol{x}=\boldsymbol{\xi}_2$ 为向量方程(2)的解，则 $\boldsymbol{x}=\boldsymbol{\xi}_1+\boldsymbol{\xi}_2$ 也是向量方程(2)的解.

证 只要验证 $\boldsymbol{x}=\boldsymbol{\xi}_1+\boldsymbol{\xi}_2$ 满足方程(2)：

$$\boldsymbol{A}(\boldsymbol{\xi}_1+\boldsymbol{\xi}_2)=\boldsymbol{A}\boldsymbol{\xi}_1+\boldsymbol{A}\boldsymbol{\xi}_2=\boldsymbol{0}+\boldsymbol{0}=\boldsymbol{0}.$$

证毕

性质 2 **若 $\boldsymbol{x}=\boldsymbol{\xi}_1$ 为向量方程(2)的解，k 为实数，则 $\boldsymbol{x}=k\boldsymbol{\xi}_1$ 也是向量方程(2)的解.**

证 只要验证 $\boldsymbol{x}=k\boldsymbol{\xi}$ 满足向量方程(2)：

$$\boldsymbol{A}(k\boldsymbol{\xi}_1)=k(\boldsymbol{A}\boldsymbol{\xi}_1)=k\,\boldsymbol{0}=\boldsymbol{0}.$$

证毕

把方程(2)的全体解所组成的集合记作 S，如果能求得解集 S 的一个最大无关组 $S_0:\boldsymbol{\xi}_1,\boldsymbol{\xi}_2,\cdots,\boldsymbol{\xi}_t$，那么方程(2)的任一解都可由最大无关组 S_0 线性表示；另一方面，由上述性质 1、2 可知，最大无关组 S_0 的任何线性组合

$$\boldsymbol{x}=k_1\boldsymbol{\xi}_1+k_2\boldsymbol{\xi}_2+\cdots+k_t\boldsymbol{\xi}_t \quad (k_1,k_2,\cdots,k_t \text{ 为任意实数})$$

都是方程(2)的解，因此上式便是方程(2)的通解.

齐次线性方程组的解集的最大无关组称为该齐次线性方程组的基础解系.由上面的讨论可知，要求齐次线性方程组的通解，只需求出它的基础解系.

上一章我们用初等变换的方法求线性方程组的通解，下面我们用同一方法来求齐次线性方程组的基础解系.

设方程组(1)的系数矩阵 $\boldsymbol{A}$ 的秩为 r，并不妨设 $\boldsymbol{A}$ 的前 r 个列向量线性无关，于是 $\boldsymbol{A}$ 的行最简形矩阵为

$$\boldsymbol{B}=\begin{pmatrix} 1 & \cdots & 0 & b_{11} & \cdots & b_{1,n-r} \\ \vdots & & \vdots & \vdots & & \vdots \\ 0 & \cdots & 1 & b_{r1} & \cdots & b_{r,n-r} \\ 0 & & & \cdots & & 0 \\ \vdots & & & & & \vdots \\ 0 & & & \cdots & & 0 \end{pmatrix},$$

与 $\boldsymbol{B}$ 对应，即有方程组

$$\begin{cases} x_1=-b_{11}x_{r+1}-\cdots-b_{1,n-r}x_n, \\ \cdots\cdots\cdots\cdots \\ x_r=-b_{r1}x_{r+1}-\cdots-b_{r,n-r}x_n, \end{cases} \tag{3}$$

把 $x_{r+1},\cdots,x_n$ 作为自由未知数，并令它们依次等于 $c_1,\cdots,c_{n-r}$，可得方程组(1)的通解

$$\begin{pmatrix} x_1 \\ \vdots \\ x_r \\ x_{r+1} \\ x_{r+2} \\ \vdots \\ x_n \end{pmatrix} = c_1 \begin{pmatrix} -b_{11} \\ \vdots \\ -b_{r1} \\ 1 \\ 0 \\ \vdots \\ 0 \end{pmatrix} + c_2 \begin{pmatrix} -b_{12} \\ \vdots \\ -b_{r2} \\ 0 \\ 1 \\ \vdots \\ 0 \end{pmatrix} + \cdots + c_{n-r} \begin{pmatrix} -b_{1,n-r} \\ \vdots \\ -b_{r,n-r} \\ 0 \\ 0 \\ \vdots \\ 1 \end{pmatrix}.$$

把上式记作

$$\boldsymbol{x} = c_1\boldsymbol{\xi}_1 + c_2\boldsymbol{\xi}_2 + \cdots + c_{n-r}\boldsymbol{\xi}_{n-r},$$

可知解集 S 中的任一向量 $\boldsymbol{x}$ 能由 $\boldsymbol{\xi}_1, \boldsymbol{\xi}_2, \cdots, \boldsymbol{\xi}_{n-r}$ 线性表示，又因为矩阵 $(\boldsymbol{\xi}_1, \boldsymbol{\xi}_2, \cdots, \boldsymbol{\xi}_{n-r})$ 中有 $n-r$ 阶子式 $|\boldsymbol{E}_{n-r}| \neq 0$，故 $R(\boldsymbol{\xi}_1, \boldsymbol{\xi}_2, \cdots, \boldsymbol{\xi}_{n-r}) = n-r$，所以 $\boldsymbol{\xi}_1, \boldsymbol{\xi}_2, \cdots, \boldsymbol{\xi}_{n-r}$ 线性无关. 根据最大无关组的等价定义，即知 $\boldsymbol{\xi}_1, \boldsymbol{\xi}_2, \cdots, \boldsymbol{\xi}_{n-r}$ 是解集 S 的最大无关组，即 $\boldsymbol{\xi}_1, \boldsymbol{\xi}_2, \cdots, \boldsymbol{\xi}_{n-r}$ 是方程组(1)的基础解系.

在上面的讨论中，我们先求出齐次线性方程组的通解，再从通解求得基础解系. 其实我们也可先求基础解系，再写出通解. 这只需在得到方程组(3)以后，令自由未知数 $x_{r+1}, x_{r+2}, \cdots, x_n$ 取下列 $n-r$ 组数

$$\begin{pmatrix} x_{r+1} \\ x_{r+2} \\ \vdots \\ x_n \end{pmatrix} = \begin{pmatrix} 1 \\ 0 \\ \vdots \\ 0 \end{pmatrix}, \begin{pmatrix} 0 \\ 1 \\ \vdots \\ 0 \end{pmatrix}, \cdots, \begin{pmatrix} 0 \\ 0 \\ \vdots \\ 1 \end{pmatrix},$$

由(3)即依次可得

$$\begin{pmatrix} x_1 \\ \vdots \\ x_r \end{pmatrix} = \begin{pmatrix} -b_{11} \\ \vdots \\ -b_{r1} \end{pmatrix}, \begin{pmatrix} -b_{12} \\ \vdots \\ -b_{r2} \end{pmatrix}, \cdots, \begin{pmatrix} -b_{1,n-r} \\ \vdots \\ -b_{r,n-r} \end{pmatrix},$$

合起来便得基础解系

$$\boldsymbol{\xi}_1 = \begin{pmatrix} -b_{11} \\ \vdots \\ -b_{r1} \\ 1 \\ 0 \\ \vdots \\ 0 \end{pmatrix}, \boldsymbol{\xi}_2 = \begin{pmatrix} -b_{12} \\ \vdots \\ -b_{r2} \\ 0 \\ 1 \\ \vdots \\ 0 \end{pmatrix}, \cdots, \boldsymbol{\xi}_{n-r} = \begin{pmatrix} -b_{1,n-r} \\ \vdots \\ -b_{r,n-r} \\ 0 \\ 0 \\ \vdots \\ 1 \end{pmatrix}.$$

依据以上的讨论，还可推得

定理 7　设 $m\times n$ 矩阵 $\boldsymbol{A}$ 的秩 $R(\boldsymbol{A})=r$，则 n 元齐次线性方程组 $\boldsymbol{Ax}=\boldsymbol{0}$ 的解集 S 的秩 $R_S=n-r$.

当 $R(\boldsymbol{A})=n$ 时，方程(1)只有零解，没有基础解系(此时解集 S 只含一个零向量)；当 $R(\boldsymbol{A})=r<n$ 时，由定理 7 可知方程组(1)的基础解系含 $n-r$ 个向量. 因此，由最大无关组的性质可知，方程组(1)的任何 $n-r$ 个线性无关的解都可构成它的基础解系. 并由此可知齐次线性方程组的基础解系并不是惟一的，它的通解的形式也不是惟一的.

例 12　求齐次线性方程组

$$\begin{cases} x_1+x_2-x_3-x_4=0,\\ 2x_1-5x_2+3x_3+2x_4=0,\\ 7x_1-7x_2+3x_3+x_4=0 \end{cases}$$

的基础解系与通解.

解　对系数矩阵 $\boldsymbol{A}$ 作初等行变换变为行最简形矩阵，有

$$\boldsymbol{A}=\begin{pmatrix}1&1&-1&-1\\2&-5&3&2\\7&-7&3&1\end{pmatrix}\overset{r_2-2r_1}{\underset{r_3-7r_1}{\sim}}\begin{pmatrix}1&1&-1&-1\\0&-7&5&4\\0&-14&10&8\end{pmatrix}$$

$$\overset{r_3-2r_2}{\sim}\begin{pmatrix}1&1&-1&-1\\0&-7&5&4\\0&0&0&0\end{pmatrix}\overset{r_2\div(-7)}{\underset{r_1-r_2}{\sim}}\begin{pmatrix}1&0&-\frac{2}{7}&-\frac{3}{7}\\0&1&-\frac{5}{7}&-\frac{4}{7}\\0&0&0&0\end{pmatrix},$$

便得

$$\begin{cases} x_1=\frac{2}{7}x_3+\frac{3}{7}x_4,\\ x_2=\frac{5}{7}x_3+\frac{4}{7}x_4, \end{cases}\tag{$*$}$$

令 $\begin{pmatrix}x_3\\x_4\end{pmatrix}=\begin{pmatrix}1\\0\end{pmatrix}$ 及 $\begin{pmatrix}0\\1\end{pmatrix}$，则对应有 $\begin{pmatrix}x_1\\x_2\end{pmatrix}=\begin{pmatrix}\frac{2}{7}\\\frac{5}{7}\end{pmatrix}$ 及 $\begin{pmatrix}\frac{3}{7}\\\frac{4}{7}\end{pmatrix}$，即得基础解系

$$\boldsymbol{\xi}_1=\begin{pmatrix}\frac{2}{7}\\ \frac{5}{7}\\ 1\\ 0\end{pmatrix},\quad \boldsymbol{\xi}_2=\begin{pmatrix}\frac{3}{7}\\ \frac{4}{7}\\ 0\\ 1\end{pmatrix},$$

并由此写出通解

$$\begin{pmatrix}x_1\\ x_2\\ x_3\\ x_4\end{pmatrix}=c_1\begin{pmatrix}\frac{2}{7}\\ \frac{5}{7}\\ 1\\ 0\end{pmatrix}+c_2\begin{pmatrix}\frac{3}{7}\\ \frac{4}{7}\\ 0\\ 1\end{pmatrix}\quad (c_1,c_2\in\mathbb{R}).$$

上一章中线性方程组的解法是从（ ∗ ）式写出通解（从通解的表达式即可得基础解系），现在从（ ∗ ）式先取基础解系，再写出通解，两种解法其实没有多少差别.

根据（ ∗ ）式，如果取$\begin{pmatrix}x_3\\ x_4\end{pmatrix}=\begin{pmatrix}1\\ 1\end{pmatrix}$及$\begin{pmatrix}1\\ -1\end{pmatrix}$，对应得

$$\begin{pmatrix}x_1\\ x_2\end{pmatrix}=\begin{pmatrix}\frac{5}{7}\\ \frac{9}{7}\end{pmatrix}\text{ 及 }\begin{pmatrix}-\frac{1}{7}\\ \frac{1}{7}\end{pmatrix},$$

即得不同的基础解系

$$\boldsymbol{\eta}_1=\begin{pmatrix}\frac{5}{7}\\ \frac{9}{7}\\ 1\\ 1\end{pmatrix},\quad \boldsymbol{\eta}_2=\begin{pmatrix}-\frac{1}{7}\\ \frac{1}{7}\\ 1\\ -1\end{pmatrix},$$

从而得通解

$$\begin{pmatrix}x_1\\x_2\\x_3\\x_4\end{pmatrix}=k_1\begin{pmatrix}\frac{5}{7}\\\frac{9}{7}\\1\\1\end{pmatrix}+k_2\begin{pmatrix}-\frac{1}{7}\\\frac{1}{7}\\1\\-1\end{pmatrix}\quad(k_1,k_2\in\mathbb{R}).$$

显然 $\boldsymbol{\xi}_1,\boldsymbol{\xi}_2$ 与 $\boldsymbol{\eta}_1,\boldsymbol{\eta}_2$ 是等价的,两个通解虽然形式不一样,但都含两个任意常数,且都可表示方程组的任一解.

上述解法中,由于行最简形矩阵的结构,x_1 总是选为非自由未知数. 对于解方程来说,x_1 当然也可选为自由未知数. 如果要选 x_1 为自由未知数,那么就不能采用上述化系数矩阵为行最简形矩阵的"标准程序",而要稍作变化,对系数矩阵 $\boldsymbol{A}$ 作初等行变换时,先把其中某一列(不一定是第一列)化为 $(1,0,0)^{\mathrm{T}}$. 如本例中第四列数值较简,容易化出两个 0:

$$\boldsymbol{A}=\begin{pmatrix}1&1&-1&-1\\2&-5&3&2\\7&-7&3&1\end{pmatrix}\xrightarrow[\substack{r_3+r_1\\r_1\div(-1)}]{r_2+2r_1}\begin{pmatrix}-1&-1&1&1\\4&-3&1&0\\8&-6&2&0\end{pmatrix}\xrightarrow[r_1-r_2]{r_3-2r_2}\begin{pmatrix}-5&2&0&1\\4&-3&1&0\\0&0&0&0\end{pmatrix},$$

上式最后一个矩阵虽不是行最简形矩阵,但也具备行最简形矩阵的功能. 按照这个矩阵,取 x_1,x_2 为自由未知数,便可写出通解

$$\begin{cases}x_3=-4x_1+3x_2,\\x_4=5x_1-2x_2\end{cases}\quad(x_1,x_2\text{ 可任意取值}),$$

即

$$\begin{pmatrix}x_1\\x_2\\x_3\\x_4\end{pmatrix}=c_1\begin{pmatrix}1\\0\\-4\\5\end{pmatrix}+c_2\begin{pmatrix}0\\1\\3\\-2\end{pmatrix}\quad(c_1,c_2\in\mathbb{R}),$$

而对应的基础解系为

$$\begin{pmatrix}1\\0\\-4\\5\end{pmatrix},\begin{pmatrix}0\\1\\3\\-2\end{pmatrix}.$$

定理 7 不仅是线性方程组各种解法的理论基础,在讨论向量组的线性相关性时也很有用.

例 13　设 $\boldsymbol{A}_{m\times n}\boldsymbol{B}_{n\times l}=\boldsymbol{O}$,证明 $R(\boldsymbol{A})+R(\boldsymbol{B})\leqslant n$.

证　记 $\boldsymbol{B}=(\boldsymbol{b}_1,\boldsymbol{b}_2,\cdots,\boldsymbol{b}_l)$，则

$$\boldsymbol{A}(\boldsymbol{b}_1,\boldsymbol{b}_2,\cdots,\boldsymbol{b}_l)=(\boldsymbol{0},\boldsymbol{0},\cdots,\boldsymbol{0}),$$

即

$$\boldsymbol{A}\boldsymbol{b}_i=\boldsymbol{0}\ (i=1,2,\cdots,l),$$

表明矩阵 $\boldsymbol{B}$ 的 l 个列向量都是齐次方程 $\boldsymbol{A}\boldsymbol{x}=\boldsymbol{0}$ 的解. 记方程 $\boldsymbol{A}\boldsymbol{x}=\boldsymbol{0}$ 的解集为 S，由 $\boldsymbol{b}_i\in S$，知有 $R(\boldsymbol{b}_1,\boldsymbol{b}_2,\cdots,\boldsymbol{b}_l)\leqslant R_S$，即 $R(\boldsymbol{B})\leqslant R_S$. 而由定理7有 $R(\boldsymbol{A})+R_S=n$，故 $R(\boldsymbol{A})+R(\boldsymbol{B})\leqslant n$.

例 14　设 n 元齐次线性方程组 $\boldsymbol{A}\boldsymbol{x}=\boldsymbol{0}$ 与 $\boldsymbol{B}\boldsymbol{x}=\boldsymbol{0}$ 同解，证明 $R(\boldsymbol{A})=R(\boldsymbol{B})$.

证　由于方程组 $\boldsymbol{A}\boldsymbol{x}=\boldsymbol{0}$ 与 $\boldsymbol{B}\boldsymbol{x}=\boldsymbol{0}$ 有相同的解集，设为 S，则由定理7即有 $R(\boldsymbol{A})=n-R_S$，$R(\boldsymbol{B})=n-R_S$. 因此 $R(\boldsymbol{A})=R(\boldsymbol{B})$.

本例的结论表明，当矩阵 $\boldsymbol{A}$ 与 $\boldsymbol{B}$ 的列数相等时，要证 $R(\boldsymbol{A})=R(\boldsymbol{B})$，只需证明齐次方程 $\boldsymbol{A}\boldsymbol{x}=\boldsymbol{0}$ 与 $\boldsymbol{B}\boldsymbol{x}=\boldsymbol{0}$ 同解.

例 15　证明 $R(\boldsymbol{A}^{\mathrm{T}}\boldsymbol{A})=R(\boldsymbol{A})$.

证　根据例14的结论，往证齐次方程 $\boldsymbol{A}\boldsymbol{x}=\boldsymbol{0}$ 与 $(\boldsymbol{A}^{\mathrm{T}}\boldsymbol{A})\boldsymbol{x}=\boldsymbol{0}$ 同解：

若 $\boldsymbol{x}$ 满足 $\boldsymbol{A}\boldsymbol{x}=\boldsymbol{0}$，则有 $\boldsymbol{A}^{\mathrm{T}}(\boldsymbol{A}\boldsymbol{x})=\boldsymbol{0}$，即 $(\boldsymbol{A}^{\mathrm{T}}\boldsymbol{A})\boldsymbol{x}=\boldsymbol{0}$；

若 $\boldsymbol{x}$ 满足 $(\boldsymbol{A}^{\mathrm{T}}\boldsymbol{A})\boldsymbol{x}=\boldsymbol{0}$，则 $\boldsymbol{x}^{\mathrm{T}}(\boldsymbol{A}^{\mathrm{T}}\boldsymbol{A})\boldsymbol{x}=0$，即 $(\boldsymbol{A}\boldsymbol{x})^{\mathrm{T}}(\boldsymbol{A}\boldsymbol{x})=0$，从而 $\boldsymbol{A}\boldsymbol{x}=\boldsymbol{0}$（参看第2章例19）.

综上可知方程组 $\boldsymbol{A}\boldsymbol{x}=\boldsymbol{0}$ 与 $(\boldsymbol{A}^{\mathrm{T}}\boldsymbol{A})\boldsymbol{x}=\boldsymbol{0}$ 同解，因此 $R(\boldsymbol{A}^{\mathrm{T}}\boldsymbol{A})=R(\boldsymbol{A})$.

下面讨论非齐次线性方程组.

设有非齐次线性方程组

$$\begin{cases}a_{11}x_1+a_{12}x_2+\cdots+a_{1n}x_n=b_1,\\a_{21}x_1+a_{22}x_2+\cdots+a_{2n}x_n=b_2,\\\cdots\cdots\cdots\cdots\\a_{m1}x_1+a_{m2}x_2+\cdots+a_{mn}x_n=b_m,\end{cases}\tag{4}$$

它也可写作向量方程

$$\boldsymbol{A}\boldsymbol{x}=\boldsymbol{b},\tag{5}$$

向量方程(5)的解也就是方程组(4)的解向量，它具有

性质 3　设 $\boldsymbol{x}=\boldsymbol{\eta}_1$ 及 $\boldsymbol{x}=\boldsymbol{\eta}_2$ 都是向量方程(5)的解，则 $\boldsymbol{x}=\boldsymbol{\eta}_1-\boldsymbol{\eta}_2$ 为对应的齐次线性方程组

$$\boldsymbol{A}\boldsymbol{x}=\boldsymbol{0}\tag{6}$$

的解.

证
$$\boldsymbol{A}(\boldsymbol{\eta}_1-\boldsymbol{\eta}_2)=\boldsymbol{A}\boldsymbol{\eta}_1-\boldsymbol{A}\boldsymbol{\eta}_2=\boldsymbol{b}-\boldsymbol{b}=\boldsymbol{0},$$

即 $\boldsymbol{x}=\boldsymbol{\eta}_1-\boldsymbol{\eta}_2$ 满足方程(6).　　证毕

性质 4　设 $\boldsymbol{x}=\boldsymbol{\eta}$ 是方程(5)的解，$\boldsymbol{x}=\boldsymbol{\xi}$ 是方程(6)的解，则 $\boldsymbol{x}=\boldsymbol{\xi}+\boldsymbol{\eta}$ 仍是方程

(5)的解.

证
$$A(\boldsymbol{\xi}+\boldsymbol{\eta})=A\boldsymbol{\xi}+A\boldsymbol{\eta}=\mathbf{0}+\boldsymbol{b}=\boldsymbol{b},$$
即 $\boldsymbol{x}=\boldsymbol{\xi}+\boldsymbol{\eta}$ 满足方程(5). 证毕

于是,如果求得方程 (5)的一个解 $\boldsymbol{\eta}^*$(称为特解),那么方程 (5) 的通解为

$$\boldsymbol{x}=k_1\boldsymbol{\xi}_1+\cdots+k_{n-r}\boldsymbol{\xi}_{n-r}+\boldsymbol{\eta}^*\ (k_1,\cdots,k_{n-r}\text{为任意实数}),$$

其中 $\boldsymbol{\xi}_1,\cdots,\boldsymbol{\xi}_{n-r}$ 是方程(6)的基础解系.

事实上,由性质 4 知上式右端向量总是方程 (5) 的解;反过来,设 $\boldsymbol{x}^0$ 为方程 (5) 的任一解,由性质 3 知 $\boldsymbol{x}^0-\boldsymbol{\eta}^*$ 是方程 (6) 的解,从而可由其基础解系线性表示为

$$\boldsymbol{x}^0-\boldsymbol{\eta}^*=k_1^0\boldsymbol{\xi}_1+k_2^0\boldsymbol{\xi}_2+\cdots+k_{n-r}^0\boldsymbol{\xi}_{n-r},$$

即

$$\boldsymbol{x}^0=\boldsymbol{\eta}^*+k_1^0\boldsymbol{\xi}_1+k_2^0\boldsymbol{\xi}_2+\cdots+k_{n-r}^0\boldsymbol{\xi}_{n-r}.$$

至此我们已得到了非齐次线性方程的解的结构:

非齐次方程的通解=对应的齐次方程的通解+非齐次方程的一个特解.

例 16 求解方程组

$$\begin{cases}x_1-x_2-x_3+x_4=0,\\ x_1-x_2+x_3-3x_4=1,\\ x_1-x_2-2x_3+3x_4=-\dfrac{1}{2}.\end{cases}$$

解 对增广矩阵 $\boldsymbol{B}$ 施行初等行变换:

$$\boldsymbol{B}=\begin{pmatrix}1&-1&-1&1&0\\1&-1&1&-3&1\\1&-1&-2&3&-\dfrac{1}{2}\end{pmatrix}\overset{r_2-r_1}{\underset{r_3-r_1}{\sim}}\begin{pmatrix}1&-1&-1&1&0\\0&0&2&-4&1\\0&0&-1&2&-\dfrac{1}{2}\end{pmatrix}$$

$$\overset{r_1-r_3}{\underset{\substack{r_2\div 2\\ r_3+r_2}}{\sim}}\begin{pmatrix}1&-1&0&-1&\dfrac{1}{2}\\0&0&1&-2&\dfrac{1}{2}\\0&0&0&0&0\end{pmatrix},$$

可见 $R(\boldsymbol{A})=R(\boldsymbol{B})=2$,故方程组有解,并有

$$\begin{cases}x_1=x_2+x_4+\dfrac{1}{2},\\ x_3=2x_4+\dfrac{1}{2}.\end{cases}$$

取 $x_2=x_4=0$,则 $x_1=x_3=\dfrac{1}{2}$,即得方程组的一个解

$$\boldsymbol{\eta}^*=\begin{pmatrix}\frac{1}{2}\\0\\\frac{1}{2}\\0\end{pmatrix},$$

在对应的齐次线性方程组$\begin{cases}x_1=x_2+x_4,\\x_3=2x_4\end{cases}$中,取

$$\begin{pmatrix}x_2\\x_4\end{pmatrix}=\begin{pmatrix}1\\0\end{pmatrix}\text{及}\begin{pmatrix}0\\1\end{pmatrix},\text{则}\begin{pmatrix}x_1\\x_3\end{pmatrix}=\begin{pmatrix}1\\0\end{pmatrix}\text{及}\begin{pmatrix}1\\2\end{pmatrix},$$

即得对应的齐次线性方程组的基础解系

$$\boldsymbol{\xi}_1=\begin{pmatrix}1\\1\\0\\0\end{pmatrix},\ \boldsymbol{\xi}_2=\begin{pmatrix}1\\0\\2\\1\end{pmatrix},$$

于是所求通解为

$$\begin{pmatrix}x_1\\x_2\\x_3\\x_4\end{pmatrix}=c_1\begin{pmatrix}1\\1\\0\\0\end{pmatrix}+c_2\begin{pmatrix}1\\0\\2\\1\end{pmatrix}+\begin{pmatrix}\frac{1}{2}\\0\\\frac{1}{2}\\0\end{pmatrix}\quad(c_1,c_2\in\mathbb{R}).$$

§5　向量空间

本章 §1 中把 n 维向量的全体所构成的集合 $\mathbb{R}^n$ 叫做 n 维向量空间. 下面介绍向量空间的有关知识.

定义 6　设 V 为 n 维向量的集合,如果集合 V 非空,且集合 V 对于向量的加法及数乘两种运算封闭,那么就称集合 V 为向量空间.

所谓封闭,是指在集合 V 中可以进行向量的加法及数乘两种运算. 具体地说,就是:若 $\boldsymbol{a}\in V,\boldsymbol{b}\in V$,则 $\boldsymbol{a}+\boldsymbol{b}\in V$;若 $\boldsymbol{a}\in V,\lambda\in\mathbb{R}$,则 $\lambda\boldsymbol{a}\in V$.

例 17　3 维向量的全体 $\mathbb{R}^3$ 是一个向量空间. 因为任意两个 3 维向量之和仍然是 3 维向量,数 λ 乘 3 维向量也仍然是 3 维向量,它们都属于 $\mathbb{R}^3$. 我们可以用

有向线段形象地表示 3 维向量,从而向量空间$\mathbb{R}^3$可形象地看作以坐标原点为起点的有向线段的全体. 由于以原点为起点的有向线段与其终点一一对应,因此$\mathbb{R}^3$也可看作取定坐标原点的点空间.

类似地,n 维向量的全体$\mathbb{R}^n$ 也是一个向量空间. 不过当 $n>3$ 时,它没有直观的几何意义.

例 18 集合

$$V=\{\boldsymbol{x}=(0,x_2,\cdots,x_n)^{\mathrm{T}}\mid x_2,\cdots,x_n\in\mathbb{R}\}$$

是一个向量空间. 因为若 $\boldsymbol{a}=(0,a_2,\cdots,a_n)^{\mathrm{T}}\in V,\boldsymbol{b}=(0,b_2,\cdots,b_n)^{\mathrm{T}}\in V,\lambda\in\mathbb{R}$,则

$$\boldsymbol{a}+\boldsymbol{b}=(0,a_2+b_2,\cdots,a_n+b_n)^{\mathrm{T}}\in V,$$
$$\lambda\boldsymbol{a}=(0,\lambda a_2,\cdots,\lambda a_n)^{\mathrm{T}}\in V.$$

例 19 集合

$$V=\{\boldsymbol{x}=(1,x_2,\cdots,x_n)^{\mathrm{T}}\mid x_2,\cdots,x_n\in\mathbb{R}\}$$

不是向量空间,因为若 $\boldsymbol{a}=(1,a_2,\cdots,a_n)^{\mathrm{T}}\in V$,则

$$2\boldsymbol{a}=(2,2a_2,\cdots,2a_n)^{\mathrm{T}}\notin V.$$

例 20 n 元齐次线性方程组的解集

$$S=\{\boldsymbol{x}\mid \boldsymbol{A}\boldsymbol{x}=\boldsymbol{0}\}$$

是一个向量空间(称为齐次线性方程组的解空间). 因为由齐次线性方程组的解的性质 1 和性质 2,即知其解集 S 对向量的线性运算封闭.

例 21 非齐次线性方程组的解集

$$S=\{\boldsymbol{x}\mid \boldsymbol{A}\boldsymbol{x}=\boldsymbol{b}\}$$

不是向量空间. 因为当 S 为空集时,S 不是向量空间;当 S 非空时,若 $\boldsymbol{\eta}\in S$,则 $\boldsymbol{A}(2\boldsymbol{\eta})=2\boldsymbol{b}\neq\boldsymbol{b}$,故 $2\boldsymbol{\eta}\notin S$.

例 22 设 $\boldsymbol{a},\boldsymbol{b}$ 为两个已知的 n 维向量,集合

$$L=\{\boldsymbol{x}=\lambda\boldsymbol{a}+\mu\boldsymbol{b}\mid\lambda,\mu\in\mathbb{R}\}$$

是一个向量空间. 因为若 $\boldsymbol{x}_1=\lambda_1\boldsymbol{a}+\mu_1\boldsymbol{b},\boldsymbol{x}_2=\lambda_2\boldsymbol{a}+\mu_2\boldsymbol{b},k\in\mathbb{R}$,则有

$$\boldsymbol{x}_1+\boldsymbol{x}_2=(\lambda_1+\lambda_2)\boldsymbol{a}+(\mu_1+\mu_2)\boldsymbol{b}\in L,$$
$$k\boldsymbol{x}_1=(k\lambda_1)\boldsymbol{a}+(k\mu_1)\boldsymbol{b}\in L.$$

这个向量空间称为由向量 $\boldsymbol{a},\boldsymbol{b}$ 所生成的向量空间.

一般地,由向量组 $\boldsymbol{a}_1,\boldsymbol{a}_2,\cdots,\boldsymbol{a}_m$ 所生成的向量空间为

$$L=\{\boldsymbol{x}=\lambda_1\boldsymbol{a}_1+\lambda_2\boldsymbol{a}_2+\cdots+\lambda_m\boldsymbol{a}_m\mid\lambda_1,\lambda_2,\cdots,\lambda_m\in\mathbb{R}\}.$$

例 23 设向量组 $\boldsymbol{a}_1,\cdots,\boldsymbol{a}_m$ 与向量组 $\boldsymbol{b}_1,\cdots,\boldsymbol{b}_s$ 等价,记

$$L_1=\{\boldsymbol{x}=\lambda_1\boldsymbol{a}_1+\cdots+\lambda_m\boldsymbol{a}_m\mid\lambda_1,\cdots,\lambda_m\in\mathbb{R}\},$$
$$L_2=\{\boldsymbol{x}=\mu_1\boldsymbol{b}_1+\cdots+\mu_s\boldsymbol{b}_s\mid\mu_1,\cdots,\mu_s\in\mathbb{R}\},$$

试证 $L_1=L_2$.

证　设 $\boldsymbol{x}\in L_1$，则 $\boldsymbol{x}$ 可由 $\boldsymbol{a}_1,\cdots,\boldsymbol{a}_m$ 线性表示. 因 $\boldsymbol{a}_1,\cdots,\boldsymbol{a}_m$ 可由 $\boldsymbol{b}_1,\cdots,\boldsymbol{b}_s$ 线性表示，故 $\boldsymbol{x}$ 可由 $\boldsymbol{b}_1,\cdots,\boldsymbol{b}_s$ 线性表示，所以 $\boldsymbol{x}\in L_2$. 这就是说，若 $\boldsymbol{x}\in L_1$，则 $\boldsymbol{x}\in L_2$，因此 $L_1\subseteq L_2$.

类似地可证：若 $\boldsymbol{x}\in L_2$，则 $\boldsymbol{x}\in L_1$，因此 $L_2\subseteq L_1$.

因为 $L_1\subseteq L_2$，$L_2\subseteq L_1$，所以 $L_1=L_2$.

定义 7　设有向量空间 V_1 及 V_2，若 $V_1\subseteq V_2$，就称 V_1 是 V_2 的子空间.

例如任何由 n 维向量所组成的向量空间 V，总有 $V\subseteq\mathbb{R}^n$，这样的向量空间总是 $\mathbb{R}^n$ 的子空间. 据此可知，例 18、例 20、例 22 中的向量空间均是 $\mathbb{R}^n$ 的子空间.

定义 8　设 V 为向量空间，如果 r 个向量 $\boldsymbol{a}_1,\boldsymbol{a}_2,\cdots,\boldsymbol{a}_r\in V$，且满足

(i) $\boldsymbol{a}_1,\boldsymbol{a}_2,\cdots,\boldsymbol{a}_r$ 线性无关；

(ii) V 中任一向量都可由 $\boldsymbol{a}_1,\boldsymbol{a}_2,\cdots,\boldsymbol{a}_r$ 线性表示，

那么，向量组 $\boldsymbol{a}_1,\boldsymbol{a}_2,\cdots,\boldsymbol{a}_r$ 就称为向量空间 V 的一个基，r 称为向量空间 V 的维数，并称 V 为 r 维向量空间.

如果向量空间 V 没有基，那么 V 的维数为 0. 0 维向量空间只含一个零向量 $\mathbf{0}$.

若把向量空间 V 看作向量组，则由最大无关组的等价定义可知，V 的基就是向量组的最大无关组，V 的维数就是向量组的秩.

例如，由例 8 知，任何 n 个线性无关的 n 维向量都可以是向量空间 $\mathbb{R}^n$ 的一个基，且由此可知 $\mathbb{R}^n$ 的维数为 n，所以我们把 $\mathbb{R}^n$ 称为 n 维向量空间.

又如，向量空间

$$V=\{\boldsymbol{x}=(0,x_2,\cdots,x_n)^{\mathrm{T}}\mid x_2,\cdots,x_n\in\mathbb{R}\}$$

的一个基可取为 $\boldsymbol{e}_2=(0,1,0,\cdots,0)^{\mathrm{T}},\cdots,\boldsymbol{e}_n=(0,\cdots,0,1)^{\mathrm{T}}$. 并由此可知它是 $n-1$ 维向量空间.

设由向量组 $\boldsymbol{a}_1,\boldsymbol{a}_2,\cdots,\boldsymbol{a}_m$ 所生成的向量空间

$$L=\{\boldsymbol{x}=\lambda_1\boldsymbol{a}_1+\lambda_2\boldsymbol{a}_2+\cdots+\lambda_m\boldsymbol{a}_m\mid\lambda_1,\lambda_2,\cdots,\lambda_m\in\mathbb{R}\},$$

显然向量空间 L 与向量组 $\boldsymbol{a}_1,\boldsymbol{a}_2,\cdots,\boldsymbol{a}_m$ 等价，所以向量组 $\boldsymbol{a}_1,\boldsymbol{a}_2,\cdots,\boldsymbol{a}_m$ 的最大无关组就是 L 的一个基，向量组 $\boldsymbol{a}_1,\boldsymbol{a}_2,\cdots,\boldsymbol{a}_m$ 的秩就是 L 的维数.

若向量组 $\boldsymbol{a}_1,\boldsymbol{a}_2,\cdots,\boldsymbol{a}_r$ 是向量空间 V 的一个基，则 V 可表示为

$$V=\{\boldsymbol{x}=\lambda_1\boldsymbol{a}_1+\cdots+\lambda_r\boldsymbol{a}_r\mid\lambda_1,\cdots,\lambda_r\in\mathbb{R}\},$$

即 V 是基所生成的向量空间，这就较清楚地显示出向量空间 V 的构造.

例如齐次线性方程组的解空间 $S=\{\boldsymbol{x}\mid \boldsymbol{A}\boldsymbol{x}=\boldsymbol{0}\}$，若能找到解空间的一个基 $\boldsymbol{\xi}_1,\boldsymbol{\xi}_2,\cdots,\boldsymbol{\xi}_{n-r}$，则解空间可表示为

$$S=\{\boldsymbol{x}=c_1\boldsymbol{\xi}_1+c_2\boldsymbol{\xi}_2+\cdots+c_{n-r}\boldsymbol{\xi}_{n-r}\mid c_1,c_2,\cdots,c_{n-r}\in\mathbb{R}\}.$$

定义 9 如果在向量空间 V 中取定一个基 $\boldsymbol{a}_1,\boldsymbol{a}_2,\cdots,\boldsymbol{a}_r$，那么 V 中任一向量 $\boldsymbol{x}$ 可惟一地表示为

$$\boldsymbol{x}=\lambda_1\boldsymbol{a}_1+\lambda_2\boldsymbol{a}_2+\cdots+\lambda_r\boldsymbol{a}_r,$$

数组 $\lambda_1,\lambda_2,\cdots,\lambda_r$ 称为向量 $\boldsymbol{x}$ 在基 $\boldsymbol{a}_1,\boldsymbol{a}_2,\cdots,\boldsymbol{a}_r$ 中的坐标.

特别地，在 n 维向量空间 $\mathbb{R}^n$ 中取单位坐标向量组 $\boldsymbol{e}_1,\boldsymbol{e}_2,\cdots,\boldsymbol{e}_n$ 为基，则以 $x_1,x_2,\cdots,x_n$ 为分量的向量 $\boldsymbol{x}$ 可表示为

$$\boldsymbol{x}=x_1\boldsymbol{e}_1+x_2\boldsymbol{e}_2+\cdots+x_n\boldsymbol{e}_n,$$

可见向量在基 $\boldsymbol{e}_1,\boldsymbol{e}_2,\cdots,\boldsymbol{e}_n$ 中的坐标就是该向量的分量. 因此，$\boldsymbol{e}_1,\boldsymbol{e}_2,\cdots,\boldsymbol{e}_n$ 叫做 $\mathbb{R}^n$ 中的自然基.

例 24 设

$$\boldsymbol{A}=(\boldsymbol{a}_1,\boldsymbol{a}_2,\boldsymbol{a}_3)=\begin{pmatrix}2&2&-1\\2&-1&2\\-1&2&2\end{pmatrix},\ \boldsymbol{B}=(\boldsymbol{b}_1,\boldsymbol{b}_2)=\begin{pmatrix}1&4\\0&3\\-4&2\end{pmatrix}.$$

验证 $\boldsymbol{a}_1,\boldsymbol{a}_2,\boldsymbol{a}_3$ 是 $\mathbb{R}^3$ 的一个基，并求 $\boldsymbol{b}_1,\boldsymbol{b}_2$ 在这个基中的坐标.

解 要证 $\boldsymbol{a}_1,\boldsymbol{a}_2,\boldsymbol{a}_3$ 是 $\mathbb{R}^3$ 的一个基，只要证 $\boldsymbol{a}_1,\boldsymbol{a}_2,\boldsymbol{a}_3$ 线性无关，即只要证 $\boldsymbol{A}\sim\boldsymbol{E}$.

设 $\boldsymbol{b}_1=x_{11}\boldsymbol{a}_1+x_{21}\boldsymbol{a}_2+x_{31}\boldsymbol{a}_3,\boldsymbol{b}_2=x_{12}\boldsymbol{a}_1+x_{22}\boldsymbol{a}_2+x_{32}\boldsymbol{a}_3$，即

$$(\boldsymbol{b}_1,\boldsymbol{b}_2)=(\boldsymbol{a}_1,\boldsymbol{a}_2,\boldsymbol{a}_3)\begin{pmatrix}x_{11}&x_{12}\\x_{21}&x_{22}\\x_{31}&x_{32}\end{pmatrix},$$

记作 $\boldsymbol{B}=\boldsymbol{A}\boldsymbol{X}$.

对矩阵 $(\boldsymbol{A},\boldsymbol{B})$ 施行初等行变换，若 $\boldsymbol{A}$ 能变为 $\boldsymbol{E}$，则 $\boldsymbol{a}_1,\boldsymbol{a}_2,\boldsymbol{a}_3$ 为 $\mathbb{R}^3$ 的一个基，且当 $\boldsymbol{A}$ 变为 $\boldsymbol{E}$ 时，$\boldsymbol{B}$ 变为 $\boldsymbol{X}=\boldsymbol{A}^{-1}\boldsymbol{B}$.

$$(\boldsymbol{A},\boldsymbol{B})=\begin{pmatrix}2&2&-1&1&4\\2&-1&2&0&3\\-1&2&2&-4&2\end{pmatrix}\xrightarrow[\substack{r_2-2r_1\\r_3+r_1}]{\frac{1}{3}(r_1+r_2+r_3)}\begin{pmatrix}1&1&1&-1&3\\0&-3&0&2&-3\\0&3&3&-5&5\end{pmatrix}$$

$$\xrightarrow[r_3\div 3]{r_2\div(-3)}\begin{pmatrix}1&1&1&-1&3\\0&1&0&-\frac{2}{3}&1\\0&1&1&-\frac{5}{3}&\frac{5}{3}\end{pmatrix}\xrightarrow[r_3-r_2]{r_1-r_3}\begin{pmatrix}1&0&0&\frac{2}{3}&\frac{4}{3}\\0&1&0&-\frac{2}{3}&1\\0&0&1&-1&\frac{2}{3}\end{pmatrix}.$$

因有 $\boldsymbol{A}\sim\boldsymbol{E}$，故 $\boldsymbol{a}_1,\boldsymbol{a}_2,\boldsymbol{a}_3$ 为$\mathbb{R}^3$的一个基，且

$$(\boldsymbol{b}_1,\boldsymbol{b}_2)=(\boldsymbol{a}_1,\boldsymbol{a}_2,\boldsymbol{a}_3)\begin{pmatrix}\frac{2}{3} & \frac{4}{3}\\ -\frac{2}{3} & 1\\ -1 & \frac{2}{3}\end{pmatrix},$$

即 $\boldsymbol{b}_1,\boldsymbol{b}_2$ 在基 $\boldsymbol{a}_1,\boldsymbol{a}_2,\boldsymbol{a}_3$ 中的坐标依次为

$$\frac{2}{3},-\frac{2}{3},-1\quad\text{和}\quad\frac{4}{3},1,\frac{2}{3}.$$

例 25　在$\mathbb{R}^3$中取定一个基 $\boldsymbol{a}_1,\boldsymbol{a}_2,\boldsymbol{a}_3$，再取一个新基 $\boldsymbol{b}_1,\boldsymbol{b}_2,\boldsymbol{b}_3$，设 $\boldsymbol{A}=(\boldsymbol{a}_1,\boldsymbol{a}_2,\boldsymbol{a}_3)$，$\boldsymbol{B}=(\boldsymbol{b}_1,\boldsymbol{b}_2,\boldsymbol{b}_3)$. 求用 $\boldsymbol{a}_1,\boldsymbol{a}_2,\boldsymbol{a}_3$ 表示 $\boldsymbol{b}_1,\boldsymbol{b}_2,\boldsymbol{b}_3$ 的表示式(基变换公式)，并求向量在两个基中的坐标之间的关系式(坐标变换公式).

解　因

$$(\boldsymbol{a}_1,\boldsymbol{a}_2,\boldsymbol{a}_3)=(\boldsymbol{e}_1,\boldsymbol{e}_2,\boldsymbol{e}_3)\boldsymbol{A},\quad(\boldsymbol{e}_1,\boldsymbol{e}_2,\boldsymbol{e}_3)=(\boldsymbol{a}_1,\boldsymbol{a}_2,\boldsymbol{a}_3)\boldsymbol{A}^{-1}.$$

故

$$(\boldsymbol{b}_1,\boldsymbol{b}_2,\boldsymbol{b}_3)=(\boldsymbol{e}_1,\boldsymbol{e}_2,\boldsymbol{e}_3)\boldsymbol{B}=(\boldsymbol{a}_1,\boldsymbol{a}_2,\boldsymbol{a}_3)\boldsymbol{A}^{-1}\boldsymbol{B},$$

即基变换公式为

$$(\boldsymbol{b}_1,\boldsymbol{b}_2,\boldsymbol{b}_3)=(\boldsymbol{a}_1,\boldsymbol{a}_2,\boldsymbol{a}_3)\boldsymbol{P},$$

其中表示式的系数矩阵 $\boldsymbol{P}=\boldsymbol{A}^{-1}\boldsymbol{B}$ 称为从旧基到新基的过渡矩阵.

设向量 $\boldsymbol{x}$ 在旧基和新基中的坐标分别为 y_1,y_2,y_3 和 z_1,z_2,z_3，即

$$\boldsymbol{x}=(\boldsymbol{a}_1,\boldsymbol{a}_2,\boldsymbol{a}_3)\begin{pmatrix}y_1\\y_2\\y_3\end{pmatrix},\quad\boldsymbol{x}=(\boldsymbol{b}_1,\boldsymbol{b}_2,\boldsymbol{b}_3)\begin{pmatrix}z_1\\z_2\\z_3\end{pmatrix},$$

故 $\boldsymbol{A}\begin{pmatrix}y_1\\y_2\\y_3\end{pmatrix}=\boldsymbol{B}\begin{pmatrix}z_1\\z_2\\z_3\end{pmatrix}$，得 $\begin{pmatrix}z_1\\z_2\\z_3\end{pmatrix}=\boldsymbol{B}^{-1}\boldsymbol{A}\begin{pmatrix}y_1\\y_2\\y_3\end{pmatrix}$，即

$$\begin{pmatrix}z_1\\z_2\\z_3\end{pmatrix}=\boldsymbol{P}^{-1}\begin{pmatrix}y_1\\y_2\\y_3\end{pmatrix},$$

这就是从旧坐标到新坐标的坐标变换公式.

例 26　设$\mathbb{R}^3$的两个基 Ⅰ 和 Ⅱ 为

$$\text{Ⅰ}: \boldsymbol{a}_1=\begin{pmatrix}1\\0\\0\end{pmatrix}, \boldsymbol{a}_2=\begin{pmatrix}1\\1\\0\end{pmatrix}, \boldsymbol{a}_3=\begin{pmatrix}1\\1\\1\end{pmatrix}; \quad \text{Ⅱ}: \boldsymbol{b}_1=\begin{pmatrix}1\\2\\1\end{pmatrix}, \boldsymbol{b}_2=\begin{pmatrix}2\\3\\3\end{pmatrix}, \boldsymbol{b}_3=\begin{pmatrix}3\\7\\1\end{pmatrix},$$

（1）求由基Ⅰ到基Ⅱ的过渡矩阵；

（2）设向量 $\boldsymbol{c}$ 在基Ⅰ中的坐标为 $-2,1,2$，求 $\boldsymbol{c}$ 在基Ⅱ中的坐标.

解　（1）由基Ⅰ到基Ⅱ的过渡矩阵 $\boldsymbol{P}=\boldsymbol{A}^{-1}\boldsymbol{B}$，其中 $\boldsymbol{A}=(\boldsymbol{a}_1,\boldsymbol{a}_2,\boldsymbol{a}_3)$，$\boldsymbol{B}=(\boldsymbol{b}_1,\boldsymbol{b}_2,\boldsymbol{b}_3)$. 用矩阵的初等行变换把矩阵 $(\boldsymbol{A},\boldsymbol{B})$ 中的 $\boldsymbol{A}$ 变成 $\boldsymbol{E}$，则 $\boldsymbol{B}$ 相应地变成 $\boldsymbol{A}^{-1}\boldsymbol{B}$.

$$(\boldsymbol{A},\boldsymbol{B})=(\boldsymbol{a}_1,\boldsymbol{a}_2,\boldsymbol{a}_3,\boldsymbol{b}_1,\boldsymbol{b}_2,\boldsymbol{b}_3)=\begin{pmatrix}1&1&1&1&2&3\\0&1&1&2&3&7\\0&0&1&1&3&1\end{pmatrix}$$

$$\overset{r}{\sim}\begin{pmatrix}1&0&0&-1&-1&-4\\0&1&0&1&0&6\\0&0&1&1&3&1\end{pmatrix}.$$

于是，过渡矩阵 $\boldsymbol{P}=\begin{pmatrix}-1&-1&-4\\1&0&6\\1&3&1\end{pmatrix}$.

（2）易求得 $\boldsymbol{P}^{-1}=\begin{pmatrix}-18&-11&-6\\5&3&2\\3&2&1\end{pmatrix}$，故向量 $\boldsymbol{c}$ 在基Ⅱ中的坐标（向量）为

$$\boldsymbol{P}^{-1}\begin{pmatrix}-2\\1\\2\end{pmatrix}=\begin{pmatrix}-18&-11&-6\\5&3&2\\3&2&1\end{pmatrix}\begin{pmatrix}-2\\1\\2\end{pmatrix}=\begin{pmatrix}13\\-3\\-2\end{pmatrix},$$

即向量 $\boldsymbol{c}$ 在基Ⅱ中的坐标为 $13,-3,-2$.

习　题　四

1. 已知向量组

$$A: \boldsymbol{a}_1=\begin{pmatrix}0\\1\\2\\3\end{pmatrix}, \boldsymbol{a}_2=\begin{pmatrix}3\\0\\1\\2\end{pmatrix}, \boldsymbol{a}_3=\begin{pmatrix}2\\3\\0\\1\end{pmatrix}; \quad B: \boldsymbol{b}_1=\begin{pmatrix}2\\1\\1\\2\end{pmatrix}, \boldsymbol{b}_2=\begin{pmatrix}0\\-2\\1\\1\end{pmatrix}, \boldsymbol{b}_3=\begin{pmatrix}4\\4\\1\\3\end{pmatrix},$$

证明向量组 B 能由向量组 A 线性表示，但向量组 A 不能由向量组 B 线性表示.

2. 已知向量组

$$A:\boldsymbol{a}_1=\begin{pmatrix}0\\1\\1\end{pmatrix},\boldsymbol{a}_2=\begin{pmatrix}1\\1\\0\end{pmatrix};\quad B:\boldsymbol{b}_1=\begin{pmatrix}-1\\0\\1\end{pmatrix},\boldsymbol{b}_2=\begin{pmatrix}1\\2\\1\end{pmatrix},\boldsymbol{b}_3=\begin{pmatrix}3\\2\\-1\end{pmatrix},$$

证明向量组 A 与向量组 B 等价.

3. 判定下列向量组是线性相关还是线性无关：

(1) $\begin{pmatrix}-1\\3\\1\end{pmatrix},\begin{pmatrix}2\\1\\0\end{pmatrix},\begin{pmatrix}1\\4\\1\end{pmatrix}$；　　(2) $\begin{pmatrix}2\\3\\0\end{pmatrix},\begin{pmatrix}-1\\4\\0\end{pmatrix},\begin{pmatrix}0\\0\\2\end{pmatrix}$.

4. 问 a 取什么值时下列向量组线性相关？

$$\boldsymbol{a}_1=\begin{pmatrix}a\\1\\1\end{pmatrix},\ \boldsymbol{a}_2=\begin{pmatrix}1\\a\\-1\end{pmatrix},\ \boldsymbol{a}_3=\begin{pmatrix}1\\-1\\a\end{pmatrix}.$$

5. 设矩阵 $\boldsymbol{A}=\boldsymbol{a}\boldsymbol{a}^{\mathrm{T}}+\boldsymbol{b}\boldsymbol{b}^{\mathrm{T}}$，这里 $\boldsymbol{a},\boldsymbol{b}$ 为 n 维列向量. 证明：

(1) $R(\boldsymbol{A})\leqslant 2$；

(2) 当 $\boldsymbol{a},\boldsymbol{b}$ 线性相关时，$R(\boldsymbol{A})\leqslant 1$.

6. 设 $\boldsymbol{a}_1,\boldsymbol{a}_2$ 线性无关，$\boldsymbol{a}_1+\boldsymbol{b},\boldsymbol{a}_2+\boldsymbol{b}$ 线性相关，求向量 $\boldsymbol{b}$ 用 $\boldsymbol{a}_1,\boldsymbol{a}_2$ 线性表示的表示式.

7. 设 $\boldsymbol{a}_1,\boldsymbol{a}_2$ 线性相关，$\boldsymbol{b}_1,\boldsymbol{b}_2$ 也线性相关，问 $\boldsymbol{a}_1+\boldsymbol{b}_1,\boldsymbol{a}_2+\boldsymbol{b}_2$ 是否一定线性相关？试举例说明之.

8. 举例说明下列各命题是错误的：

(1) 若向量组 $\boldsymbol{a}_1,\boldsymbol{a}_2,\cdots,\boldsymbol{a}_m$ 是线性相关的，则 $\boldsymbol{a}_1$ 可由 $\boldsymbol{a}_2,\cdots,\boldsymbol{a}_m$ 线性表示；

(2) 若有不全为 0 的数 $\lambda_1,\lambda_2,\cdots,\lambda_m$，使

$$\lambda_1\boldsymbol{a}_1+\cdots+\lambda_m\boldsymbol{a}_m+\lambda_1\boldsymbol{b}_1+\cdots+\lambda_m\boldsymbol{b}_m=\boldsymbol{0}$$

成立，则 $\boldsymbol{a}_1,\cdots,\boldsymbol{a}_m$ 线性相关，$\boldsymbol{b}_1,\cdots,\boldsymbol{b}_m$ 亦线性相关；

(3) 若只有当 $\lambda_1,\cdots,\lambda_m$ 全为 0 时，等式

$$\lambda_1\boldsymbol{a}_1+\cdots+\lambda_m\boldsymbol{a}_m+\lambda_1\boldsymbol{b}_1+\cdots+\lambda_m\boldsymbol{b}_m=\boldsymbol{0}$$

才能成立，则 $\boldsymbol{a}_1,\cdots,\boldsymbol{a}_m$ 线性无关，$\boldsymbol{b}_1,\cdots,\boldsymbol{b}_m$ 亦线性无关；

(4) 若 $\boldsymbol{a}_1,\cdots,\boldsymbol{a}_m$ 线性相关，$\boldsymbol{b}_1,\cdots,\boldsymbol{b}_m$ 亦线性相关，则有不全为 0 的数 $\lambda_1,\cdots,\lambda_m$，使

$$\lambda_1\boldsymbol{a}_1+\cdots+\lambda_m\boldsymbol{a}_m=\boldsymbol{0},\lambda_1\boldsymbol{b}_1+\cdots+\lambda_m\boldsymbol{b}_m=\boldsymbol{0}$$

同时成立.

9. 设 $\boldsymbol{b}_1=\boldsymbol{a}_1+\boldsymbol{a}_2,\boldsymbol{b}_2=\boldsymbol{a}_2+\boldsymbol{a}_3,\boldsymbol{b}_3=\boldsymbol{a}_3+\boldsymbol{a}_4,\boldsymbol{b}_4=\boldsymbol{a}_4+\boldsymbol{a}_1$，证明向量组 $\boldsymbol{b}_1,\boldsymbol{b}_2,\boldsymbol{b}_3,\boldsymbol{b}_4$ 线性相关.

10. 设 $\boldsymbol{b}_1=\boldsymbol{a}_1,\boldsymbol{b}_2=\boldsymbol{a}_1+\boldsymbol{a}_2,\cdots,\boldsymbol{b}_r=\boldsymbol{a}_1+\boldsymbol{a}_2+\cdots+\boldsymbol{a}_r$，且向量组 $\boldsymbol{a}_1,\boldsymbol{a}_2,\cdots,\boldsymbol{a}_r$ 线性无关，证明向量组 $\boldsymbol{b}_1,\boldsymbol{b}_2,\cdots,\boldsymbol{b}_r$ 线性无关.

11. 设向量组 $\boldsymbol{a}_1,\boldsymbol{a}_2,\boldsymbol{a}_3$ 线性无关，判断向量组 $\boldsymbol{b}_1,\boldsymbol{b}_2,\boldsymbol{b}_3$ 的线性相关性：

(1) $\boldsymbol{b}_1=\boldsymbol{a}_1+\boldsymbol{a}_2,\boldsymbol{b}_2=2\boldsymbol{a}_2+3\boldsymbol{a}_3,\boldsymbol{b}_3=5\boldsymbol{a}_1+3\boldsymbol{a}_2$；

(2) $\boldsymbol{b}_1=\boldsymbol{a}_1+2\boldsymbol{a}_2+3\boldsymbol{a}_3,\boldsymbol{b}_2=2\boldsymbol{a}_1+2\boldsymbol{a}_2+4\boldsymbol{a}_3,\boldsymbol{b}_3=3\boldsymbol{a}_1+\boldsymbol{a}_2+3\boldsymbol{a}_3$；

(3) $\boldsymbol{b}_1=\boldsymbol{a}_1-\boldsymbol{a}_2,\boldsymbol{b}_2=2\boldsymbol{a}_2+\boldsymbol{a}_3,\boldsymbol{b}_3=\boldsymbol{a}_1+\boldsymbol{a}_2+\boldsymbol{a}_3$.

12. 设向量组 $B:\boldsymbol{b}_1,\cdots,\boldsymbol{b}_r$ 能由向量组 $A:\boldsymbol{a}_1,\cdots,\boldsymbol{a}_s$ 线性表示为

$$(\boldsymbol{b}_1,\cdots,\boldsymbol{b}_r)=(\boldsymbol{a}_1,\cdots,\boldsymbol{a}_s)\boldsymbol{K},$$

其中 $\boldsymbol{K}$ 为 $s\times r$ 矩阵，且向量组 A 线性无关. 证明向量组 B 线性无关的充分必要条件是矩阵 $\boldsymbol{K}$ 的秩 $R(\boldsymbol{K})=r$.

13. 求下列向量组的秩，并求一个最大无关组：

(1) $\boldsymbol{a}_1=\begin{pmatrix}1\\2\\-1\\4\end{pmatrix},\boldsymbol{a}_2=\begin{pmatrix}9\\100\\10\\4\end{pmatrix},\boldsymbol{a}_3=\begin{pmatrix}-2\\-4\\2\\-8\end{pmatrix}$;

(2) $\boldsymbol{a}_1=\begin{pmatrix}1\\2\\1\\3\end{pmatrix},\boldsymbol{a}_2=\begin{pmatrix}4\\-1\\-5\\-6\end{pmatrix},\boldsymbol{a}_3=\begin{pmatrix}1\\-3\\-4\\-7\end{pmatrix}$.

14. 利用初等行变换求下列矩阵的列向量组的一个最大无关组，并把其余列向量用最大无关组线性表示：

(1) $\begin{pmatrix}25&31&17&43\\75&94&53&132\\75&94&54&134\\25&32&20&48\end{pmatrix}$;　(2) $\begin{pmatrix}1&1&2&2&1\\0&2&1&5&-1\\2&0&3&-1&3\\1&1&0&4&-1\end{pmatrix}$.

15. 设向量组

$$\begin{pmatrix}a\\3\\1\end{pmatrix},\begin{pmatrix}2\\b\\3\end{pmatrix},\begin{pmatrix}1\\2\\1\end{pmatrix},\begin{pmatrix}2\\3\\1\end{pmatrix}$$

的秩为 2，求 a,b.

16. 设向量组 $A:\boldsymbol{a}_1,\boldsymbol{a}_2$；向量组 $B:\boldsymbol{a}_1,\boldsymbol{a}_2,\boldsymbol{a}_3$；向量组 $C:\boldsymbol{a}_1,\boldsymbol{a}_2,\boldsymbol{a}_4$ 的秩为 $R_A=R_B=2,R_C=3$，求向量组 $D:\boldsymbol{a}_1,\boldsymbol{a}_2,2\boldsymbol{a}_3-3\boldsymbol{a}_4$ 的秩.

17. 设有 n 维向量组 $A:\boldsymbol{a}_1,\boldsymbol{a}_2,\cdots,\boldsymbol{a}_n$，证明它们线性无关的充分必要条件是：任一 n 维向量都可由它们线性表示.

18. 设向量组 $\boldsymbol{a}_1,\boldsymbol{a}_2,\cdots,\boldsymbol{a}_m$ 线性相关，且 $\boldsymbol{a}_1\neq\boldsymbol{0}$，证明存在某个向量 $\boldsymbol{a}_k(2\leqslant k\leqslant m)$，使 $\boldsymbol{a}_k$ 能由 $\boldsymbol{a}_1,\cdots,\boldsymbol{a}_{k-1}$ 线性表示.

19. 设 $\begin{cases}\boldsymbol{\beta}_1= \quad\quad \boldsymbol{\alpha}_2+\boldsymbol{\alpha}_3+\cdots+\boldsymbol{\alpha}_n,\\ \boldsymbol{\beta}_2=\boldsymbol{\alpha}_1 \quad\quad +\boldsymbol{\alpha}_3+\cdots+\boldsymbol{\alpha}_n,\\ \cdots\cdots\cdots\cdots\\ \boldsymbol{\beta}_n=\boldsymbol{\alpha}_1+\boldsymbol{\alpha}_2+\cdots+\boldsymbol{\alpha}_{n-1},\end{cases}$

证明向量组 $\boldsymbol{\alpha}_1,\boldsymbol{\alpha}_2,\cdots,\boldsymbol{\alpha}_n$ 与向量组 $\boldsymbol{\beta}_1,\boldsymbol{\beta}_2,\cdots,\boldsymbol{\beta}_n$ 等价.

20. 已知 3 阶矩阵 $\boldsymbol{A}$ 与 3 维列向量 $\boldsymbol{x}$ 满足 $\boldsymbol{A}^3\boldsymbol{x}=3\boldsymbol{A}\boldsymbol{x}-\boldsymbol{A}^2\boldsymbol{x}$，且向量组 $\boldsymbol{x},\boldsymbol{A}\boldsymbol{x},\boldsymbol{A}^2\boldsymbol{x}$ 线性无关.

(1) 记 $\boldsymbol{y}=\boldsymbol{A}\boldsymbol{x},\boldsymbol{z}=\boldsymbol{A}\boldsymbol{y},\boldsymbol{P}=(\boldsymbol{x},\boldsymbol{y},\boldsymbol{z})$，求 3 阶矩阵 $\boldsymbol{B}$，使 $\boldsymbol{AP}=\boldsymbol{PB}$；　(2) 求 $|\boldsymbol{A}|$.

21. 求下列齐次线性方程组的基础解系：

(1) $\begin{cases} x_1-8x_2+10x_3+2x_4=0, \\ 2x_1+4x_2+5x_3-x_4=0, \\ 3x_1+8x_2+6x_3-2x_4=0; \end{cases}$　(2) $\begin{cases} 2x_1-3x_2-2x_3+x_4=0, \\ 3x_1+5x_2+4x_3-2x_4=0, \\ 8x_1+7x_2+6x_3-3x_4=0; \end{cases}$

(3) $nx_1+(n-1)x_2+\cdots+2x_{n-1}+x_n=0$.

22. 设 $\boldsymbol{A}=\begin{pmatrix} 2 & -2 & 1 & 3 \\ 9 & -5 & 2 & 8 \end{pmatrix}$，求一个 4×2 矩阵 $\boldsymbol{B}$，使 $\boldsymbol{AB}=\boldsymbol{O}$，且 $R(\boldsymbol{B})=2$.

23. 求一个齐次线性方程组，使它的基础解系为

$$\boldsymbol{\xi}_1=(0,1,2,3)^{\mathrm{T}},\ \boldsymbol{\xi}_2=(3,2,1,0)^{\mathrm{T}}.$$

24. 设四元齐次线性方程组

$$\mathrm{I}:\begin{cases} x_1+x_2=0, \\ x_2-x_4=0; \end{cases}\qquad \mathrm{II}:\begin{cases} x_1-x_2+x_3=0, \\ x_2-x_3+x_4=0, \end{cases}$$

求：(1) 方程组 Ⅰ 与 Ⅱ 的基础解系；(2) Ⅰ 与 Ⅱ 的公共解.

25. 设 n 阶矩阵 $\boldsymbol{A}$ 满足 $\boldsymbol{A}^2=\boldsymbol{A}$，$\boldsymbol{E}$ 为 n 阶单位矩阵，证明

$$R(\boldsymbol{A})+R(\boldsymbol{A}-\boldsymbol{E})=n.$$

提示：利用矩阵秩的性质⑥和⑧.

26. 设 $\boldsymbol{A}$ 为 n 阶矩阵 $(n\geqslant2)$，$\boldsymbol{A}^*$ 为 $\boldsymbol{A}$ 的伴随矩阵，证明

$$R(\boldsymbol{A}^*)=\begin{cases} n, & \text{当 } R(\boldsymbol{A})=n, \\ 1, & \text{当 } R(\boldsymbol{A})=n-1, \\ 0, & \text{当 } R(\boldsymbol{A})\leqslant n-2. \end{cases}$$

27. 求下列非齐次线性方程组的一个解及对应的齐次线性方程组的基础解系：

(1) $\begin{cases} x_1+x_2=5, \\ 2x_1+x_2+x_3+2x_4=1, \\ 5x_1+3x_2+2x_3+2x_4=3; \end{cases}$　(2) $\begin{cases} x_1-5x_2+2x_3-3x_4=11, \\ 5x_1+3x_2+6x_3-x_4=-1, \\ 2x_1+4x_2+2x_3+x_4=-6. \end{cases}$

28. 设四元非齐次线性方程组的系数矩阵的秩为 3，已知 $\boldsymbol{\eta}_1,\boldsymbol{\eta}_2,\boldsymbol{\eta}_3$ 是它的三个解向量，且

$$\boldsymbol{\eta}_1=\begin{pmatrix} 2 \\ 3 \\ 4 \\ 5 \end{pmatrix},\ \boldsymbol{\eta}_2+\boldsymbol{\eta}_3=\begin{pmatrix} 1 \\ 2 \\ 3 \\ 4 \end{pmatrix},$$

求该方程组的通解.

29. 设有向量组 $A:\boldsymbol{a}_1=\begin{pmatrix} \alpha \\ 2 \\ 10 \end{pmatrix},\boldsymbol{a}_2=\begin{pmatrix} -2 \\ 1 \\ 5 \end{pmatrix},\boldsymbol{a}_3=\begin{pmatrix} -1 \\ 1 \\ 4 \end{pmatrix}$ 及向量 $\boldsymbol{b}=\begin{pmatrix} 1 \\ \beta \\ -1 \end{pmatrix}$，问 α,β 为何值时：

(1) 向量 $\boldsymbol{b}$ 不能由向量组 A 线性表示；

(2) 向量 $\boldsymbol{b}$ 能由向量组 A 线性表示，且表示式惟一；

（3）向量 $\boldsymbol{b}$ 能由向量组 A 线性表示，且表示式不惟一，并求一般表示式.

30. 设

$$\boldsymbol{a}=\begin{pmatrix}a_1\\a_2\\a_3\end{pmatrix},\ \boldsymbol{b}=\begin{pmatrix}b_1\\b_2\\b_3\end{pmatrix},\ \boldsymbol{c}=\begin{pmatrix}c_1\\c_2\\c_3\end{pmatrix}\ (a_i^2+b_i^2\neq 0, i=1,2,3),$$

证明三直线$\begin{cases}l_1: a_1x+b_1y+c_1=0,\\ l_2: a_2x+b_2y+c_2=0,\\ l_3: a_3x+b_3y+c_3=0\end{cases}$ 相交于一点的充分必要条件为：向量组 $\boldsymbol{a},\boldsymbol{b}$ 线性无关，且向量组 $\boldsymbol{a},\boldsymbol{b},\boldsymbol{c}$ 线性相关.

31. 设矩阵 $\boldsymbol{A}=(\boldsymbol{a}_1,\boldsymbol{a}_2,\boldsymbol{a}_3,\boldsymbol{a}_4)$，其中 $\boldsymbol{a}_2,\boldsymbol{a}_3,\boldsymbol{a}_4$ 线性无关，$\boldsymbol{a}_1=2\boldsymbol{a}_2-\boldsymbol{a}_3$，向量 $\boldsymbol{b}=\boldsymbol{a}_1+\boldsymbol{a}_2+\boldsymbol{a}_3+\boldsymbol{a}_4$，求方程 $\boldsymbol{Ax}=\boldsymbol{b}$ 的通解.

32. 设 $\boldsymbol{\eta}^*$ 是非齐次线性方程组 $\boldsymbol{Ax}=\boldsymbol{b}$ 的一个解，$\boldsymbol{\xi}_1,\cdots,\boldsymbol{\xi}_{n-r}$ 是对应的齐次线性方程组的一个基础解系. 证明：

（1）$\boldsymbol{\eta}^*,\boldsymbol{\xi}_1,\cdots,\boldsymbol{\xi}_{n-r}$ 线性无关；

（2）$\boldsymbol{\eta}^*,\boldsymbol{\eta}^*+\boldsymbol{\xi}_1,\cdots,\boldsymbol{\eta}^*+\boldsymbol{\xi}_{n-r}$ 线性无关.

33. 设 $\boldsymbol{\eta}_1,\cdots,\boldsymbol{\eta}_s$ 是非齐次线性方程组 $\boldsymbol{Ax}=\boldsymbol{b}$ 的 s 个解，$k_1,\cdots,k_s$ 为实数，满足 $k_1+k_2+\cdots+k_s=1$. 证明

$$\boldsymbol{x}=k_1\boldsymbol{\eta}_1+k_2\boldsymbol{\eta}_2+\cdots+k_s\boldsymbol{\eta}_s$$

也是它的解.

34. 设非齐次线性方程组 $\boldsymbol{Ax}=\boldsymbol{b}$ 的系数矩阵的秩为 r，$\boldsymbol{\eta}_1,\cdots,\boldsymbol{\eta}_{n-r+1}$ 是它的 $n-r+1$ 个线性无关的解（由题 32 知它确有 $n-r+1$ 个线性无关的解）. 试证它的任一解可表示为

$$\boldsymbol{x}=k_1\boldsymbol{\eta}_1+\cdots+k_{n-r+1}\boldsymbol{\eta}_{n-r+1}\quad (\text{其中 } k_1+\cdots+k_{n-r+1}=1).$$

35. 设

$$V_1=\{\boldsymbol{x}=(x_1,x_2,\cdots,x_n)^{\mathrm T}\mid x_1,\cdots,x_n\in\mathbb{R} \text{ 满足 } x_1+\cdots+x_n=0\},$$

$$V_2=\{\boldsymbol{x}=(x_1,x_2,\cdots,x_n)^{\mathrm T}\mid x_1,\cdots,x_n\in\mathbb{R} \text{ 满足 } x_1+\cdots+x_n=1\},$$

问 V_1,V_2 是不是向量空间？为什么？

36. 由 $\boldsymbol{a}_1=(1,1,0,0)^{\mathrm T}$，$\boldsymbol{a}_2=(1,0,1,1)^{\mathrm T}$ 所生成的向量空间记作 L_1，由 $\boldsymbol{b}_1=(2,-1,3,3)^{\mathrm T}$，$\boldsymbol{b}_2=(0,1,-1,-1)^{\mathrm T}$ 所生成的向量空间记作 L_2，试证 $L_1=L_2$.

37. 验证 $\boldsymbol{a}_1=(1,-1,0)^{\mathrm T}$，$\boldsymbol{a}_2=(2,1,3)^{\mathrm T}$，$\boldsymbol{a}_3=(3,1,2)^{\mathrm T}$ 为 $\mathbb{R}^3$ 的一个基，并把 $\boldsymbol{v}_1=(5,0,7)^{\mathrm T}$，$\boldsymbol{v}_2=(-9,-8,-13)^{\mathrm T}$ 用这个基线性表示.

38. 已知 $\mathbb{R}^3$ 的两个基为

$$\boldsymbol{a}_1=\begin{pmatrix}1\\1\\1\end{pmatrix},\boldsymbol{a}_2=\begin{pmatrix}1\\0\\-1\end{pmatrix},\boldsymbol{a}_3=\begin{pmatrix}1\\0\\1\end{pmatrix}\quad\text{及}\quad \boldsymbol{b}_1=\begin{pmatrix}1\\2\\1\end{pmatrix},\boldsymbol{b}_2=\begin{pmatrix}2\\3\\4\end{pmatrix},\boldsymbol{b}_3=\begin{pmatrix}3\\4\\3\end{pmatrix},$$

（1）求由基 $\boldsymbol{a}_1,\boldsymbol{a}_2,\boldsymbol{a}_3$ 到基 $\boldsymbol{b}_1,\boldsymbol{b}_2,\boldsymbol{b}_3$ 的过渡矩阵 $\boldsymbol{P}$；

（2）设向量 $\boldsymbol{x}$ 在前一基中的坐标为 $(1,1,3)^{\mathrm T}$，求它在后一基中的坐标.

第5章　相似矩阵及二次型

本章主要讨论方阵的特征值与特征向量、方阵的相似对角化和二次型的化简等问题,其中涉及向量的内积、长度及正交等知识,下面先介绍这些知识.

§1　向量的内积、长度及正交性

定义1　设有 n 维向量

$$\boldsymbol{x}=\begin{pmatrix}x_1\\x_2\\\vdots\\x_n\end{pmatrix},\quad \boldsymbol{y}=\begin{pmatrix}y_1\\y_2\\\vdots\\y_n\end{pmatrix},$$

令

$$[\boldsymbol{x},\boldsymbol{y}]=x_1y_1+x_2y_2+\cdots+x_ny_n,$$

$[\boldsymbol{x},\boldsymbol{y}]$称为向量 $\boldsymbol{x}$ 与 $\boldsymbol{y}$ 的内积.

内积是两个向量之间的一种运算,其结果是一个实数,用矩阵记号表示,当 $\boldsymbol{x}$ 与 $\boldsymbol{y}$ 都是列向量时,有

$$[\boldsymbol{x},\boldsymbol{y}]=\boldsymbol{x}^{\mathrm{T}}\boldsymbol{y}.$$

内积具有下列性质(其中 $\boldsymbol{x},\boldsymbol{y},\boldsymbol{z}$ 为 n 维向量,λ 为实数):

(i) $[\boldsymbol{x},\boldsymbol{y}]=[\boldsymbol{y},\boldsymbol{x}]$;

(ii) $[\lambda\boldsymbol{x},\boldsymbol{y}]=\lambda[\boldsymbol{x},\boldsymbol{y}]$;

(iii) $[\boldsymbol{x}+\boldsymbol{y},\boldsymbol{z}]=[\boldsymbol{x},\boldsymbol{z}]+[\boldsymbol{y},\boldsymbol{z}]$;

(iv) 当 $\boldsymbol{x}=\boldsymbol{0}$ 时,$[\boldsymbol{x},\boldsymbol{x}]=0$;当 $\boldsymbol{x}\neq\boldsymbol{0}$时,$[\boldsymbol{x},\boldsymbol{x}]>0$.

这些性质可根据内积定义直接证明,请读者给出相关证明. 利用这些性质,还可证明施瓦茨(Schwarz)不等式(这里不证)

$$[\boldsymbol{x},\boldsymbol{y}]^2\leqslant[\boldsymbol{x},\boldsymbol{x}][\boldsymbol{y},\boldsymbol{y}].$$

在解析几何中,我们曾引进向量的数量积

$$\boldsymbol{x}\cdot\boldsymbol{y}=|\boldsymbol{x}||\boldsymbol{y}|\cos\theta,$$

且在直角坐标系中,有数量积的计算公式

$$(x_1,x_2,x_3)\cdot(y_1,y_2,y_3)=x_1y_1+x_2y_2+x_3y_3,$$

n 维向量的内积是数量积的一种推广,但 n 维向量没有3维向量那样直观的长度和夹角的概念,因此只能按数量积的直角坐标计算公式来推广. 并且反过来,

利用内积来定义 n 维向量的长度和夹角：

定义 2　令

$$\|\boldsymbol{x}\|=\sqrt{[\boldsymbol{x},\boldsymbol{x}]}=\sqrt{x_1^2+x_2^2+\cdots+x_n^2},$$

$\|\boldsymbol{x}\|$ 称为 n 维向量 $\boldsymbol{x}$ 的长度（或范数）.

向量的长度具有下述性质：

(i) **非负性**　**当 $\boldsymbol{x}\neq\boldsymbol{0}$ 时**，$\|\boldsymbol{x}\|>0$；**当 $\boldsymbol{x}=\boldsymbol{0}$ 时**，$\|\boldsymbol{x}\|=0$；

(ii) **齐次性**　$\|\lambda\boldsymbol{x}\|=|\lambda|\,\|\boldsymbol{x}\|$；

可见这里所定义的向量长度具有解析几何中向量长度的基本属性.

当 $\|\boldsymbol{x}\|=1$ 时，称 $\boldsymbol{x}$ 为单位向量. 若 $\boldsymbol{a}\neq\boldsymbol{0}$，取 $\boldsymbol{x}=\dfrac{\boldsymbol{a}}{\|\boldsymbol{a}\|}$，则 $\boldsymbol{x}$ 是一个单位向量. 由向量 $\boldsymbol{a}$ 得到 $\boldsymbol{x}$ 的过程称为把向量 $\boldsymbol{a}$ 单位化.

由施瓦茨不等式，有

$$-1\leqslant\frac{[\boldsymbol{x},\boldsymbol{y}]}{\|\boldsymbol{x}\|\ \|\boldsymbol{y}\|}\leqslant 1\ (\text{当 }\|\boldsymbol{x}\|\ \|\boldsymbol{y}\|\neq 0\text{ 时}),$$

于是有下面的定义：

当 $\boldsymbol{x}\neq\boldsymbol{0}$、$\boldsymbol{y}\neq\boldsymbol{0}$ 时，

$$\theta=\arccos\frac{[\boldsymbol{x},\boldsymbol{y}]}{\|\boldsymbol{x}\|\ \|\boldsymbol{y}\|}$$

称为 n 维向量 $\boldsymbol{x}$ 与 $\boldsymbol{y}$ 的夹角.

当 $[\boldsymbol{x},\boldsymbol{y}]=0$ 时，称向量 $\boldsymbol{x}$ 与 $\boldsymbol{y}$ 正交. 显然，若 $\boldsymbol{x}=\boldsymbol{0}$，则 $\boldsymbol{x}$ 与任何向量都正交.

下面讨论正交向量组的性质. 所谓正交向量组，是指一组两两正交的非零向量.

定理 1　**若 n 维向量 $\boldsymbol{a}_1,\boldsymbol{a}_2,\cdots,\boldsymbol{a}_r$ 是一组两两正交的非零向量，则 $\boldsymbol{a}_1,\boldsymbol{a}_2,\cdots,\boldsymbol{a}_r$ 线性无关.**

证　设有 $\lambda_1,\lambda_2,\cdots,\lambda_r$ 使

$$\lambda_1\boldsymbol{a}_1+\lambda_2\boldsymbol{a}_2+\cdots+\lambda_r\boldsymbol{a}_r=\boldsymbol{0},$$

以 $\boldsymbol{a}_1$ 与上式两端作内积，因当 $i\geqslant 2$ 时，$[\boldsymbol{a}_1,\boldsymbol{a}_i]=0$，故得

$$\lambda_1[\boldsymbol{a}_1,\boldsymbol{a}_1]=0,$$

因 $\boldsymbol{a}_1\neq\boldsymbol{0}$，故 $[\boldsymbol{a}_1,\boldsymbol{a}_1]=\|\boldsymbol{a}_1\|^2\neq 0$，从而必有 $\lambda_1=0$. 类似可证 $\lambda_2=0,\cdots,\lambda_r=0$. 于是向量组 $\boldsymbol{a}_1,\boldsymbol{a}_2,\cdots,\boldsymbol{a}_r$ 线性无关.　证毕

例 1　已知 3 维向量空间 $\mathbb{R}^3$ 中两个向量

$$\boldsymbol{a}_1=\begin{pmatrix}1\\1\\1\end{pmatrix},\ \boldsymbol{a}_2=\begin{pmatrix}1\\-2\\1\end{pmatrix}$$

正交，试求一个非零向量 $\boldsymbol{a}_3$，使 $\boldsymbol{a}_1,\boldsymbol{a}_2,\boldsymbol{a}_3$ 两两正交.

解　记

$$\boldsymbol{A}=\begin{pmatrix}\boldsymbol{a}_1^{\mathrm{T}}\\\boldsymbol{a}_2^{\mathrm{T}}\end{pmatrix}=\begin{pmatrix}1&1&1\\1&-2&1\end{pmatrix},$$

$\boldsymbol{a}_3$ 应满足齐次线性方程 $\boldsymbol{Ax}=\boldsymbol{0}$，即

$$\begin{pmatrix}1&1&1\\1&-2&1\end{pmatrix}\begin{pmatrix}x_1\\x_2\\x_3\end{pmatrix}=\begin{pmatrix}0\\0\end{pmatrix},$$

由

$$\boldsymbol{A}\overset{r}{\sim}\begin{pmatrix}1&1&1\\0&-3&0\end{pmatrix}\overset{r}{\sim}\begin{pmatrix}1&0&1\\0&1&0\end{pmatrix},$$

得 $\begin{cases}x_1=-x_3\\x_2=0\end{cases}$，从而有基础解系 $\begin{pmatrix}-1\\0\\1\end{pmatrix}$. 取 $\boldsymbol{a}_3=\begin{pmatrix}-1\\0\\1\end{pmatrix}$ 即合所求.

定义 3　设 n 维向量 $\boldsymbol{e}_1,\boldsymbol{e}_2,\cdots,\boldsymbol{e}_r$ 是向量空间 $V\ (V\subseteq\mathbb{R}^n)$ 的一个基，如果 $\boldsymbol{e}_1,\cdots,\boldsymbol{e}_r$ 两两正交，且都是单位向量，则称 $\boldsymbol{e}_1,\cdots,\boldsymbol{e}_r$ 是 V 的一个标准正交基.

例如

$$\boldsymbol{e}_1=\begin{pmatrix}\frac{1}{\sqrt{2}}\\\frac{1}{\sqrt{2}}\\0\\0\end{pmatrix},\quad \boldsymbol{e}_2=\begin{pmatrix}\frac{1}{\sqrt{2}}\\-\frac{1}{\sqrt{2}}\\0\\0\end{pmatrix},\quad \boldsymbol{e}_3=\begin{pmatrix}0\\0\\\frac{1}{\sqrt{2}}\\\frac{1}{\sqrt{2}}\end{pmatrix},\quad \boldsymbol{e}_4=\begin{pmatrix}0\\0\\\frac{1}{\sqrt{2}}\\-\frac{1}{\sqrt{2}}\end{pmatrix}$$

就是 $\mathbb{R}^4$ 的一个标准正交基.

若 $\boldsymbol{e}_1,\cdots,\boldsymbol{e}_r$ 是 V 的一个标准正交基，那么 V 中任一向量 $\boldsymbol{a}$ 应能由 $\boldsymbol{e}_1,\cdots,\boldsymbol{e}_r$ 线性表示，设表示式为

$$\boldsymbol{a}=\lambda_1\boldsymbol{e}_1+\lambda_2\boldsymbol{e}_2+\cdots+\lambda_r\boldsymbol{e}_r,$$

为求其中的系数 $\lambda_i(i=1,\cdots,r)$，可用 $\boldsymbol{e}_i^{\mathrm{T}}$ 左乘上式，有

$$\boldsymbol{e}_i^{\mathrm{T}}\boldsymbol{a}=\lambda_i\boldsymbol{e}_i^{\mathrm{T}}\boldsymbol{e}_i=\lambda_i,$$

即

$$\lambda_i=\boldsymbol{e}_i^{\mathrm{T}}\boldsymbol{a}=[\boldsymbol{a},\boldsymbol{e}_i],$$

这就是向量在标准正交基中的坐标的计算公式. 利用这个公式能方便地求得向量的坐标，因此，我们在给向量空间取基时常常取标准正交基.

设 $\boldsymbol{a}_1,\cdots,\boldsymbol{a}_r$ 是向量空间 V 的一个基，要求 V 的一个标准正交基. 这也就是要找一组两两正交的单位向量 $\boldsymbol{e}_1,\cdots,\boldsymbol{e}_r$，使 $\boldsymbol{e}_1,\cdots,\boldsymbol{e}_r$ 与 $\boldsymbol{a}_1,\cdots,\boldsymbol{a}_r$ 等价. 这样一个问题，称为把基 $\boldsymbol{a}_1,\cdots,\boldsymbol{a}_r$ 标准正交化.

我们可以用以下办法把 $\boldsymbol{a}_1,\cdots,\boldsymbol{a}_r$ 标准正交化：取

$$\boldsymbol{b}_1=\boldsymbol{a}_1,$$

$$\boldsymbol{b}_2=\boldsymbol{a}_2-\frac{[\boldsymbol{b}_1,\boldsymbol{a}_2]}{[\boldsymbol{b}_1,\boldsymbol{b}_1]}\boldsymbol{b}_1,$$

…………

$$\boldsymbol{b}_r=\boldsymbol{a}_r-\frac{[\boldsymbol{b}_1,\boldsymbol{a}_r]}{[\boldsymbol{b}_1,\boldsymbol{b}_1]}\boldsymbol{b}_1-\frac{[\boldsymbol{b}_2,\boldsymbol{a}_r]}{[\boldsymbol{b}_2,\boldsymbol{b}_2]}\boldsymbol{b}_2-\cdots-\frac{[\boldsymbol{b}_{r-1},\boldsymbol{a}_r]}{[\boldsymbol{b}_{r-1},\boldsymbol{b}_{r-1}]}\boldsymbol{b}_{r-1},$$

容易验证 $\boldsymbol{b}_1,\cdots,\boldsymbol{b}_r$ 两两正交，且 $\boldsymbol{b}_1,\cdots,\boldsymbol{b}_r$ 与 $\boldsymbol{a}_1,\cdots,\boldsymbol{a}_r$ 等价.

然后把它们单位化，即取

$$\boldsymbol{e}_1=\frac{1}{\|\boldsymbol{b}_1\|}\boldsymbol{b}_1,\quad \boldsymbol{e}_2=\frac{1}{\|\boldsymbol{b}_2\|}\boldsymbol{b}_2,\quad \cdots,\quad \boldsymbol{e}_r=\frac{1}{\|\boldsymbol{b}_r\|}\boldsymbol{b}_r,$$

就是 V 的一个标准正交基.

上述从线性无关向量组 $\boldsymbol{a}_1,\cdots,\boldsymbol{a}_r$ 导出正交向量组 $\boldsymbol{b}_1,\cdots,\boldsymbol{b}_r$ 的过程称为施密特(Schmidt)正交化. 它不仅满足 $\boldsymbol{b}_1,\cdots,\boldsymbol{b}_r$ 与 $\boldsymbol{a}_1,\cdots,\boldsymbol{a}_r$ 等价，还满足：对任何 $k(1\leqslant k\leqslant r)$，向量组 $\boldsymbol{b}_1,\cdots,\boldsymbol{b}_k$ 与 $\boldsymbol{a}_1,\cdots,\boldsymbol{a}_k$ 等价.

例 2 设 $\boldsymbol{a}_1=\begin{pmatrix}1\\2\\-1\end{pmatrix},\boldsymbol{a}_2=\begin{pmatrix}-1\\3\\1\end{pmatrix},\boldsymbol{a}_3=\begin{pmatrix}4\\-1\\0\end{pmatrix}$，试用施密特正交化把这组向量标准正交化.

解 取

$$\boldsymbol{b}_1=\boldsymbol{a}_1,$$

$$\boldsymbol{b}_2=\boldsymbol{a}_2-\frac{[\boldsymbol{a}_2,\boldsymbol{b}_1]}{\|\boldsymbol{b}_1\|^2}\boldsymbol{b}_1=\begin{pmatrix}-1\\3\\1\end{pmatrix}-\frac{4}{6}\begin{pmatrix}1\\2\\-1\end{pmatrix}=\frac{5}{3}\begin{pmatrix}-1\\1\\1\end{pmatrix},$$

$$\begin{aligned}\boldsymbol{b}_3&=\boldsymbol{a}_3-\frac{[\boldsymbol{a}_3,\boldsymbol{b}_1]}{\|\boldsymbol{b}_1\|^2}\boldsymbol{b}_1-\frac{[\boldsymbol{a}_3,\boldsymbol{b}_2]}{\|\boldsymbol{b}_2\|^2}\boldsymbol{b}_2\\&=\begin{pmatrix}4\\-1\\0\end{pmatrix}-\frac{1}{3}\begin{pmatrix}1\\2\\-1\end{pmatrix}+\frac{5}{3}\begin{pmatrix}-1\\1\\1\end{pmatrix}=2\begin{pmatrix}1\\0\\1\end{pmatrix}.\end{aligned}$$

再把它们单位化，取

$$e_1=\frac{b_1}{\|b_1\|}=\frac{1}{\sqrt{6}}\begin{pmatrix}1\\2\\-1\end{pmatrix},\ e_2=\frac{b_2}{\|b_2\|}=\frac{1}{\sqrt{3}}\begin{pmatrix}-1\\1\\1\end{pmatrix},\ e_3=\frac{b_3}{\|b_3\|}=\frac{1}{\sqrt{2}}\begin{pmatrix}1\\0\\1\end{pmatrix},$$

e_1,e_2,e_3 即合所求.

本例中各向量如图 5.1 所示. 用解析几何的术语解释如下:

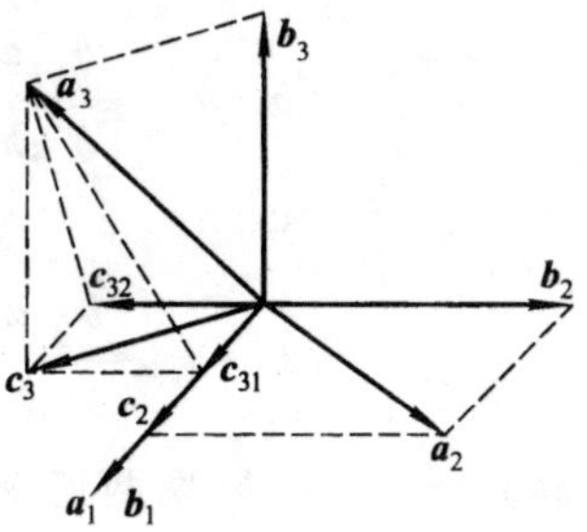

图 5.1

$b_2=a_2-c_2$, 而 c_2 为 a_2 在 b_1 上的投影向量, 即

$$c_2=\left[a_2,\frac{b_1}{\|b_1\|}\right]\frac{b_1}{\|b_1\|}=\frac{[a_2,b_1]}{\|b_1\|^2}b_1.$$

$b_3=a_3-c_3$, 而 c_3 为 a_3 在平行于 b_1,b_2 的平面上的投影向量, 由于 $b_1\perp b_2$, 故 c_3 等于 a_3 分别在 b_1,b_2 上的投影向量 c_{31} 及 c_{32} 之和, 即

$$c_3=c_{31}+c_{32}=\frac{[a_3,b_1]}{\|b_1\|^2}b_1+\frac{[a_3,b_2]}{\|b_2\|^2}b_2.$$

例 3　已知 $a_1=\begin{pmatrix}1\\1\\1\end{pmatrix}$, 求一组非零向量 a_2,a_3, 使 a_1,a_2,a_3 两两正交.

解　a_2,a_3 应满足方程 $a_1^{\mathrm T}x=0$, 即

$$x_1+x_2+x_3=0,$$

它的基础解系为

$$\xi_1=\begin{pmatrix}-1\\1\\0\end{pmatrix},\ \xi_2=\begin{pmatrix}-1\\0\\1\end{pmatrix},$$

把基础解系正交化, 亦即取

$$a_2=\xi_1=\begin{pmatrix}-1\\1\\0\end{pmatrix},$$

$$a_3=\xi_2-\frac{[\xi_1,\xi_2]}{[\xi_1,\xi_1]}\xi_1=\begin{pmatrix}-1\\0\\1\end{pmatrix}-\frac{1}{2}\begin{pmatrix}-1\\1\\0\end{pmatrix}=\frac{1}{2}\begin{pmatrix}-1\\-1\\2\end{pmatrix},$$

因 a_2,a_3 是 ξ_1,ξ_2 的线性组合, 故它们仍与 a_1 正交, 于是 a_2,a_3 即合所求.

定义 4　如果 n 阶矩阵 A 满足

$$A^{\mathrm T}A=E\ (\text{即 } A^{-1}=A^{\mathrm T}),$$

那么称 A 为正交矩阵, 简称正交阵.

上式用 A 的列向量表示, 即是

$$\begin{pmatrix} \boldsymbol{a}_1^{\mathrm{T}} \\ \boldsymbol{a}_2^{\mathrm{T}} \\ \vdots \\ \boldsymbol{a}_n^{\mathrm{T}} \end{pmatrix}(\boldsymbol{a}_1,\boldsymbol{a}_2,\cdots,\boldsymbol{a}_n)=\boldsymbol{E},$$

这也就是 n^2 个关系式

$$\boldsymbol{a}_i^{\mathrm{T}}\boldsymbol{a}_j=\begin{cases}1, 当\ i=j, \\ 0, 当\ i\neq j\end{cases} \quad (i,j=1,2,\cdots,n),$$

这就说明:方阵 $\boldsymbol{A}$ 为正交矩阵的充分必要条件是 $\boldsymbol{A}$ 的列向量都是单位向量,且两两正交.

因为 $\boldsymbol{A}^{\mathrm{T}}\boldsymbol{A}=\boldsymbol{E}$ 与 $\boldsymbol{A}\boldsymbol{A}^{\mathrm{T}}=\boldsymbol{E}$ 等价,所以上述结论对 $\boldsymbol{A}$ 的行向量亦成立.

由此可见,n 阶正交矩阵 $\boldsymbol{A}$ 的 n 个列(行)向量构成向量空间$\mathbb{R}^n$的一个标准正交基.

例 4 验证矩阵

$$\boldsymbol{P}=\begin{pmatrix} \frac{1}{2} & -\frac{1}{2} & \frac{1}{2} & -\frac{1}{2} \\ \frac{1}{2} & -\frac{1}{2} & -\frac{1}{2} & \frac{1}{2} \\ \frac{1}{\sqrt{2}} & \frac{1}{\sqrt{2}} & 0 & 0 \\ 0 & 0 & \frac{1}{\sqrt{2}} & \frac{1}{\sqrt{2}} \end{pmatrix}$$

是正交矩阵.

证 $\boldsymbol{P}$ 的每个列向量都是单位向量,且两两正交,所以 $\boldsymbol{P}$ 是正交矩阵.

正交矩阵有下述性质:

(i) 若 $\boldsymbol{A}$ 为正交矩阵,则 $\boldsymbol{A}^{-1}=\boldsymbol{A}^{\mathrm{T}}$ 也是正交矩阵,且 $|\boldsymbol{A}|=1$ 或(-1);

(ii) 若 $\boldsymbol{A}$ 和 $\boldsymbol{B}$ 都是正交矩阵,则 $\boldsymbol{AB}$ 也是正交矩阵.

这些性质都可根据正交矩阵的定义直接证得,请读者证明之.

定义 5 若 $\boldsymbol{P}$ 为正交矩阵,则线性变换 $\boldsymbol{y}=\boldsymbol{Px}$ 称为正交变换.

设 $\boldsymbol{y}=\boldsymbol{Px}$ 为正交变换,则有

$$\|\boldsymbol{y}\|=\sqrt{\boldsymbol{y}^{\mathrm{T}}\boldsymbol{y}}=\sqrt{\boldsymbol{x}^{\mathrm{T}}\boldsymbol{P}^{\mathrm{T}}\boldsymbol{Px}}=\sqrt{\boldsymbol{x}^{\mathrm{T}}\boldsymbol{x}}=\|\boldsymbol{x}\|.$$

由于 $\|\boldsymbol{x}\|$ 表示向量的长度,相当于线段的长度,因此 $\|\boldsymbol{y}\|=\|\boldsymbol{x}\|$ 说明经正交变换线段长度保持不变(从而三角形的形状保持不变),这是正交变换的优良特性.

§2　方阵的特征值与特征向量

工程技术中的一些问题,如振动问题和稳定性问题,常可归结为求一个方阵的特征值和特征向量的问题.数学中诸如方阵的对角化及解微分方程组等问题,也都要用到特征值的理论.

定义 6　设 $\boldsymbol{A}$ 是 n 阶矩阵,如果数 λ 和 n 维非零列向量 $\boldsymbol{x}$ 使关系式

$$\boldsymbol{A}\boldsymbol{x}=\lambda\boldsymbol{x} \tag{1}$$

成立,那么,这样的数 λ 称为矩阵 $\boldsymbol{A}$ 的特征值,非零向量 $\boldsymbol{x}$ 称为 $\boldsymbol{A}$ 的对应于特征值 λ 的特征向量.

(1)式也可写成

$$(\boldsymbol{A}-\lambda\boldsymbol{E})\boldsymbol{x}=\boldsymbol{0},$$

这是 n 个未知数 n 个方程的齐次线性方程组,它有非零解的充分必要条件是系数行列式

$$|\boldsymbol{A}-\lambda\boldsymbol{E}|=0,$$

即

$$\begin{vmatrix} a_{11}-\lambda & a_{12} & \cdots & a_{1n} \\ a_{21} & a_{22}-\lambda & \cdots & a_{2n} \\ \vdots & \vdots & & \vdots \\ a_{n1} & a_{n2} & \cdots & a_{nn}-\lambda \end{vmatrix}=0.$$

上式是以 λ 为未知数的一元 n 次方程,称为矩阵 $\boldsymbol{A}$ 的特征方程,其左端 $|\boldsymbol{A}-\lambda\boldsymbol{E}|$ 是 λ 的 n 次多项式,记作 $f(\lambda)$,称为矩阵 $\boldsymbol{A}$ 的特征多项式.显然,$\boldsymbol{A}$ 的特征值就是特征方程的解.特征方程在复数范围内恒有解,其个数为方程的次数(重根按重数计算),因此,n 阶矩阵 $\boldsymbol{A}$ 在复数范围内有 n 个特征值.

设 n 阶矩阵 $\boldsymbol{A}=(a_{ij})$ 的特征值为 $\lambda_1,\lambda_2,\cdots,\lambda_n$,不难证明①

(i) $\lambda_1+\lambda_2+\cdots+\lambda_n=a_{11}+a_{22}+\cdots+a_{nn}$;

(ii) $\lambda_1\lambda_2\cdots\lambda_n=|\boldsymbol{A}|$.

由(ii)可知 $\boldsymbol{A}$ 是可逆矩阵的充分必要条件是它的 n 个特征值全不为零.

设 $\lambda=\lambda_i$ 为矩阵 $\boldsymbol{A}$ 的一个特征值,则由方程

---

① $f(\lambda)=(\lambda_1-\lambda)(\lambda_2-\lambda)\cdots(\lambda_n-\lambda)$,其中 λ^0 和 λ^{n-1} 的系数依次为 $\lambda_1\lambda_2\cdots\lambda_n$ 和 $(-1)^{n-1}(\lambda_1+\lambda_2+\cdots+\lambda_n)$,故只需证明多项式 $|\boldsymbol{A}-\lambda\boldsymbol{E}|$ 中 λ^0 和 λ^{n-1} 的系数依次为 $|\boldsymbol{A}|$ 和 $(-1)^{n-1}(a_{11}+a_{22}+\cdots+a_{nn})$.

$$(\boldsymbol{A}-\lambda_i\boldsymbol{E})\boldsymbol{x}=\boldsymbol{0}$$

可求得非零解$\boldsymbol{x}=\boldsymbol{p}_i$，那么$\boldsymbol{p}_i$便是$\boldsymbol{A}$的对应于特征值$\lambda_i$的特征向量.（若$\lambda_i$为实数，则$\boldsymbol{p}_i$可取实向量；若$\lambda_i$为复数，则$\boldsymbol{p}_i$为复向量.）

例 5　求矩阵$\boldsymbol{A}=\begin{pmatrix}3&-1\\-1&3\end{pmatrix}$的特征值和特征向量.

解　$\boldsymbol{A}$的特征多项式为

$$|\boldsymbol{A}-\lambda\boldsymbol{E}|=\begin{vmatrix}3-\lambda&-1\\-1&3-\lambda\end{vmatrix}=(3-\lambda)^2-1=8-6\lambda+\lambda^2=(4-\lambda)(2-\lambda),$$

所以$\boldsymbol{A}$的特征值为$\lambda_1=2,\lambda_2=4$.

当$\lambda_1=2$时，对应的特征向量应满足

$$\begin{pmatrix}3-2&-1\\-1&3-2\end{pmatrix}\begin{pmatrix}x_1\\x_2\end{pmatrix}=\begin{pmatrix}0\\0\end{pmatrix},$$

即

$$\begin{pmatrix}1&-1\\-1&1\end{pmatrix}\begin{pmatrix}x_1\\x_2\end{pmatrix}=\begin{pmatrix}0\\0\end{pmatrix},$$

解得$x_1=x_2$，所以对应的特征向量可取为

$$\boldsymbol{p}_1=\begin{pmatrix}1\\1\end{pmatrix}.$$

当$\lambda_2=4$时，由

$$\begin{pmatrix}3-4&-1\\-1&3-4\end{pmatrix}\begin{pmatrix}x_1\\x_2\end{pmatrix}=\begin{pmatrix}0\\0\end{pmatrix},$$

即

$$\begin{pmatrix}-1&-1\\-1&-1\end{pmatrix}\begin{pmatrix}x_1\\x_2\end{pmatrix}=\begin{pmatrix}0\\0\end{pmatrix},$$

解得$x_1=-x_2$，所以对应的特征向量可取为

$$\boldsymbol{p}_2=\begin{pmatrix}-1\\1\end{pmatrix}.$$

显然，若$\boldsymbol{p}_i$是矩阵$\boldsymbol{A}$的对应于特征值λ_i的特征向量，则$k\boldsymbol{p}_i$（$k\neq0$）也是对应于λ_i的特征向量.

例 6　求矩阵

$$\boldsymbol{A}=\begin{pmatrix}-1&1&0\\-4&3&0\\1&0&2\end{pmatrix}$$

的特征值和特征向量.

解　A 的特征多项式为

$$|A-\lambda E|=\begin{vmatrix}-1-\lambda & 1 & 0\\ -4 & 3-\lambda & 0\\ 1 & 0 & 2-\lambda\end{vmatrix}=(2-\lambda)(1-\lambda)^2,$$

所以 A 的特征值为 $\lambda_1=2,\lambda_2=\lambda_3=1$.

当 $\lambda_1=2$ 时,解方程 $(A-2E)x=\mathbf{0}$. 由

$$A-2E=\begin{pmatrix}-3 & 1 & 0\\ -4 & 1 & 0\\ 1 & 0 & 0\end{pmatrix}\stackrel{r}{\sim}\begin{pmatrix}1 & 0 & 0\\ 0 & 1 & 0\\ 0 & 0 & 0\end{pmatrix},$$

得基础解系

$$p_1=\begin{pmatrix}0\\0\\1\end{pmatrix},$$

所以 $kp_1\ (k\neq 0)$ 是对应于 $\lambda_1=2$ 的全部特征向量.

当 $\lambda_2=\lambda_3=1$ 时,解方程 $(A-E)x=\mathbf{0}$. 由

$$A-E=\begin{pmatrix}-2 & 1 & 0\\ -4 & 2 & 0\\ 1 & 0 & 1\end{pmatrix}\stackrel{r}{\sim}\begin{pmatrix}1 & 0 & 1\\ 0 & 1 & 2\\ 0 & 0 & 0\end{pmatrix},$$

得基础解系

$$p_2=\begin{pmatrix}-1\\-2\\1\end{pmatrix},$$

所以 $kp_2\ (k\neq 0)$ 是对应于 $\lambda_2=\lambda_3=1$ 的全部特征向量.

例 7　设 λ 是方阵 A 的特征值,证明

(1) λ^2 是 A^2 的特征值;

(2) 当 A 可逆时,$\dfrac{1}{\lambda}$是 A^{-1} 的特征值.

证　因 λ 是 A 的特征值,故有 $p\neq\mathbf{0}$ 使 $Ap=\lambda p$. 于是

(1) 因为 $A^2p=A(Ap)=A(\lambda p)=\lambda(Ap)=\lambda^2p$,所以 λ^2 是 A^2 的特征值.

(2) 当 A 可逆时,由 $Ap=\lambda p$,有 $p=\lambda A^{-1}p$,因 $p\neq\mathbf{0}$,知 $\lambda\neq 0$,故

$$A^{-1}p=\frac{1}{\lambda}p,$$

所以$\dfrac{1}{\lambda}$是 A^{-1} 的特征值.

按此例类推，不难证明：若 λ 是 $\boldsymbol{A}$ 的特征值，则 λ^k 是 $\boldsymbol{A}^k$ 的特征值；$\varphi(\lambda)$ 是 $\varphi(\boldsymbol{A})$ 的特征值（其中 $\varphi(\lambda)=a_0+a_1\lambda+\cdots+a_m\lambda^m$ 是 λ 的多项式，$\varphi(\boldsymbol{A})=a_0\boldsymbol{E}+a_1\boldsymbol{A}+\cdots+a_m\boldsymbol{A}^m$ 是矩阵 $\boldsymbol{A}$ 的多项式）. 这是特征值的一个重要性质.

例 8 设 3 阶矩阵 $\boldsymbol{A}$ 的特征值为 1，-1，2，求 $\boldsymbol{A}^*+3\boldsymbol{A}-2\boldsymbol{E}$ 的特征值.

解 因 $\boldsymbol{A}$ 的特征值全不为 0，知 $\boldsymbol{A}$ 可逆，故 $\boldsymbol{A}^*=|\boldsymbol{A}|\boldsymbol{A}^{-1}$，而 $|\boldsymbol{A}|=\lambda_1\lambda_2\lambda_3=-2$，所以

$$\boldsymbol{A}^*+3\boldsymbol{A}-2\boldsymbol{E}=-2\boldsymbol{A}^{-1}+3\boldsymbol{A}-2\boldsymbol{E}.$$

把上式记作 $\varphi(\boldsymbol{A})$，有 $\varphi(\lambda)=-\dfrac{2}{\lambda}+3\lambda-2$. 这里，$\varphi(\boldsymbol{A})$ 虽不是矩阵多项式，但也具有矩阵多项式的特性，从而可得 $\varphi(\boldsymbol{A})$ 的特征值为 $\varphi(1)=-1$，$\varphi(-1)=-3$，$\varphi(2)=3$.

下面介绍特征向量的一些性质.

定理 2 **设 $\lambda_1,\lambda_2,\cdots,\lambda_m$ 是方阵 $\boldsymbol{A}$ 的 m 个特征值，$\boldsymbol{p}_1,\boldsymbol{p}_2,\cdots,\boldsymbol{p}_m$ 依次是与之对应的特征向量，如果 $\lambda_1,\lambda_2,\cdots,\lambda_m$ 各不相等，则 $\boldsymbol{p}_1,\boldsymbol{p}_2,\cdots,\boldsymbol{p}_m$ 线性无关.**

证 用数学归纳法.

当 $m=1$ 时，因特征向量 $\boldsymbol{p}_1\neq\boldsymbol{0}$，故只含一个向量的向量组 $\boldsymbol{p}_1$ 线性无关.

假设当 $m=k-1$ 时结论成立，要证当 $m=k$ 时结论也成立. 即假设向量组 $\boldsymbol{p}_1,\boldsymbol{p}_2,\cdots,\boldsymbol{p}_{k-1}$ 线性无关，要证向量组 $\boldsymbol{p}_1,\boldsymbol{p}_2,\cdots,\boldsymbol{p}_k$ 线性无关. 为此，设有

$$x_1\boldsymbol{p}_1+x_2\boldsymbol{p}_2+\cdots+x_{k-1}\boldsymbol{p}_{k-1}+x_k\boldsymbol{p}_k=\boldsymbol{0}, \tag{2}$$

用 $\boldsymbol{A}$ 左乘上式，得

$$x_1\boldsymbol{A}\boldsymbol{p}_1+x_2\boldsymbol{A}\boldsymbol{p}_2+\cdots+x_{k-1}\boldsymbol{A}\boldsymbol{p}_{k-1}+x_k\boldsymbol{A}\boldsymbol{p}_k=\boldsymbol{0},$$

即

$$x_1\lambda_1\boldsymbol{p}_1+x_2\lambda_2\boldsymbol{p}_2+\cdots+x_{k-1}\lambda_{k-1}\boldsymbol{p}_{k-1}+x_k\lambda_k\boldsymbol{p}_k=\boldsymbol{0}. \tag{3}$$

(3)式减去(2)式的 λ_k 倍，得

$$x_1(\lambda_1-\lambda_k)\boldsymbol{p}_1+x_2(\lambda_2-\lambda_k)\boldsymbol{p}_2+\cdots+x_{k-1}(\lambda_{k-1}-\lambda_k)\boldsymbol{p}_{k-1}=\boldsymbol{0}.$$

按归纳假设 $\boldsymbol{p}_1,\boldsymbol{p}_2,\cdots,\boldsymbol{p}_{k-1}$ 线性无关，故 $x_i(\lambda_i-\lambda_k)=0\ (i=1,2,\cdots,k-1)$. 而 $\lambda_i-\lambda_k\neq0\ (i=1,2,\cdots,k-1)$，于是得 $x_i=0\ (i=1,2,\cdots,k-1)$，代入(2)式得 $x_k\boldsymbol{p}_k=\boldsymbol{0}$，而 $\boldsymbol{p}_k\neq\boldsymbol{0}$，得 $x_k=0$. 因此，向量组 $\boldsymbol{p}_1,\boldsymbol{p}_2,\cdots,\boldsymbol{p}_k$ 线性无关.

证毕

推论 **设 λ_1 和 λ_2 是方阵 $\boldsymbol{A}$ 的两个不同特征值，$\boldsymbol{\xi}_1,\boldsymbol{\xi}_2,\cdots,\boldsymbol{\xi}_s$ 和 $\boldsymbol{\eta}_1,\boldsymbol{\eta}_2,\cdots,\boldsymbol{\eta}_t$ 分别是对应于 λ_1 和 λ_2 的线性无关的特征向量，则 $\boldsymbol{\xi}_1,\boldsymbol{\xi}_2,\cdots,\boldsymbol{\xi}_s,\boldsymbol{\eta}_1,\boldsymbol{\eta}_2,\cdots,\boldsymbol{\eta}_t$ 线性无关.**（证明留作习题.）

上述推论表明：对应于两个不同特征值的线性无关的特征向量组，合起来仍是线性无关的. 这一结论对 $m(\geqslant2)$ 个特征值的情形也成立.

例 9 设 λ_1 和 λ_2 是矩阵 $\boldsymbol{A}$ 的两个不同的特征值，对应的特征向量依次为 $\boldsymbol{p}_1$ 和 $\boldsymbol{p}_2$，证明 $\boldsymbol{p}_1+\boldsymbol{p}_2$ 不是 $\boldsymbol{A}$ 的特征向量.

证 按题设，有 $\boldsymbol{A}\boldsymbol{p}_1=\lambda_1\boldsymbol{p}_1$，$\boldsymbol{A}\boldsymbol{p}_2=\lambda_2\boldsymbol{p}_2$，故

$$\boldsymbol{A}(\boldsymbol{p}_1+\boldsymbol{p}_2)=\lambda_1\boldsymbol{p}_1+\lambda_2\boldsymbol{p}_2.$$

用反证法，假设 $\boldsymbol{p}_1+\boldsymbol{p}_2$ 是 $\boldsymbol{A}$ 的特征向量，则应存在数 λ，使 $\boldsymbol{A}(\boldsymbol{p}_1+\boldsymbol{p}_2)=\lambda(\boldsymbol{p}_1+\boldsymbol{p}_2)$，于是

$$\lambda(\boldsymbol{p}_1+\boldsymbol{p}_2)=\lambda_1\boldsymbol{p}_1+\lambda_2\boldsymbol{p}_2,$$

即

$$(\lambda_1-\lambda)\boldsymbol{p}_1+(\lambda_2-\lambda)\boldsymbol{p}_2=\boldsymbol{0},$$

因 $\lambda_1\neq\lambda_2$，按定理 2 知 $\boldsymbol{p}_1,\boldsymbol{p}_2$ 线性无关，故由上式得 $\lambda_1-\lambda=\lambda_2-\lambda=0$，即 $\lambda_1=\lambda_2$，与题设矛盾. 因此 $\boldsymbol{p}_1+\boldsymbol{p}_2$ 不是 $\boldsymbol{A}$ 的特征向量.

§3　相似矩阵

定义 7　设 $\boldsymbol{A}$、$\boldsymbol{B}$ 都是 n 阶矩阵，若有可逆矩阵 $\boldsymbol{P}$，使

$$\boldsymbol{P}^{-1}\boldsymbol{A}\boldsymbol{P}=\boldsymbol{B},$$

则称 $\boldsymbol{B}$ 是 $\boldsymbol{A}$ 的相似矩阵，或说矩阵 $\boldsymbol{A}$ 与 $\boldsymbol{B}$ 相似. 对 $\boldsymbol{A}$ 进行运算 $\boldsymbol{P}^{-1}\boldsymbol{A}\boldsymbol{P}$ 称为对 $\boldsymbol{A}$ 进行相似变换，可逆矩阵 $\boldsymbol{P}$ 称为把 $\boldsymbol{A}$ 变成 $\boldsymbol{B}$ 的相似变换矩阵.

定理 3　若 n 阶矩阵 $\boldsymbol{A}$ 与 $\boldsymbol{B}$ 相似，则 $\boldsymbol{A}$ 与 $\boldsymbol{B}$ 的特征多项式相同，从而 $\boldsymbol{A}$ 与 $\boldsymbol{B}$ 的特征值亦相同.

证　因 $\boldsymbol{A}$ 与 $\boldsymbol{B}$ 相似，即有可逆矩阵 $\boldsymbol{P}$，使 $\boldsymbol{P}^{-1}\boldsymbol{A}\boldsymbol{P}=\boldsymbol{B}$. 故

$$\begin{aligned}|\boldsymbol{B}-\lambda\boldsymbol{E}|&=|\boldsymbol{P}^{-1}\boldsymbol{A}\boldsymbol{P}-\boldsymbol{P}^{-1}(\lambda\boldsymbol{E})\boldsymbol{P}|=|\boldsymbol{P}^{-1}(\boldsymbol{A}-\lambda\boldsymbol{E})\boldsymbol{P}|\\&=|\boldsymbol{P}^{-1}||\boldsymbol{A}-\lambda\boldsymbol{E}||\boldsymbol{P}|=|\boldsymbol{A}-\lambda\boldsymbol{E}|.\end{aligned}$$

证毕

推论　若 n 阶矩阵 $\boldsymbol{A}$ 与对角矩阵

$$\boldsymbol{\Lambda}=\begin{pmatrix}\lambda_1&&&\\&\lambda_2&&\\&&\ddots&\\&&&\lambda_n\end{pmatrix}$$

相似，则 $\lambda_1,\lambda_2,\cdots,\lambda_n$ 即是 $\boldsymbol{A}$ 的 n 个特征值.

证　因 $\lambda_1,\lambda_2,\cdots,\lambda_n$ 即是 $\boldsymbol{\Lambda}$ 的 n 个特征值，由定理 3 知 $\lambda_1,\lambda_2,\cdots,\lambda_n$ 也就是 $\boldsymbol{A}$ 的 n 个特征值. 证毕

在第 2 章中我们曾指出：若 $\boldsymbol{A}=\boldsymbol{P}\boldsymbol{B}\boldsymbol{P}^{-1}$，则 $\boldsymbol{A}^k=\boldsymbol{P}\boldsymbol{B}^k\boldsymbol{P}^{-1}$. $\boldsymbol{A}$ 的多项式

$$\varphi(\boldsymbol{A})=\boldsymbol{P}\varphi(\boldsymbol{B})\boldsymbol{P}^{-1}.$$

特别，若有可逆矩阵 $\boldsymbol{P}$ 使 $\boldsymbol{P}^{-1}\boldsymbol{A}\boldsymbol{P}=\boldsymbol{\Lambda}$ 为对角矩阵，即若 $\boldsymbol{A}$ 相似于对角矩阵 $\boldsymbol{\Lambda}$，则

$$\boldsymbol{A}^k=\boldsymbol{P}\boldsymbol{\Lambda}^k\boldsymbol{P}^{-1},\ \varphi(\boldsymbol{A})=\boldsymbol{P}\varphi(\boldsymbol{\Lambda})\boldsymbol{P}^{-1}.$$

而对于对角矩阵 $\boldsymbol{\Lambda}$，有

$$\Lambda^k=\begin{pmatrix}\lambda_1^k & & & \\ & \lambda_2^k & & \\ & & \ddots & \\ & & & \lambda_n^k\end{pmatrix},\ \varphi(\Lambda)=\begin{pmatrix}\varphi(\lambda_1) & & & \\ & \varphi(\lambda_2) & & \\ & & \ddots & \\ & & & \varphi(\lambda_n)\end{pmatrix},$$

由此可方便地计算 $\boldsymbol{A}$ 的多项式 $\varphi(\boldsymbol{A})$.

下面我们要讨论的主要问题是：对 n 阶矩阵 $\boldsymbol{A}$，寻求相似变换矩阵 $\boldsymbol{P}$，使 $\boldsymbol{P}^{-1}\boldsymbol{A}\boldsymbol{P}=\boldsymbol{\Lambda}$ 为对角矩阵，这就称为把矩阵 $\boldsymbol{A}$ 对角化.

假设已经找到可逆矩阵 $\boldsymbol{P}$，使 $\boldsymbol{P}^{-1}\boldsymbol{A}\boldsymbol{P}=\boldsymbol{\Lambda}$ 为对角矩阵，我们来讨论 $\boldsymbol{P}$ 应满足什么关系.

把 $\boldsymbol{P}$ 用其列向量表示为

$$\boldsymbol{P}=(\boldsymbol{p}_1,\boldsymbol{p}_2,\cdots,\boldsymbol{p}_n),$$

由 $\boldsymbol{P}^{-1}\boldsymbol{A}\boldsymbol{P}=\boldsymbol{\Lambda}$，得 $\boldsymbol{A}\boldsymbol{P}=\boldsymbol{P}\boldsymbol{\Lambda}$，即

$$\begin{aligned}\boldsymbol{A}(\boldsymbol{p}_1,\boldsymbol{p}_2,\cdots,\boldsymbol{p}_n)&=(\boldsymbol{p}_1,\boldsymbol{p}_2,\cdots,\boldsymbol{p}_n)\begin{pmatrix}\lambda_1 & & & \\ & \lambda_2 & & \\ & & \ddots & \\ & & & \lambda_n\end{pmatrix}\\ &=(\lambda_1\boldsymbol{p}_1,\lambda_2\boldsymbol{p}_2,\cdots,\lambda_n\boldsymbol{p}_n),\end{aligned}$$

于是有

$$\boldsymbol{A}\boldsymbol{p}_i=\lambda_i\boldsymbol{p}_i\ (i=1,2,\cdots,n).$$

可见 λ_i 是 $\boldsymbol{A}$ 的特征值，而 $\boldsymbol{P}$ 的列向量 $\boldsymbol{p}_i$ 就是 $\boldsymbol{A}$ 的对应于特征值 λ_i 的特征向量.

反之，由上节知 $\boldsymbol{A}$ 恰好有 n 个特征值，并可对应地求得 n 个特征向量，这 n 个特征向量即可构成矩阵 $\boldsymbol{P}$，使 $\boldsymbol{A}\boldsymbol{P}=\boldsymbol{P}\boldsymbol{\Lambda}$.（因特征向量不是惟一的，所以矩阵 $\boldsymbol{P}$ 也不是惟一的，并且 $\boldsymbol{P}$ 可能是复矩阵.）

余下的问题是：$\boldsymbol{P}$ 是否可逆？即 $\boldsymbol{p}_1,\boldsymbol{p}_2,\cdots,\boldsymbol{p}_n$ 是否线性无关？如果 $\boldsymbol{P}$ 可逆，那么便有 $\boldsymbol{P}^{-1}\boldsymbol{A}\boldsymbol{P}=\boldsymbol{\Lambda}$，即 $\boldsymbol{A}$ 与对角矩阵相似.

由上面的讨论即有

定理 4 n **阶矩阵** $\boldsymbol{A}$ **与对角矩阵相似（即** $\boldsymbol{A}$ **能对角化）的充分必要条件是** $\boldsymbol{A}$ **有** n **个线性无关的特征向量.**

联系定理 2，可得

推论 **如果** n **阶矩阵** $\boldsymbol{A}$ **的** n **个特征值互不相等，则** $\boldsymbol{A}$ **与对角矩阵相似.**

当 $\boldsymbol{A}$ 的特征方程有重根时，就不一定有 n 个线性无关的特征向量，从而不一定能对角化. 例如在例 6 中 $\boldsymbol{A}$ 的特征方程有重根，确实找不到 3 个线性无关的

特征向量，因此例 6 中的 $\boldsymbol{A}$ 不能对角化.

例 10　设矩阵

$$\boldsymbol{A}=\begin{pmatrix}-2&1&1\\0&2&0\\-4&1&3\end{pmatrix},$$

问 $\boldsymbol{A}$ 能否对角化？若能，则求可逆矩阵 $\boldsymbol{P}$ 和对角矩阵 $\boldsymbol{\Lambda}$，使 $\boldsymbol{P}^{-1}\boldsymbol{A}\boldsymbol{P}=\boldsymbol{\Lambda}$.

解　先求 $\boldsymbol{A}$ 的特征值.

$$|\boldsymbol{A}-\lambda\boldsymbol{E}|=\begin{vmatrix}-2-\lambda&1&1\\0&2-\lambda&0\\-4&1&3-\lambda\end{vmatrix}=(2-\lambda)\begin{vmatrix}-2-\lambda&1\\-4&3-\lambda\end{vmatrix}$$

$$=(2-\lambda)(\lambda^2-\lambda-2)=-(\lambda+1)(\lambda-2)^2,$$

所以 $\boldsymbol{A}$ 的特征值为 $\lambda_1=-1,\lambda_2=\lambda_3=2$.

再求 $\boldsymbol{A}$ 的特征向量.

当 $\lambda_1=-1$ 时，解方程 $(\boldsymbol{A}+\boldsymbol{E})\boldsymbol{x}=\boldsymbol{0}$. 由

$$\boldsymbol{A}+\boldsymbol{E}=\begin{pmatrix}-1&1&1\\0&3&0\\-4&1&4\end{pmatrix}\overset{r}{\sim}\begin{pmatrix}1&0&-1\\0&1&0\\0&0&0\end{pmatrix},$$

得对应的特征向量

$$\boldsymbol{p}_1=\begin{pmatrix}1\\0\\1\end{pmatrix};$$

当 $\lambda_2=\lambda_3=2$ 时，解方程 $(\boldsymbol{A}-2\boldsymbol{E})\boldsymbol{x}=\boldsymbol{0}$. 由

$$\boldsymbol{A}-2\boldsymbol{E}=\begin{pmatrix}-4&1&1\\0&0&0\\-4&1&1\end{pmatrix}\overset{r}{\sim}\begin{pmatrix}-4&1&1\\0&0&0\\0&0&0\end{pmatrix},$$

得对应的线性无关特征向量

$$\boldsymbol{p}_2=\begin{pmatrix}0\\1\\-1\end{pmatrix},\ \boldsymbol{p}_3=\begin{pmatrix}1\\0\\4\end{pmatrix}.$$

由定理 2 的推论，知 $\boldsymbol{p}_1,\boldsymbol{p}_2,\boldsymbol{p}_3$ 线性无关，再由定理 4 知 $\boldsymbol{A}$ 可对角化；并且若记

$$\boldsymbol{P}=(\boldsymbol{p}_1,\boldsymbol{p}_2,\boldsymbol{p}_3)=\begin{pmatrix}1&0&1\\0&1&0\\1&-1&4\end{pmatrix},$$

则有

$$P^{-1}AP=\mathrm{diag}(-1,2,2).$$

要注意上式中对角矩阵的对角元的排列次序应与 P 中列向量的排列次序一致.

例 11　设

$$A=\begin{pmatrix}0&0&1\\1&1&t\\1&0&0\end{pmatrix},$$

问 t 为何值时,矩阵 A 能对角化?

解　$|A-\lambda E|=\begin{vmatrix}-\lambda&0&1\\1&1-\lambda&t\\1&0&-\lambda\end{vmatrix}=(1-\lambda)\begin{vmatrix}-\lambda&1\\1&-\lambda\end{vmatrix}=-(\lambda-1)^2(\lambda+1)$,

得 $\lambda_1=-1,\lambda_2=\lambda_3=1$.

当单根 $\lambda_1=-1$ 时,可求得线性无关的特征向量恰有 1 个,故矩阵 A 可对角化的充分必要条件是对应重根 $\lambda_2=\lambda_3=1$,有 2 个线性无关的特征向量,即方程 $(A-E)x=0$有 2 个线性无关的解,亦即系数矩阵 $A-E$ 的秩 $R(A-E)=1$.

由

$$A-E=\begin{pmatrix}-1&0&1\\1&0&t\\1&0&-1\end{pmatrix}\overset{r}{\sim}\begin{pmatrix}1&0&-1\\0&0&t+1\\0&0&0\end{pmatrix},$$

要 $R(A-E)=1$,得 $t+1=0$,即 $t=-1$.

因此,当 $t=-1$ 时,矩阵 A 能对角化.

§4　对称矩阵的对角化

一个 n 阶矩阵具备什么条件才能对角化? 这是一个较复杂的问题. 我们对此不进行一般性的讨论,而仅讨论当 A 为对称矩阵的情形.

先介绍两个关于对称矩阵的特征值和特征向量的性质.

性质 1　对称矩阵的特征值为实数.

证　先介绍一个记号. 设复数矩阵 $X=(x_{ij})$,$\bar{x}_{ij}$为 x_{ij}的共轭复数,记 $\overline{X}=(\bar{x}_{ij})$,即 $\overline{X}$ 是由 X 的对应元素的共轭复数构成的矩阵.

设复数 λ 为对称矩阵 A 的特征值,复向量 x 为对应的特征向量,即 $Ax=\lambda x,x\neq 0$.

用 $\bar{\lambda}$ 表示 λ 的共轭复数,而 A 为实矩阵,有 $A=\overline{A}$,故 $A\bar{x}=\overline{A}\bar{x}=\overline{Ax}=\overline{\lambda x}=\bar{\lambda}\bar{x}$. 于是有

$$\bar{x}^{\mathrm{T}}Ax=\bar{x}^{\mathrm{T}}(Ax)=\bar{x}^{\mathrm{T}}\lambda x=\lambda\bar{x}^{\mathrm{T}}x$$

及

$$\bar{x}^{\mathrm{T}}Ax=(\bar{x}^{\mathrm{T}}A^{\mathrm{T}})x=(A\bar{x})^{\mathrm{T}}x=(\bar{\lambda}\bar{x})^{\mathrm{T}}x=\bar{\lambda}\bar{x}^{\mathrm{T}}x,$$

两式相减,得

$$(\lambda-\bar{\lambda})\bar{\boldsymbol{x}}^{\mathrm{T}}\boldsymbol{x}=0,$$

但因 $\boldsymbol{x}\neq\boldsymbol{0}$,所以

$$\bar{\boldsymbol{x}}^{\mathrm{T}}\boldsymbol{x}=\sum_{i=1}^{n}\bar{x}_i x_i=\sum_{i=1}^{n}|x_i|^2\neq 0,$$

故 $\lambda-\bar{\lambda}=0$,即 $\lambda=\bar{\lambda}$,这就说明 λ 是实数. 证毕

显然,当特征值 λ_i 为实数时,齐次线性方程组

$$(\boldsymbol{A}-\lambda_i\boldsymbol{E})\boldsymbol{x}=\boldsymbol{0}$$

是实系数方程组,由 $|\boldsymbol{A}-\lambda_i\boldsymbol{E}|=0$ 知必有实的基础解系,所以对应的特征向量可以取实向量.

性质 2　设 λ_1,λ_2 是对称矩阵 $\boldsymbol{A}$ 的两个特征值,$\boldsymbol{p}_1,\boldsymbol{p}_2$ 是对应的特征向量. 若 $\lambda_1\neq\lambda_2$,则 $\boldsymbol{p}_1$ 与 $\boldsymbol{p}_2$ 正交.

证　$\lambda_1\boldsymbol{p}_1=\boldsymbol{A}\boldsymbol{p}_1,\lambda_2\boldsymbol{p}_2=\boldsymbol{A}\boldsymbol{p}_2,\lambda_1\neq\lambda_2$.

因 $\boldsymbol{A}$ 对称,故 $\lambda_1\boldsymbol{p}_1^{\mathrm{T}}=(\lambda_1\boldsymbol{p}_1)^{\mathrm{T}}=(\boldsymbol{A}\boldsymbol{p}_1)^{\mathrm{T}}=\boldsymbol{p}_1^{\mathrm{T}}\boldsymbol{A}^{\mathrm{T}}=\boldsymbol{p}_1^{\mathrm{T}}\boldsymbol{A}$,于是

$$\lambda_1\boldsymbol{p}_1^{\mathrm{T}}\boldsymbol{p}_2=\boldsymbol{p}_1^{\mathrm{T}}\boldsymbol{A}\boldsymbol{p}_2=\boldsymbol{p}_1^{\mathrm{T}}(\lambda_2\boldsymbol{p}_2)=\lambda_2\boldsymbol{p}_1^{\mathrm{T}}\boldsymbol{p}_2,$$

即

$$(\lambda_1-\lambda_2)\boldsymbol{p}_1^{\mathrm{T}}\boldsymbol{p}_2=0.$$

但 $\lambda_1\neq\lambda_2$,故 $\boldsymbol{p}_1^{\mathrm{T}}\boldsymbol{p}_2=0$,即 $\boldsymbol{p}_1$ 与 $\boldsymbol{p}_2$ 正交. 证毕

定理 5　设 $\boldsymbol{A}$ 为 n 阶对称矩阵,则必有正交矩阵 $\boldsymbol{P}$,使 $\boldsymbol{P}^{-1}\boldsymbol{A}\boldsymbol{P}=\boldsymbol{P}^{\mathrm{T}}\boldsymbol{A}\boldsymbol{P}=\boldsymbol{\Lambda}$,其中 $\boldsymbol{\Lambda}$ 是以 $\boldsymbol{A}$ 的 n 个特征值为对角元的对角矩阵.

此定理不予证明.

推论　设 $\boldsymbol{A}$ 为 n 阶对称矩阵,λ 是 $\boldsymbol{A}$ 的特征方程的 k 重根,则矩阵 $\boldsymbol{A}-\lambda\boldsymbol{E}$ 的秩 $R(\boldsymbol{A}-\lambda\boldsymbol{E})=n-k$,从而对应特征值 λ 恰有 k 个线性无关的特征向量.

证　按定理 5 知对称矩阵 $\boldsymbol{A}$ 与对角矩阵 $\boldsymbol{\Lambda}=\mathrm{diag}(\lambda_1,\cdots,\lambda_n)$ 相似,从而 $\boldsymbol{A}-\lambda\boldsymbol{E}$ 与 $\boldsymbol{\Lambda}-\lambda\boldsymbol{E}=\mathrm{diag}(\lambda_1-\lambda,\cdots,\lambda_n-\lambda)$ 相似. 当 λ 是 $\boldsymbol{A}$ 的 k 重特征根时,$\lambda_1,\cdots,\lambda_n$ 这 n 个特征值中有 k 个等于 λ,有 $n-k$ 个不等于 λ,从而对角矩阵 $\boldsymbol{\Lambda}-\lambda\boldsymbol{E}$ 的对角元恰有 k 个等于 0,于是 $R(\boldsymbol{\Lambda}-\lambda\boldsymbol{E})=n-k$. 而 $R(\boldsymbol{A}-\lambda\boldsymbol{E})=R(\boldsymbol{\Lambda}-\lambda\boldsymbol{E})$,所以 $R(\boldsymbol{A}-\lambda\boldsymbol{E})=n-k$. 证毕

依据定理 5 及其推论,我们有下述把对称矩阵 $\boldsymbol{A}$ 对角化的步骤:

(i) 求出 $\boldsymbol{A}$ 的全部互不相等的特征值 $\lambda_1,\cdots,\lambda_s$,它们的重数依次为 $k_1,\cdots,k_s$ $(k_1+\cdots+k_s=n)$.

(ii) 对每个 k_i 重特征值 λ_i,求方程 $(\boldsymbol{A}-\lambda_i\boldsymbol{E})\boldsymbol{x}=\boldsymbol{0}$ 的基础解系,得 k_i 个线性无关的特征向量. 再把它们正交化、单位化,得 k_i 个两两正交的单位特征向量. 因 $k_1+\cdots+k_s=n$,故总共可得 n 个两两正交的单位特征向量.

(iii) 把这 n 个两两正交的单位特征向量构成正交矩阵 $\boldsymbol{P}$,便有 $\boldsymbol{P}^{-1}\boldsymbol{A}\boldsymbol{P}=\boldsymbol{P}^{\mathrm{T}}\boldsymbol{A}\boldsymbol{P}=\boldsymbol{\Lambda}$. 注意 $\boldsymbol{\Lambda}$ 中对角元的排列次序应与 $\boldsymbol{P}$ 中列向量的排列次序相对应.

例 12 设

$$A=\begin{pmatrix}0&-1&1\\-1&0&1\\1&1&0\end{pmatrix},$$

求一个正交矩阵 $\boldsymbol{P}$,使 $\boldsymbol{P}^{-1}\boldsymbol{AP}=\boldsymbol{\Lambda}$ 为对角矩阵.

解 由

$$|\boldsymbol{A}-\lambda\boldsymbol{E}|=\begin{vmatrix}-\lambda&-1&1\\-1&-\lambda&1\\1&1&-\lambda\end{vmatrix}\xlongequal{r_1-r_2}\begin{vmatrix}1-\lambda&\lambda-1&0\\-1&-\lambda&1\\1&1&-\lambda\end{vmatrix}\xlongequal{c_2+c_1}\begin{vmatrix}1-\lambda&0&0\\-1&-1-\lambda&1\\1&2&-\lambda\end{vmatrix}$$

$$=(1-\lambda)(\lambda^2+\lambda-2)=-(\lambda-1)^2(\lambda+2),$$

求得 $\boldsymbol{A}$ 的特征值为 $\lambda_1=-2,\lambda_2=\lambda_3=1$.

对应 $\lambda_1=-2$,解方程 $(\boldsymbol{A}+2\boldsymbol{E})\boldsymbol{x}=\boldsymbol{0}$,由

$$\boldsymbol{A}+2\boldsymbol{E}=\begin{pmatrix}2&-1&1\\-1&2&1\\1&1&2\end{pmatrix}\overset{r}{\sim}\begin{pmatrix}1&0&1\\0&1&1\\0&0&0\end{pmatrix},$$

得基础解系 $\boldsymbol{\xi}_1=\begin{pmatrix}-1\\-1\\1\end{pmatrix}$. 将 ξ_1 单位化,得 $\boldsymbol{p}_1=\dfrac{1}{\sqrt3}\begin{pmatrix}-1\\-1\\1\end{pmatrix}$.

对应 $\lambda_2=\lambda_3=1$,解方程 $(\boldsymbol{A}-\boldsymbol{E})\boldsymbol{x}=\boldsymbol{0}$,由

$$\boldsymbol{A}-\boldsymbol{E}=\begin{pmatrix}-1&-1&1\\-1&-1&1\\1&1&-1\end{pmatrix}\overset{r}{\sim}\begin{pmatrix}1&1&-1\\0&0&0\\0&0&0\end{pmatrix},$$

得基础解系 $\boldsymbol{\xi}_2=\begin{pmatrix}-1\\1\\0\end{pmatrix},\boldsymbol{\xi}_3=\begin{pmatrix}1\\0\\1\end{pmatrix}$.

将 $\boldsymbol{\xi}_2,\boldsymbol{\xi}_3$ 正交化:取 $\boldsymbol{\eta}_2=\boldsymbol{\xi}_2$,

$$\boldsymbol{\eta}_3=\boldsymbol{\xi}_3-\frac{[\boldsymbol{\eta}_2,\boldsymbol{\xi}_3]}{\|\boldsymbol{\eta}_2\|^2}\boldsymbol{\eta}_2=\begin{pmatrix}1\\0\\1\end{pmatrix}+\frac12\begin{pmatrix}-1\\1\\0\end{pmatrix}=\frac12\begin{pmatrix}1\\1\\2\end{pmatrix}.$$

再将 $\boldsymbol{\eta}_2,\boldsymbol{\eta}_3$ 单位化,得 $\boldsymbol{p}_2=\dfrac{1}{\sqrt2}\begin{pmatrix}-1\\1\\0\end{pmatrix},\boldsymbol{p}_3=\dfrac{1}{\sqrt6}\begin{pmatrix}1\\1\\2\end{pmatrix}$.

将 $\boldsymbol{p}_1,\boldsymbol{p}_2,\boldsymbol{p}_3$ 构成正交矩阵

$$\boldsymbol{P}=(\boldsymbol{p}_1,\boldsymbol{p}_2,\boldsymbol{p}_3)=\begin{pmatrix}-\frac{1}{\sqrt{3}} & -\frac{1}{\sqrt{2}} & \frac{1}{\sqrt{6}}\\ -\frac{1}{\sqrt{3}} & \frac{1}{\sqrt{2}} & \frac{1}{\sqrt{6}}\\ \frac{1}{\sqrt{3}} & 0 & \frac{2}{\sqrt{6}}\end{pmatrix},$$

有

$$\boldsymbol{P}^{-1}\boldsymbol{A}\boldsymbol{P}=\boldsymbol{P}^{\mathrm{T}}\boldsymbol{A}\boldsymbol{P}=\boldsymbol{\Lambda}=\begin{pmatrix}-2&0&0\\0&1&0\\0&0&1\end{pmatrix}.$$

例 13　设 $\boldsymbol{A}=\begin{pmatrix}2&-1\\-1&2\end{pmatrix}$，求 $\boldsymbol{A}^n$.

解　因 $\boldsymbol{A}$ 对称，故 $\boldsymbol{A}$ 可对角化，即有可逆矩阵 $\boldsymbol{P}$ 及对角矩阵 $\boldsymbol{\Lambda}$，使 $\boldsymbol{P}^{-1}\boldsymbol{A}\boldsymbol{P}=\boldsymbol{\Lambda}$. 于是 $\boldsymbol{A}=\boldsymbol{P}\boldsymbol{\Lambda}\boldsymbol{P}^{-1}$，从而 $\boldsymbol{A}^n=\boldsymbol{P}\boldsymbol{\Lambda}^n\boldsymbol{P}^{-1}$. 由

$$|\boldsymbol{A}-\lambda\boldsymbol{E}|=\begin{vmatrix}2-\lambda&-1\\-1&2-\lambda\end{vmatrix}=\lambda^2-4\lambda+3=(\lambda-1)(\lambda-3),$$

得 $\boldsymbol{A}$ 的特征值 $\lambda_1=1,\lambda_2=3$. 于是

$$\boldsymbol{\Lambda}=\begin{pmatrix}1&0\\0&3\end{pmatrix},\quad \boldsymbol{\Lambda}^n=\begin{pmatrix}1&0\\0&3^n\end{pmatrix}.$$

对应 $\lambda_1=1$，由 $\boldsymbol{A}-\boldsymbol{E}=\begin{pmatrix}1&-1\\-1&1\end{pmatrix}\overset{r}{\sim}\begin{pmatrix}1&-1\\0&0\end{pmatrix}$，得 $\boldsymbol{\xi}_1=\begin{pmatrix}1\\1\end{pmatrix}$；

对应 $\lambda_2=3$，由 $\boldsymbol{A}-3\boldsymbol{E}=\begin{pmatrix}-1&-1\\-1&-1\end{pmatrix}\overset{r}{\sim}\begin{pmatrix}1&1\\0&0\end{pmatrix}$，得 $\boldsymbol{\xi}_2=\begin{pmatrix}1\\-1\end{pmatrix}$.

并有 $\boldsymbol{P}=(\boldsymbol{\xi}_1,\boldsymbol{\xi}_2)=\begin{pmatrix}1&1\\1&-1\end{pmatrix}$，再求出 $\boldsymbol{P}^{-1}=\frac{1}{2}\begin{pmatrix}1&1\\1&-1\end{pmatrix}$. 于是

$$\boldsymbol{A}^n=\boldsymbol{P}\boldsymbol{\Lambda}^n\boldsymbol{P}^{-1}=\frac{1}{2}\begin{pmatrix}1&1\\1&-1\end{pmatrix}\begin{pmatrix}1&0\\0&3^n\end{pmatrix}\begin{pmatrix}1&1\\1&-1\end{pmatrix}=\frac{1}{2}\begin{pmatrix}1+3^n&1-3^n\\1-3^n&1+3^n\end{pmatrix}.$$

§5　二次型及其标准形

在解析几何中，为了便于研究二次曲线

$$ax^2+bxy+cy^2=1 \tag{4}$$

的几何性质，可以选择适当的坐标旋转变换

$$\begin{cases}x=x'\cos\theta-y'\sin\theta,\\ y=x'\sin\theta+y'\cos\theta,\end{cases}$$

把方程(4)化为标准形

$$mx'^2+ny'^2=1.$$

(4)式的左边是一个二次齐次多项式,从代数学的观点看,化标准形的过程就是通过变量的线性变换化简一个二次齐次多项式,使它只含有平方项.这样一个问题,在许多理论问题或实际问题中常会遇到.现在我们把这类问题一般化,讨论 n 个变量的二次齐次多项式的化简问题.

定义 8 含有 n 个变量 $x_1,x_2,\cdots,x_n$ 的二次齐次函数

$$f(x_1,x_2,\cdots,x_n)=a_{11}x_1^2+a_{22}x_2^2+\cdots+a_{nn}x_n^2+\\ 2a_{12}x_1x_2+2a_{13}x_1x_3+\cdots+2a_{n-1,n}x_{n-1}x_n \tag{5}$$

称为二次型.

当 $j>i$ 时,取 $a_{ji}=a_{ij}$,则 $2a_{ij}x_ix_j=a_{ij}x_ix_j+a_{ji}x_jx_i$,于是(5)式可写成

$$f=a_{11}x_1^2+a_{12}x_1x_2+\cdots+a_{1n}x_1x_n+a_{21}x_2x_1+a_{22}x_2^2+\cdots+a_{2n}x_2x_n+\cdots+\\ a_{n1}x_nx_1+a_{n2}x_nx_2+\cdots+a_{nn}x_n^2\\ =\sum_{i,j=1}^{n}a_{ij}x_ix_j. \tag{6}$$

对于二次型,我们讨论的主要问题是:寻求可逆的线性变换

$$\begin{cases}x_1=c_{11}y_1+c_{12}y_2+\cdots+c_{1n}y_n,\\ x_2=c_{21}y_1+c_{22}y_2+\cdots+c_{2n}y_n,\\ \cdots\cdots\cdots\cdots\\ x_n=c_{n1}y_1+c_{n2}y_2+\cdots+c_{nn}y_n,\end{cases} \tag{7}$$

使二次型只含平方项,也就是用(7)式代入(5)式,能使

$$f=k_1y_1^2+k_2y_2^2+\cdots+k_ny_n^2,$$

这种只含平方项的二次型,称为二次型的标准形(或法式).

如果标准形的系数 $k_1,k_2,\cdots,k_n$ 只在 1,-1,0 三个数中取值,也就是用(7)式代入(5)式,能使

$$f=y_1^2+\cdots+y_p^2-y_{p+1}^2-\cdots-y_r^2,$$

则称上式为二次型的规范形.

当 a_{ij} 为复数时,f 称为复二次型;当 a_{ij} 为实数时,f 称为实二次型.这里,我们仅讨论实二次型,所求的线性变换(7)也限于实系数范围.

利用矩阵,二次型(6)可表示为

$$f=x_1(a_{11}x_1+a_{12}x_2+\cdots+a_{1n}x_n)+x_2(a_{21}x_1+a_{22}x_2+\cdots+a_{2n}x_n)+\cdots+$$

$$x_n(a_{n1}x_1+a_{n2}x_2+\cdots+a_{nn}x_n)$$

$$=(x_1,x_2,\cdots,x_n)\begin{pmatrix} a_{11}x_1+a_{12}x_2+\cdots+a_{1n}x_n \\ a_{21}x_1+a_{22}x_2+\cdots+a_{2n}x_n \\ \vdots \\ a_{n1}x_1+a_{n2}x_2+\cdots+a_{nn}x_n \end{pmatrix}$$

$$=(x_1,x_2,\cdots,x_n)\begin{pmatrix} a_{11} & a_{12} & \cdots & a_{1n} \\ a_{21} & a_{22} & \cdots & a_{2n} \\ \vdots & \vdots & & \vdots \\ a_{n1} & a_{n2} & \cdots & a_{nn} \end{pmatrix}\begin{pmatrix} x_1 \\ x_2 \\ \vdots \\ x_n \end{pmatrix},$$

记

$$\boldsymbol{A}=\begin{pmatrix} a_{11} & a_{12} & \cdots & a_{1n} \\ a_{21} & a_{22} & \cdots & a_{2n} \\ \vdots & \vdots & & \vdots \\ a_{n1} & a_{n2} & \cdots & a_{nn} \end{pmatrix},\quad \boldsymbol{x}=\begin{pmatrix} x_1 \\ x_2 \\ \vdots \\ x_n \end{pmatrix},$$

则二次型可用矩阵记作

$$f=\boldsymbol{x}^{\mathrm{T}}\boldsymbol{A}\boldsymbol{x}, \tag{8}$$

其中 $\boldsymbol{A}$ 为对称矩阵.

例如,二次型 $f=x^2-3z^2-4xy+yz$ 用矩阵记号写出来,就是

$$f=(x,y,z)\begin{pmatrix} 1 & -2 & 0 \\ -2 & 0 & \frac{1}{2} \\ 0 & \frac{1}{2} & -3 \end{pmatrix}\begin{pmatrix} x \\ y \\ z \end{pmatrix}.$$

任给一个二次型,就惟一地确定一个对称矩阵;反之,任给一个对称矩阵,也可惟一地确定一个二次型. 这样,二次型与对称矩阵之间存在一一对应的关系. 因此,我们把对称矩阵 $\boldsymbol{A}$ 叫做二次型 f 的矩阵,也把 f 叫做对称矩阵 $\boldsymbol{A}$ 的二次型. 对称矩阵 $\boldsymbol{A}$ 的秩就叫做二次型 f 的秩.

记 $\boldsymbol{C}=(c_{ij})$,把可逆变换(7)记作

$$\boldsymbol{x}=\boldsymbol{C}\boldsymbol{y},$$

代入(8)式,有 $f=\boldsymbol{x}^{\mathrm{T}}\boldsymbol{A}\boldsymbol{x}=(\boldsymbol{C}\boldsymbol{y})^{\mathrm{T}}\boldsymbol{A}\boldsymbol{C}\boldsymbol{y}=\boldsymbol{y}^{\mathrm{T}}(\boldsymbol{C}^{\mathrm{T}}\boldsymbol{A}\boldsymbol{C})\boldsymbol{y}$.

定义 9　设 $\boldsymbol{A}$ 和 $\boldsymbol{B}$ 是 n 阶矩阵,若有可逆矩阵 $\boldsymbol{C}$,使 $\boldsymbol{B}=\boldsymbol{C}^{\mathrm{T}}\boldsymbol{A}\boldsymbol{C}$,则称矩阵 $\boldsymbol{A}$ 与 $\boldsymbol{B}$ 合同.

显然,若 $\boldsymbol{A}$ 为对称矩阵,则 $\boldsymbol{B}=\boldsymbol{C}^{\mathrm{T}}\boldsymbol{A}\boldsymbol{C}$ 也为对称矩阵,且 $R(\boldsymbol{B})=R(\boldsymbol{A})$. 事实上,

$$B^{T}=(C^{T}AC)^{T}=C^{T}A^{T}C=C^{T}AC=B,$$

即 B 为对称矩阵. 又因 $B=C^{T}AC$,而 C 可逆,从而 C^{T} 也可逆,由矩阵秩的性质即知 $R(B)=R(A)$.

由此可知,经可逆变换 $x=Cy$ 后,二次型 f 的矩阵由 A 变为与 A 合同的矩阵 $C^{T}AC$,且二次型的秩不变.

要使二次型 f 经可逆变换 $x=Cy$ 变成标准形,这就是要使

$$\begin{aligned} y^{T}C^{T}ACy &= k_1y_1^2+k_2y_2^2+\cdots+k_ny_n^2 \\ &=(y_1,y_2,\cdots,y_n)\begin{pmatrix} k_1 & & & \\ & k_2 & & \\ & & \ddots & \\ & & & k_n \end{pmatrix}\begin{pmatrix} y_1 \\ y_2 \\ \vdots \\ y_n \end{pmatrix}, \end{aligned}$$

也就是要使 $C^{T}AC$ 成为对角矩阵. 因此,我们的主要问题就是:对于对称矩阵 A,寻求可逆矩阵 C,使 $C^{T}AC$ 为对角矩阵. 这个问题称为把对称矩阵 A 合同对角化.

由上节定理 5 知,任给对称矩阵 A,总有正交矩阵 P,使 $P^{-1}AP=\Lambda$,即 $P^{T}AP=\Lambda$. 把此结论应用于二次型,即有

定理 6　任给二次型 $f=\sum\limits_{i,j=1}^{n}a_{ij}x_ix_j\ (a_{ij}=a_{ji})$,总有正交变换 $x=Py$,使 f 化为标准形

$$f=\lambda_1y_1^2+\lambda_2y_2^2+\cdots+\lambda_ny_n^2,$$

其中 $\lambda_1,\lambda_2,\cdots,\lambda_n$ 是 f 的矩阵 $A=(a_{ij})$ 的特征值.

推论　任给 n 元二次型 $f(x)=x^{T}Ax\ (A^{T}=A)$,总有可逆变换 $x=Cz$,使 $f(Cz)$ 为规范形.

证　按定理 6,有

$$f(Py)=y^{T}\Lambda y=\lambda_1y_1^2+\cdots+\lambda_ny_n^2,$$

设二次型 f 的秩为 r,则特征值 λ_i 中恰有 r 个不为 0,无妨设 $\lambda_1,\cdots,\lambda_r$ 不等于 0,$\lambda_{r+1}=\cdots=\lambda_n=0$,令

$$K=\begin{pmatrix} k_1 & & & \\ & k_2 & & \\ & & \ddots & \\ & & & k_n \end{pmatrix},$$

其中

$$k_i=\begin{cases}\dfrac{1}{\sqrt{|\lambda_i|}}, & i\leqslant r,\\ 1, & i>r,\end{cases}$$

则 $\boldsymbol{K}$ 可逆，变换 $\boldsymbol{y}=\boldsymbol{K}\boldsymbol{z}$ 把 $f(\boldsymbol{P}\boldsymbol{y})$ 化为

$$f(\boldsymbol{PKz})=\boldsymbol{z}^{\mathrm{T}}\boldsymbol{K}^{\mathrm{T}}\boldsymbol{P}^{\mathrm{T}}\boldsymbol{APKz}=\boldsymbol{z}^{\mathrm{T}}\boldsymbol{K}^{\mathrm{T}}\boldsymbol{\Lambda}\boldsymbol{Kz},$$

而

$$\boldsymbol{K}^{\mathrm{T}}\boldsymbol{\Lambda}\boldsymbol{K}=\operatorname{diag}\left(\frac{\lambda_1}{|\lambda_1|},\cdots,\frac{\lambda_r}{|\lambda_r|},0,\cdots,0\right),$$

记 $\boldsymbol{C}=\boldsymbol{PK}$，即知可逆变换 $\boldsymbol{x}=\boldsymbol{Cz}$ 把 f 化成规范形

$$f(\boldsymbol{Cz})=\frac{\lambda_1}{|\lambda_1|}z_1^2+\cdots+\frac{\lambda_r}{|\lambda_r|}z_r^2.$$

证毕

例 14　求一个正交变换 $\boldsymbol{x}=\boldsymbol{P}\boldsymbol{y}$，把二次型

$$f=-2x_1x_2+2x_1x_3+2x_2x_3$$

化为标准形.

解　二次型 f 的矩阵为

$$\boldsymbol{A}=\begin{pmatrix}0&-1&1\\-1&0&1\\1&1&0\end{pmatrix},$$

这与例 12 所给矩阵相同. 按例 12 的结果，有正交矩阵

$$\boldsymbol{P}=\begin{pmatrix}-\dfrac{1}{\sqrt{3}}&-\dfrac{1}{\sqrt{2}}&\dfrac{1}{\sqrt{6}}\\-\dfrac{1}{\sqrt{3}}&\dfrac{1}{\sqrt{2}}&\dfrac{1}{\sqrt{6}}\\\dfrac{1}{\sqrt{3}}&0&\dfrac{2}{\sqrt{6}}\end{pmatrix},$$

使

$$\boldsymbol{P}^{\mathrm{T}}\boldsymbol{AP}=\boldsymbol{\Lambda}=\begin{pmatrix}-2&0&0\\0&1&0\\0&0&1\end{pmatrix},$$

于是有正交变换

$$\begin{pmatrix}x_1\\x_2\\x_3\end{pmatrix}=\begin{pmatrix}-\frac{1}{\sqrt{3}} & -\frac{1}{\sqrt{2}} & \frac{1}{\sqrt{6}}\\ -\frac{1}{\sqrt{3}} & \frac{1}{\sqrt{2}} & \frac{1}{\sqrt{6}}\\ \frac{1}{\sqrt{3}} & 0 & \frac{2}{\sqrt{6}}\end{pmatrix}\begin{pmatrix}y_1\\y_2\\y_3\end{pmatrix},$$

把二次型 f 化成标准形

$$f=-2y_1^2+y_2^2+y_3^2.$$

如果要把二次型 f 化成规范形，只需令

$$\begin{cases}y_1=\frac{1}{\sqrt{2}}z_1,\\ y_2=\quad z_2,\\ y_3=\quad z_3,\end{cases}$$

即得 f 的规范形

$$f=-z_1^2+z_2^2+z_3^2.$$

§6 用配方法化二次型成标准形

用正交变换化二次型成标准形，具有保持几何形状不变的优点. 如果不限于用正交变换，那么还可以有多种方法(对应有多个可逆的线性变换)把二次型化成标准形. 这里只介绍拉格朗日配方法，下面举例来说明这种方法.

例 15 化二次型

$$f=x_1^2+2x_2^2+5x_3^2+2x_1x_2+2x_1x_3+6x_2x_3$$

成标准形，并求所用的变换矩阵.

解 由于 f 中含变量 x_1 的平方项，故把含 x_1 的项归并起来，配方可得

$$\begin{aligned}f&=x_1^2+2x_1x_2+2x_1x_3+2x_2^2+5x_3^2+6x_2x_3\\&=(x_1+x_2+x_3)^2-x_2^2-x_3^2-2x_2x_3+2x_2^2+5x_3^2+6x_2x_3\\&=(x_1+x_2+x_3)^2+x_2^2+4x_2x_3+4x_3^2,\end{aligned}$$

上式右端除第一项外已不再含 x_1. 继续配方，可得

$$f=(x_1+x_2+x_3)^2+(x_2+2x_3)^2.$$

令 $\begin{cases}y_1=x_1+x_2+\ x_3,\\ y_2=\qquad x_2+2x_3,\\ y_3=\qquad\qquad x_3,\end{cases}$ 即 $\begin{cases}x_1=y_1-y_2+\ y_3,\\ x_2=\qquad y_2-2y_3,\\ x_3=\qquad\qquad y_3,\end{cases}$ 就把 f 化成标准形(规范形) $f=y_1^2+y_2^2$，所用变换矩阵为

$$\boldsymbol{C}=\begin{pmatrix}1 & -1 & 1\\ 0 & 1 & -2\\ 0 & 0 & 1\end{pmatrix}\quad(|\boldsymbol{C}|=1\neq 0).$$

例 16　化二次型

$$f=2x_1x_2+2x_1x_3-6x_2x_3$$

成规范形，并求所用的变换矩阵.

解　在 f 中不含平方项. 由于含有 x_1x_2 乘积项，故令

$$\begin{cases} x_1=y_1+y_2, \\ x_2=y_1-y_2, \\ x_3=y_3, \end{cases}$$

代入可得

$$f=2y_1^2-2y_2^2-4y_1y_3+8y_2y_3.$$

再配方，得

$$f=2(y_1-y_3)^2-2(y_2-2y_3)^2+6y_3^2.$$

令 $\begin{cases} z_1=\sqrt{2}(y_1-y_3), \\ z_2=\sqrt{2}(y_2-2y_3), \\ z_3=\sqrt{6}y_3, \end{cases}$ 即 $\begin{cases} y_1=\dfrac{1}{\sqrt{2}}z_1+\dfrac{1}{\sqrt{6}}z_3, \\ y_2=\dfrac{1}{\sqrt{2}}z_2+\dfrac{2}{\sqrt{6}}z_3, \\ y_3=\dfrac{1}{\sqrt{6}}z_3, \end{cases}$ 就把 f 化成规范形

$$f=z_1^2-z_2^2+z_3^2,$$

所用变换矩阵为

$$\boldsymbol{C}=\begin{pmatrix} 1 & 1 & 0 \\ 1 & -1 & 0 \\ 0 & 0 & 1 \end{pmatrix}\begin{pmatrix} \dfrac{1}{\sqrt{2}} & 0 & \dfrac{1}{\sqrt{6}} \\ 0 & \dfrac{1}{\sqrt{2}} & \dfrac{2}{\sqrt{6}} \\ 0 & 0 & \dfrac{1}{\sqrt{6}} \end{pmatrix}=\begin{pmatrix} \dfrac{1}{\sqrt{2}} & \dfrac{1}{\sqrt{2}} & \dfrac{3}{\sqrt{6}} \\ \dfrac{1}{\sqrt{2}} & -\dfrac{1}{\sqrt{2}} & -\dfrac{1}{\sqrt{6}} \\ 0 & 0 & \dfrac{1}{\sqrt{6}} \end{pmatrix}\quad \left(|\boldsymbol{C}|=-\frac{1}{\sqrt{6}}\neq 0\right).$$

一般地，任何二次型都可用上面两例的方法找到可逆变换，把二次型化成标准形（或规范形）.

§7　正定二次型

二次型的标准形显然不是惟一的，只是标准形中所含项数是确定的（即是二次型的秩）. 不仅如此，在限定变换为实变换时，标准形中正系数的个数是不变的（从而负系数的个数也不变），也就是有

定理 7　**设二次型 $f=\boldsymbol{x}^{\mathrm{T}}\boldsymbol{A}\boldsymbol{x}$ 的秩为 r，且有两个可逆变换**

$$\boldsymbol{x}=\boldsymbol{C}\boldsymbol{y}\quad 及\quad \boldsymbol{x}=\boldsymbol{P}\boldsymbol{z}$$

使

$$f=k_1y_1^2+k_2y_2^2+\cdots+k_ry_r^2 \quad (k_i\neq 0)$$

及

$$f=\lambda_1z_1^2+\lambda_2z_2^2+\cdots+\lambda_rz_r^2 \quad (\lambda_i\neq 0),$$

则 $k_1,\cdots,k_r$ 中正数的个数与 $\lambda_1,\cdots,\lambda_r$ 中正数的个数相等.

这个定理称为惯性定理,这里不予证明.

二次型的标准形中正系数的个数称为二次型的正惯性指数,负系数的个数称为负惯性指数. 若二次型 f 的正惯性指数为 p,秩为 r,则 f 的规范形便可确定为

$$f=y_1^2+\cdots+y_p^2-y_{p+1}^2-\cdots-y_r^2.$$

科学技术上用得较多的二次型是正惯性指数为 n 或负惯性指数为 n 的 n 元二次型,我们有下述定义.

定义 10 设二次型 $f(\boldsymbol{x})=\boldsymbol{x}^{\mathrm{T}}\boldsymbol{A}\boldsymbol{x}$,如果对任何 $\boldsymbol{x}\neq\boldsymbol{0}$,都有 $f(\boldsymbol{x})>0$ (显然 $f(\boldsymbol{0})=0$),则称 f 为正定二次型,并称对称矩阵 $\boldsymbol{A}$ 是正定的;如果对任何 $\boldsymbol{x}\neq\boldsymbol{0}$ 都有 $f(\boldsymbol{x})<0$,则称 f 为负定二次型,并称对称矩阵 $\boldsymbol{A}$ 是负定的.

定理 8 **n 元二次型 $f=\boldsymbol{x}^{\mathrm{T}}\boldsymbol{A}\boldsymbol{x}$ 为正定的充分必要条件是:它的标准形的 n 个系数全为正,即它的规范形的 n 个系数全为 1,亦即它的正惯性指数等于 n.**

证 设可逆变换 $\boldsymbol{x}=\boldsymbol{C}\boldsymbol{y}$ 使

$$f(\boldsymbol{x})=f(\boldsymbol{C}\boldsymbol{y})=\sum_{i=1}^{n}k_iy_i^2.$$

先证充分性. 设 $k_i>0$ ($i=1,\cdots,n$). 任给 $\boldsymbol{x}\neq\boldsymbol{0}$,则 $\boldsymbol{y}=\boldsymbol{C}^{-1}\boldsymbol{x}\neq\boldsymbol{0}$,故

$$f(\boldsymbol{x})=\sum_{i=1}^{n}k_iy_i^2>0.$$

再证必要性. 用反证法. 假设有 $k_s\leqslant 0$,则当 $\boldsymbol{y}=\boldsymbol{e}_s$ (单位坐标向量)时,$f(\boldsymbol{C}\boldsymbol{e}_s)=k_s\leqslant 0$. 显然 $\boldsymbol{C}\boldsymbol{e}_s\neq\boldsymbol{0}$,这与 f 为正定相矛盾. 这就证明了 $k_i>0$ ($i=1,\cdots,n$).

证毕

推论 **对称矩阵 $\boldsymbol{A}$ 为正定的充分必要条件是:$\boldsymbol{A}$ 的特征值全为正.**

定理 9 **对称矩阵 $\boldsymbol{A}$ 为正定的充分必要条件是:$\boldsymbol{A}$ 的各阶主子式都为正,即**

$$a_{11}>0,\quad \begin{vmatrix} a_{11} & a_{12} \\ a_{21} & a_{22} \end{vmatrix}>0,\quad \cdots,\quad \begin{vmatrix} a_{11} & \cdots & a_{1n} \\ \vdots & & \vdots \\ a_{n1} & \cdots & a_{nn} \end{vmatrix}>0,$$

对称矩阵 $\boldsymbol{A}$ 为负定的充分必要条件是:奇数阶主子式为负,而偶数阶主子式为正,即

$$(-1)^r\begin{vmatrix} a_{11} & \cdots & a_{1r} \\ \vdots & & \vdots \\ a_{r1} & \cdots & a_{rr} \end{vmatrix}>0 \quad (r=1,2,\cdots,n).$$

这个定理称为赫尔维茨定理，这里不予证明.

例 17　判定二次型 $f=-5x^2-6y^2-4z^2+4xy+4xz$ 的正定性.

解　f 的矩阵为

$$A=\begin{pmatrix}-5&2&2\\2&-6&0\\2&0&-4\end{pmatrix},$$

其中

$$a_{11}=-5<0,\ \begin{vmatrix}a_{11}&a_{12}\\a_{21}&a_{22}\end{vmatrix}=\begin{vmatrix}-5&2\\2&-6\end{vmatrix}=26>0,\ |A|=-80<0,$$

根据定理 9 知 f 为负定.

设 $f(x,y)$ 是二元正定二次型，则 $f(x,y)=c$（$c>0$ 为常数）的图形是以原点为中心的椭圆. 当把 c 看作任意常数时则是一族椭圆，这族椭圆随着 $c\to 0$ 而收缩到原点. 当 f 为三元正定二次型时，$f(x,y,z)=c$（$c>0$）的图形是一族椭球.

习　题　五

1. 设 $\boldsymbol{a}=\begin{pmatrix}1\\0\\-2\end{pmatrix}$，$\boldsymbol{b}=\begin{pmatrix}-4\\2\\3\end{pmatrix}$，$\boldsymbol{c}$ 与 $\boldsymbol{a}$ 正交，且 $\boldsymbol{b}=\lambda\boldsymbol{a}+\boldsymbol{c}$，求 λ 和 $\boldsymbol{c}$.

2. 试把下列向量组施密特正交化，然后再单位化：

（1）$(\boldsymbol{a}_1,\boldsymbol{a}_2,\boldsymbol{a}_3)=\begin{pmatrix}1&1&1\\1&2&4\\1&3&9\end{pmatrix}$；　（2）$(\boldsymbol{a}_1,\boldsymbol{a}_2,\boldsymbol{a}_3)=\begin{pmatrix}1&1&-1\\0&-1&1\\-1&0&1\\1&1&0\end{pmatrix}$.

3. 下列矩阵是不是正交矩阵？并说明理由：

（1）$\begin{pmatrix}1&-\frac{1}{2}&\frac{1}{3}\\-\frac{1}{2}&1&\frac{1}{2}\\\frac{1}{3}&\frac{1}{2}&-1\end{pmatrix}$；　　（2）$\begin{pmatrix}\frac{1}{9}&-\frac{8}{9}&-\frac{4}{9}\\-\frac{8}{9}&\frac{1}{9}&-\frac{4}{9}\\-\frac{4}{9}&-\frac{4}{9}&\frac{7}{9}\end{pmatrix}$.

4.（1）设 $\boldsymbol{x}$ 为 n 维列向量，$\boldsymbol{x}^{\mathrm{T}}\boldsymbol{x}=1$，令 $\boldsymbol{H}=\boldsymbol{E}-2\boldsymbol{x}\boldsymbol{x}^{\mathrm{T}}$，证明 $\boldsymbol{H}$ 是对称的正交矩阵；（2）设 $\boldsymbol{A}$，$\boldsymbol{B}$ 都是正交矩阵，证明 $\boldsymbol{AB}$ 也是正交矩阵.

5. 设 $\boldsymbol{a}_1,\boldsymbol{a}_2,\boldsymbol{a}_3$ 为两两正交的单位向量组，$\boldsymbol{b}_1=-\frac{1}{3}\boldsymbol{a}_1+\frac{2}{3}\boldsymbol{a}_2+\frac{2}{3}\boldsymbol{a}_3$，$\boldsymbol{b}_2=\frac{2}{3}\boldsymbol{a}_1+\frac{2}{3}\boldsymbol{a}_2-\frac{1}{3}\boldsymbol{a}_3$，$\boldsymbol{b}_3=-\frac{2}{3}\boldsymbol{a}_1+\frac{1}{3}\boldsymbol{a}_2-\frac{2}{3}\boldsymbol{a}_3$，证明 $\boldsymbol{b}_1,\boldsymbol{b}_2,\boldsymbol{b}_3$ 也是两两正交的单位向量组.

6. 求下列矩阵的特征值和特征向量：

(1) $\begin{pmatrix} 2 & -1 & 2 \\ 5 & -3 & 3 \\ -1 & 0 & -2 \end{pmatrix}$； (2) $\begin{pmatrix} 1 & 2 & 3 \\ 2 & 1 & 3 \\ 3 & 3 & 6 \end{pmatrix}$； (3) $\begin{pmatrix} 0 & 0 & 0 & 1 \\ 0 & 0 & 1 & 0 \\ 0 & 1 & 0 & 0 \\ 1 & 0 & 0 & 0 \end{pmatrix}$.

7. 设 $\boldsymbol{A}$ 为 n 阶矩阵，证明 $\boldsymbol{A}^{\mathrm{T}}$ 与 $\boldsymbol{A}$ 的特征值相同.

8. 设 n 阶矩阵 $\boldsymbol{A}$、$\boldsymbol{B}$ 满足 $R(\boldsymbol{A})+R(\boldsymbol{B})<n$，证明 $\boldsymbol{A}$ 与 $\boldsymbol{B}$ 有公共的特征值和公共的特征向量.

9. 设 $\boldsymbol{A}^2-3\boldsymbol{A}+2\boldsymbol{E}=\boldsymbol{O}$，证明 $\boldsymbol{A}$ 的特征值只能取 1 或 2.

10. 设 $\boldsymbol{A}$ 为正交矩阵，且 $|\boldsymbol{A}|=-1$，证明 $\lambda=-1$ 是 $\boldsymbol{A}$ 的特征值.

11. 设 $\lambda\neq 0$ 是 m 阶矩阵 $\boldsymbol{A}_{m\times n}\boldsymbol{B}_{n\times m}$ 的特征值，证明 λ 也是 n 阶矩阵 $\boldsymbol{BA}$ 的特征值.

12. 已知 3 阶矩阵 $\boldsymbol{A}$ 的特征值为 1，2，3，求 $|\boldsymbol{A}^3-5\boldsymbol{A}^2+7\boldsymbol{A}|$.

13. 已知 3 阶矩阵 $\boldsymbol{A}$ 的特征值为 1，2，-3，求 $|\boldsymbol{A}^*+3\boldsymbol{A}+2\boldsymbol{E}|$.

14. 设 $\boldsymbol{A}$，$\boldsymbol{B}$ 都是 n 阶矩阵，且 $\boldsymbol{A}$ 可逆，证明 $\boldsymbol{AB}$ 与 $\boldsymbol{BA}$ 相似.

15. 设矩阵 $\boldsymbol{A}=\begin{pmatrix} 2 & 0 & 1 \\ 3 & 1 & x \\ 4 & 0 & 5 \end{pmatrix}$ 可相似对角化，求 x.

16. 已知 $\boldsymbol{p}=\begin{pmatrix} 1 \\ 1 \\ -1 \end{pmatrix}$ 是矩阵 $\boldsymbol{A}=\begin{pmatrix} 2 & -1 & 2 \\ 5 & a & 3 \\ -1 & b & -2 \end{pmatrix}$ 的一个特征向量，

(1) 求参数 a，b 及特征向量 $\boldsymbol{p}$ 所对应的特征值；

(2) 问 $\boldsymbol{A}$ 能不能相似对角化？并说明理由.

17. 设 $\boldsymbol{A}=\begin{pmatrix} 1 & 4 & 2 \\ 0 & -3 & 4 \\ 0 & 4 & 3 \end{pmatrix}$，求 $\boldsymbol{A}^{100}$.

18. 在某国，每年有比例为 p 的农村居民移居城镇，有比例为 q 的城镇居民移居农村. 假设该国总人口数不变，且上述人口迁移的规律也不变. 把 n 年后农村人口和城镇人口占总人口的比例依次记为 x_n 和 y_n $(x_n+y_n=1)$.

(1) 求关系式 $\begin{pmatrix} x_{n+1} \\ y_{n+1} \end{pmatrix}=\boldsymbol{A}\begin{pmatrix} x_n \\ y_n \end{pmatrix}$ 中的矩阵 $\boldsymbol{A}$；

(2) 设目前农村人口与城镇人口相等，即 $\begin{pmatrix} x_0 \\ y_0 \end{pmatrix}=\begin{pmatrix} 0.5 \\ 0.5 \end{pmatrix}$，求 $\begin{pmatrix} x_n \\ y_n \end{pmatrix}$.

19. 试求一个正交的相似变换矩阵，将下列对称矩阵化为对角矩阵：

(1) $\begin{pmatrix} 2 & -2 & 0 \\ -2 & 1 & -2 \\ 0 & -2 & 0 \end{pmatrix}$； (2) $\begin{pmatrix} 2 & 2 & -2 \\ 2 & 5 & -4 \\ -2 & -4 & 5 \end{pmatrix}$.

20. 设矩阵 $A=\begin{pmatrix}1&-2&-4\\-2&x&-2\\-4&-2&1\end{pmatrix}$ 与 $\Lambda=\begin{pmatrix}5&&\\&-4&\\&&y\end{pmatrix}$ 相似，求 x,y；并求一个正交矩阵 P，使 $P^{-1}AP=\Lambda$.

21. 设 3 阶矩阵 A 的特征值为 $\lambda_1=2,\lambda_2=-2,\lambda_3=1$，对应的特征向量依次为

$$p_1=\begin{pmatrix}0\\1\\1\end{pmatrix},\ p_2=\begin{pmatrix}1\\1\\1\end{pmatrix},\ p_3=\begin{pmatrix}1\\1\\0\end{pmatrix},$$

求 A.

22. 设 3 阶对称矩阵 A 的特征值为 $\lambda_1=1,\lambda_2=-1,\lambda_3=0$，对应 λ_1,λ_2 的特征向量依次为

$$p_1=\begin{pmatrix}1\\2\\2\end{pmatrix},\ p_2=\begin{pmatrix}2\\1\\-2\end{pmatrix},$$

求 A.

23. 设 3 阶对称矩阵 A 的特征值为 $\lambda_1=6,\lambda_2=\lambda_3=3$，与特征值 $\lambda_1=6$ 对应的特征向量为 $p_1=(1,1,1)^{\mathrm{T}}$，求 A.

24. 设 $a=(a_1,a_2,\cdots,a_n)^{\mathrm{T}}, a_1\neq0, A=aa^{\mathrm{T}}$.

（1）证明 $\lambda=0$ 是 A 的 $n-1$ 重特征值；

（2）求 A 的非零特征值及 n 个线性无关的特征向量.

25.（1）设 $A=\begin{pmatrix}3&-2\\-2&3\end{pmatrix}$，求 $\varphi(A)=A^{10}-5A^9$；

（2）设 $A=\begin{pmatrix}2&1&2\\1&2&2\\2&2&1\end{pmatrix}$，求 $\varphi(A)=A^{10}-6A^9+5A^8$.

26. 用矩阵记号表示下列二次型：

（1）$f=x^2+4xy+4y^2+2xz+z^2+4yz$；　　（2）$f=x^2+y^2-7z^2-2xy-4xz-4yz$；

（3）$f=x_1^2+x_2^2+x_3^2-2x_1x_2+6x_2x_3$.

27. 写出下列二次型的矩阵：

（1）$f(x)=x^{\mathrm{T}}\begin{pmatrix}2&1\\3&1\end{pmatrix}x$；　　（2）$f(x)=x^{\mathrm{T}}\begin{pmatrix}1&2&3\\4&5&6\\7&8&9\end{pmatrix}x$.

28. 求一个正交变换化下列二次型成标准形：

（1）$f=2x_1^2+3x_2^2+3x_3^2+4x_2x_3$；　　（2）$f=x_1^2+x_3^2+2x_1x_2-2x_2x_3$.

29. 求一个正交变换把二次曲面的方程

$$3x^2+5y^2+5z^2+4xy-4xz-10yz=1$$

化成标准方程.

30. 证明：二次型 $f=x^{\mathrm{T}}Ax$ 在 $\|x\|=1$ 时的最大值为矩阵 A 的最大特征值.

31. 用配方法化下列二次型成规范形，并写出所用变换的矩阵：

（1）$f(x_1,x_2,x_3)=x_1^2+3x_2^2+5x_3^2+2x_1x_2-4x_1x_3$；

（2）$f(x_1,x_2,x_3)=x_1^2+2x_3^2+2x_1x_3+2x_2x_3$；

（3）$f(x_1,x_2,x_3)=2x_1^2+x_2^2+4x_3^2+2x_1x_2-2x_2x_3$.

32. 设 $f=x_1^2+x_2^2+5x_3^2+2ax_1x_2-2x_1x_3+4x_2x_3$ 为正定二次型，求 a.

33. 判定下列二次型的正定性：

（1）$f=-2x_1^2-6x_2^2-4x_3^2+2x_1x_2+2x_1x_3$；　　（2）$f=x_1^2+3x_2^2+9x_3^2-2x_1x_2+4x_1x_3$.

34. 证明对称矩阵 $\boldsymbol{A}$ 为正定的充分必要条件是：存在可逆矩阵 $\boldsymbol{U}$，使 $\boldsymbol{A}=\boldsymbol{U}^{\mathrm{T}}\boldsymbol{U}$，即 $\boldsymbol{A}$ 与单位矩阵 $\boldsymbol{E}$ 合同.

*第6章　线性空间与线性变换

向量空间又称线性空间，是线性代数中一个最基本的概念. 在第四章中，我们把有序数组叫做向量，并介绍过向量空间的概念. 在这一章中，我们要把这些概念推广，使向量及向量空间的概念更具一般性. 当然，推广后的向量概念也就更加抽象化了.

§1　线性空间的定义与性质

定义1　设 V 是一个非空集合，$\mathbb{R}$ 为实数域. 如果在 V 中定义了一个加法，即对于任意两个元素 $\boldsymbol{\alpha},\boldsymbol{\beta}\in V$，总有惟一的一个元素 $\boldsymbol{\gamma}\in V$ 与之对应，称为 $\boldsymbol{\alpha}$ 与 $\boldsymbol{\beta}$ 的和，记作 $\boldsymbol{\gamma}=\boldsymbol{\alpha}+\boldsymbol{\beta}$；在 V 中又定义了一个数与元素的乘法（简称数乘），即对于任一数 $\lambda\in\mathbb{R}$ 与任一元素 $\boldsymbol{\alpha}\in V$，总有惟一的一个元素 $\boldsymbol{\delta}\in V$ 与之对应，称为 λ 与 $\boldsymbol{\alpha}$ 的数量乘积，记作 $\boldsymbol{\delta}=\lambda\boldsymbol{\alpha}$，并且这两种运算满足以下八条运算规律（设 $\boldsymbol{\alpha}$、$\boldsymbol{\beta}$、$\boldsymbol{\gamma}\in V$，λ、$\mu\in\mathbb{R}$）：

(i) $\boldsymbol{\alpha}+\boldsymbol{\beta}=\boldsymbol{\beta}+\boldsymbol{\alpha}$；

(ii) $(\boldsymbol{\alpha}+\boldsymbol{\beta})+\boldsymbol{\gamma}=\boldsymbol{\alpha}+(\boldsymbol{\beta}+\boldsymbol{\gamma})$；

(iii) 在 V 中存在零元素 $\mathbf{0}$，对任何 $\boldsymbol{\alpha}\in V$，都有 $\boldsymbol{\alpha}+\mathbf{0}=\boldsymbol{\alpha}$；

(iv) 对任何 $\boldsymbol{\alpha}\in V$，都有 $\boldsymbol{\alpha}$ 的负元素 $\boldsymbol{\beta}\in V$，使 $\boldsymbol{\alpha}+\boldsymbol{\beta}=\mathbf{0}$；

(v) $1\boldsymbol{\alpha}=\boldsymbol{\alpha}$；

(vi) $\lambda(\mu\boldsymbol{\alpha})=(\lambda\mu)\boldsymbol{\alpha}$；

(vii) $(\lambda+\mu)\boldsymbol{\alpha}=\lambda\boldsymbol{\alpha}+\mu\boldsymbol{\alpha}$；

(viii) $\lambda(\boldsymbol{\alpha}+\boldsymbol{\beta})=\lambda\boldsymbol{\alpha}+\lambda\boldsymbol{\beta}$，

那么，V 就称为（实数域 $\mathbb{R}$ 上的）向量空间（或线性空间），V 中的元素不论其本来的性质如何，统称为（实）向量.

简言之，凡满足上述八条规律的加法及数乘运算，就称为线性运算；凡定义了线性运算的集合，就称向量空间，其中的元素就称为向量.

这八条规律中，规律(i)与(ii)是我们熟知的加法的交换律和结合律，而规律(iii)和(iv)则保证了加法有逆运算，即

$$\text{若 } \boldsymbol{\alpha}+\boldsymbol{\beta}=\boldsymbol{\gamma},\ \boldsymbol{\beta} \text{ 的负元素为 } \boldsymbol{\delta}，\text{则 } \boldsymbol{\gamma}+\boldsymbol{\delta}=\boldsymbol{\alpha}；$$

规律(vi)、(vii)、(viii)是数乘的结合律和分配律，而规律(v)则保证了非零数乘有逆运算，即

$$当\ \lambda\neq 0\ 时,若\ \lambda\boldsymbol{\alpha}=\boldsymbol{\beta},则\frac{1}{\lambda}\boldsymbol{\beta}=\boldsymbol{\alpha}.$$

在第四章中,我们把有序数组称为向量,并对它定义了加法和数乘运算,容易验证这些运算满足上述八条规律. 最后,把对于运算为封闭的有序数组的集合称为向量空间. 显然,那些只是现在定义的特殊情形. 比较起来,现在的定义有了很大的推广:

1. 向量不一定是有序数组;

2. 向量空间中的运算只要求满足上述八条运算规律,当然也就不一定是有序数组的加法及数乘运算.

下面举一些例子.

例 1 次数不超过 n 的多项式的全体,记作 $P[x]_n$,即

$$P[x]_n=\{\boldsymbol{p}=a_nx^n+a_{n-1}x^{n-1}+\cdots+a_1x+a_0\mid a_n,\cdots,a_1,a_0\in\mathbb{R}\},$$

对于通常的多项式加法、数乘多项式的乘法构成向量空间. 这是因为:通常的多项式加法、数乘多项式的乘法两种运算显然满足线性运算规律,故只要验证$P[x]_n$ 对运算封闭:

$$(a_nx^n+\cdots+a_1x+a_0)+(b_nx^n+\cdots+b_1x+b_0)=(a_n+b_n)x^n+\cdots+(a_1+b_1)x+(a_0+b_0)\in P[x]_n,$$

$$\lambda(a_nx^n+\cdots+a_1x+a_0)=(\lambda a_n)x^n+\cdots+(\lambda a_1)x+(\lambda a_0)\in P[x]_n,$$

所以 $P[x]_n$ 是一个向量空间.

例 2 n 次多项式的全体

$$Q[x]_n=\{\boldsymbol{p}=a_nx^n+\cdots+a_1x+a_0\mid a_n,\cdots,a_1,a_0\in\mathbb{R},且\ a_n\neq 0\}$$

对于通常的多项式加法和乘数运算不构成向量空间. 这是因为

$$0\boldsymbol{p}=0x^n+\cdots+0x+0\notin Q[x]_n,$$

即 $Q[x]_n$ 对运算不封闭.

例 3 正弦函数的集合

$$S[x]=\{\boldsymbol{s}=A\sin(x+B)\mid A,B\in\mathbb{R}\}$$

对于通常的函数加法及数乘函数的乘法构成向量空间. 这是因为:通常的函数加法及数乘运算显然满足线性运算规律,故只要验证 $S[x]$对运算封闭:

$$\begin{aligned}\boldsymbol{s}_1+\boldsymbol{s}_2&=A_1\sin(x+B_1)+A_2\sin(x+B_2)\\&=(a_1\cos x+b_1\sin x)+(a_2\cos x+b_2\sin x)\\&=(a_1+a_2)\cos x+(b_1+b_2)\sin x=A\sin(x+B)\in S[x],\end{aligned}$$

$$\lambda\boldsymbol{s}_1=\lambda A_1\sin(x+B_1)=(\lambda A_1)\sin(x+B_1)\in S[x],$$

所以 $S[x]$是一个向量空间.

检验一个集合是否构成向量空间,当然不能只检验对运算的封闭性(如上面两例). 若所定义的加法和数乘运算不是通常的实数的加、乘运算,则就应仔

细检验是否满足八条线性运算规律.

例 4　n 个有序实数组成的数组的全体

$$S^n=\{\boldsymbol{x}=(x_1,x_2,\cdots,x_n)^{\mathrm{T}}\mid x_1,x_2,\cdots,x_n\in\mathbb{R}\}$$

对于通常的有序数组的加法及如下定义的乘法

$$\lambda\circ(x_1,\cdots,x_n)^{\mathrm{T}}=(0,\cdots,0)^{\mathrm{T}}$$

不构成向量空间.

可以验证 S^n 对运算封闭. 但因 $1\circ\boldsymbol{x}=\mathbf{0}$,不满足运算规律(v),即所定义的运算不是线性运算,所以 S^n 不是向量空间.

比较 S^n 与 $\mathbb{R}^n$,作为集合它们是一样的,但由于在其中所定义的运算不同,以至 $\mathbb{R}^n$ 构成向量空间而 S^n 不是向量空间. 由此可见,向量空间的概念是集合与运算二者的结合. 一般来说,同一个集合,若定义两种不同的线性运算,就构成不同的向量空间;若定义的运算不是线性运算,就不能构成向量空间. 所以,所定义的线性运算是向量空间的本质,而其中的元素是什么并不重要. 由此可以说,把向量空间叫做线性空间更为合适.

为了对线性运算的理解更具有一般性,请看下例.

例 5　正实数的全体,记作 $\mathbb{R}^+$,在其中定义加法及数乘运算为

$$a\oplus b=ab\quad(a,b\in\mathbb{R}^+),$$
$$\lambda\circ a=a^{\lambda}\quad(\lambda\in\mathbb{R},a\in\mathbb{R}^+),$$

验证 $\mathbb{R}^+$ 对上述加法与数乘运算构成线性空间.

证　实际上要验证十条:

对加法封闭:对任意的 a、$b\in\mathbb{R}^+$,有 $a\oplus b=ab\in\mathbb{R}^+$;

对数乘封闭:对任意的 $\lambda\in\mathbb{R}$, $a\in\mathbb{R}^+$,有 $\lambda\circ a=a^{\lambda}\in\mathbb{R}^+$.

(i) $a\oplus b=ab=ba=b\oplus a$;

(ii) $(a\oplus b)\oplus c=(ab)\oplus c=(ab)c=a(bc)=a\oplus(b\oplus c)$;

(iii) $\mathbb{R}^+$ 中存在零元素 1,对任何 $a\in\mathbb{R}^+$,有 $a\oplus 1=a\cdot 1=a$;

(iv) 对任何 $a\in\mathbb{R}^+$,有负元素 $a^{-1}\in\mathbb{R}^+$,使 $a\oplus a^{-1}=aa^{-1}=1$;

(v) $1\circ a=a^1=a$;

(vi) $\lambda\circ(\mu\circ a)=\lambda\circ a^{\mu}=(a^{\mu})^{\lambda}=a^{\lambda\mu}=(\lambda\mu)\circ a$;

(vii) $(\lambda+\mu)\circ a=a^{\lambda+\mu}=a^{\lambda}a^{\mu}=a^{\lambda}\oplus a^{\mu}=\lambda\circ a\oplus\mu\circ a$;

(viii) $\lambda\circ(a\oplus b)=\lambda\circ(ab)=(ab)^{\lambda}=a^{\lambda}b^{\lambda}=a^{\lambda}\oplus b^{\lambda}=\lambda\circ a\oplus\lambda\circ b$,

因此, $\mathbb{R}^+$ 对于所定义的运算构成线性空间.

下面讨论线性空间的性质.

1. 零向量是惟一的

证　设 $\mathbf{0}_1,\mathbf{0}_2$ 是线性空间 V 中的两个零向量,即对任何 $\boldsymbol{\alpha}\in V$,有 $\boldsymbol{\alpha}+\mathbf{0}_1=\boldsymbol{\alpha}$,

$\boldsymbol{\alpha}+\mathbf{0}_2=\boldsymbol{\alpha}$. 于是特别有

$$\mathbf{0}_2+\mathbf{0}_1=\mathbf{0}_2,\ \mathbf{0}_1+\mathbf{0}_2=\mathbf{0}_1,$$

所以

$$\mathbf{0}_1=\mathbf{0}_1+\mathbf{0}_2=\mathbf{0}_2+\mathbf{0}_1=\mathbf{0}_2.$$ 证毕

2. 任一向量的负向量是惟一的, $\boldsymbol{\alpha}$ 的负向量记作 $-\boldsymbol{\alpha}$.

证 设 $\boldsymbol{\beta},\boldsymbol{\gamma}$ 是 $\boldsymbol{\alpha}$ 的负向量,即 $\boldsymbol{\alpha}+\boldsymbol{\beta}=\mathbf{0},\boldsymbol{\alpha}+\boldsymbol{\gamma}=\mathbf{0}$. 于是

$$\boldsymbol{\beta}=\boldsymbol{\beta}+\mathbf{0}=\boldsymbol{\beta}+(\boldsymbol{\alpha}+\boldsymbol{\gamma})=(\boldsymbol{\alpha}+\boldsymbol{\beta})+\boldsymbol{\gamma}=\mathbf{0}+\boldsymbol{\gamma}=\boldsymbol{\gamma}.$$ 证毕

3. $0\boldsymbol{\alpha}=\mathbf{0},(-1)\boldsymbol{\alpha}=-\boldsymbol{\alpha},\lambda\,\mathbf{0}=\mathbf{0}$.

证 $\boldsymbol{\alpha}+0\boldsymbol{\alpha}=1\boldsymbol{\alpha}+0\boldsymbol{\alpha}=(1+0)\boldsymbol{\alpha}=1\boldsymbol{\alpha}=\boldsymbol{\alpha}$,所以 $0\boldsymbol{\alpha}=\mathbf{0}$,

$$\boldsymbol{\alpha}+(-1)\boldsymbol{\alpha}=1\boldsymbol{\alpha}+(-1)\boldsymbol{\alpha}=[1+(-1)]\boldsymbol{\alpha}=0\boldsymbol{\alpha}=\mathbf{0},$$

所以

$$(-1)\boldsymbol{\alpha}=-\boldsymbol{\alpha};$$

$$\lambda\,\mathbf{0}=\lambda[\boldsymbol{\alpha}+(-1)\boldsymbol{\alpha}]=\lambda\boldsymbol{\alpha}+(-\lambda)\boldsymbol{\alpha}=[\lambda+(-\lambda)]\boldsymbol{\alpha}=0\boldsymbol{\alpha}=\mathbf{0}.$$ 证毕

4. 如果 $\lambda\boldsymbol{\alpha}=\mathbf{0}$,**则** $\lambda=0$ **或** $\boldsymbol{\alpha}=\mathbf{0}$.

证 若 $\lambda\neq0$,在 $\lambda\boldsymbol{\alpha}=\mathbf{0}$ 两边乘 $\dfrac{1}{\lambda}$,得

$$\frac{1}{\lambda}(\lambda\boldsymbol{\alpha})=\frac{1}{\lambda}\mathbf{0}=\mathbf{0},$$

而

$$\frac{1}{\lambda}(\lambda\boldsymbol{\alpha})=\left(\frac{1}{\lambda}\lambda\right)\boldsymbol{\alpha}=1\boldsymbol{\alpha}=\boldsymbol{\alpha},$$

所以

$$\boldsymbol{\alpha}=\mathbf{0}.$$ 证毕

在第四章中,我们提出过子空间的定义,今稍作修正.

定义 2 设 V 是一个线性空间,L 是 V 的一个非空子集,如果 L 对于 V 中所定义的加法和数乘两种运算也构成一个线性空间,则称 L 为 V 的子空间.

一个非空子集要满足什么条件才构成子空间?因 L 是 V 的一部分,V 中的运算对于 L 而言,规律(i)、(ii)、(v)、(vi)、(vii)、(viii)显然是满足的,因此只要 L 对运算封闭且满足规律(iii)、(iv)即可. 但由线性空间的性质知,若 L 对运算封闭,则即能满足规律(iii)、(iv). 因此我们有

定理 1 **线性空间** V **的非空子集** L **构成子空间的充分必要条件是:**L **对于** V **中的线性运算封闭.**

§2　维数、基与坐标

在第四章中，我们用线性运算来讨论 n 维数组向量之间的关系，介绍了一些重要概念，如线性组合、线性相关与线性无关等. 这些概念以及有关的性质只涉及线性运算，因此，对于一般的线性空间中的向量仍然适用. 以后我们将直接引用这些概念和性质.

在第四章中我们已经提出了基与维数的概念，这当然也适用于一般的线性空间. 这是线性空间的主要特性，特再叙述如下.

定义 3　在线性空间 V 中，如果存在 n 个向量 $\boldsymbol{\alpha}_1,\boldsymbol{\alpha}_2,\cdots,\boldsymbol{\alpha}_n$，满足：

(i) $\boldsymbol{\alpha}_1,\boldsymbol{\alpha}_2,\cdots,\boldsymbol{\alpha}_n$ 线性无关；

(ii) V 中任一向量 $\boldsymbol{\alpha}$ 总可由 $\boldsymbol{\alpha}_1,\boldsymbol{\alpha}_2,\cdots,\boldsymbol{\alpha}_n$ 线性表示，

那么，$\boldsymbol{\alpha}_1,\boldsymbol{\alpha}_2,\cdots,\boldsymbol{\alpha}_n$ 就称为线性空间 V 的一个基，n 称为线性空间 V 的维数. 只含一个零向量的线性空间没有基，规定它的维数为 0.

维数为 n 的线性空间称为 n 维线性空间，记作 V_n.

这里要指出：线性空间的维数可以是无穷. 对于无穷维的线性空间，本书不作讨论.

对于 n 维线性空间 V_n，若知 $\boldsymbol{\alpha}_1,\boldsymbol{\alpha}_2,\cdots,\boldsymbol{\alpha}_n$ 为 V_n 的一个基，则 V_n 可表示为

$$V_n=\{\boldsymbol{\alpha}=x_1\boldsymbol{\alpha}_1+x_2\boldsymbol{\alpha}_2+\cdots+x_n\boldsymbol{\alpha}_n \mid x_1,x_2,\cdots,x_n\in\mathbb{R}\},$$

即 V_n 是基所生成的线性空间，这就较清楚地显示出线性空间 V_n 的构造.

若 $\boldsymbol{\alpha}_1,\boldsymbol{\alpha}_2,\cdots,\boldsymbol{\alpha}_n$ 为 V_n 的一个基，则对任何 $\boldsymbol{\alpha}\in V_n$，都有惟一的一组有序数 $x_1,x_2,\cdots,x_n$，使

$$\boldsymbol{\alpha}=x_1\boldsymbol{\alpha}_1+x_2\boldsymbol{\alpha}_2+\cdots+x_n\boldsymbol{\alpha}_n;$$

反之，任给一组有序数 $x_1,x_2,\cdots,x_n$，总有惟一的向量

$$\boldsymbol{\alpha}=x_1\boldsymbol{\alpha}_1+x_2\boldsymbol{\alpha}_2+\cdots+x_n\boldsymbol{\alpha}_n\in V_n.$$

这样 V_n 的向量 $\boldsymbol{\alpha}$ 与有序数组 $(x_1,x_2,\cdots,x_n)^{\mathrm{T}}$ 之间存在着一一对应的关系，因此可以用这组有序数来表示向量 $\boldsymbol{\alpha}$. 于是我们有

定义 4　设 $\boldsymbol{\alpha}_1,\boldsymbol{\alpha}_2,\cdots,\boldsymbol{\alpha}_n$ 是线性空间 V_n 的一个基. 对于任一向量 $\boldsymbol{\alpha}\in V_n$，总有且仅有一组有序数 $x_1,x_2,\cdots,x_n$ 使

$$\boldsymbol{\alpha}=x_1\boldsymbol{\alpha}_1+x_2\boldsymbol{\alpha}_2+\cdots+x_n\boldsymbol{\alpha}_n,$$

$x_1,x_2,\cdots,x_n$ 这组有序数就称为向量 $\boldsymbol{\alpha}$ 在 $\boldsymbol{\alpha}_1,\boldsymbol{\alpha}_2,\cdots,\boldsymbol{\alpha}_n$ 这个基中的坐标，并记作

$$\boldsymbol{\alpha}=(x_1,x_2,\cdots,x_n)^{\mathrm{T}}.$$

例 6　在线性空间 $P[x]_4$ 中，$\boldsymbol{p}_1=1,\boldsymbol{p}_2=x,\boldsymbol{p}_3=x^2,\boldsymbol{p}_4=x^3,\boldsymbol{p}_5=x^4$ 就是它的一

个基. 任一不超过 4 次的多项式

$$\boldsymbol{p}=a_4x^4+a_3x^3+a_2x^2+a_1x+a_0$$

都可表示为

$$\boldsymbol{p}=a_0\boldsymbol{p}_1+a_1\boldsymbol{p}_2+a_2\boldsymbol{p}_3+a_3\boldsymbol{p}_4+a_4\boldsymbol{p}_5,$$

因此 $\boldsymbol{p}$ 在这个基中的坐标为 $(a_0,a_1,a_2,a_3,a_4)^{\mathrm{T}}$.

若另取一个基 $\boldsymbol{q}_1=1,\boldsymbol{q}_2=1+x,\boldsymbol{q}_3=2x^2,\boldsymbol{q}_4=x^3,\boldsymbol{q}_5=x^4$,则

$$\begin{aligned}\boldsymbol{p}&=a_0+a_1x+a_2x^2+a_3x^3+a_4x^4\\&=(a_0-a_1)+a_1(1+x)+\frac{a_2}{2}2x^2+a_3x^3+a_4x^4\\&=(a_0-a_1)\boldsymbol{q}_1+a_1\boldsymbol{q}_2+\frac{1}{2}a_2\boldsymbol{q}_3+a_3\boldsymbol{q}_4+a_4\boldsymbol{q}_5,\end{aligned}$$

因此 $\boldsymbol{p}$ 在这个基中的坐标为 $\left(a_0-a_1,a_1,\frac{1}{2}a_2,a_3,a_4\right)^{\mathrm{T}}$.

建立了坐标以后,就把抽象的向量 $\boldsymbol{\alpha}$ 与具体的数组向量 $(x_1,x_2,\cdots,x_n)^{\mathrm{T}}$ 联系起来了,并且还可把 V_n 中抽象的线性运算与 $\mathbb{R}^n$ 中数组向量的线性运算联系起来.

设 $\boldsymbol{\alpha}$、$\boldsymbol{\beta}\in V_n$,有 $\boldsymbol{\alpha}=x_1\boldsymbol{\alpha}_1+\cdots+x_n\boldsymbol{\alpha}_n,\boldsymbol{\beta}=y_1\boldsymbol{\alpha}_1+\cdots+y_n\boldsymbol{\alpha}_n$,于是

$$\boldsymbol{\alpha}+\boldsymbol{\beta}=(x_1+y_1)\boldsymbol{\alpha}_1+\cdots+(x_n+y_n)\boldsymbol{\alpha}_n,$$

$$\lambda\boldsymbol{\alpha}=(\lambda x_1)\boldsymbol{\alpha}_1+\cdots+(\lambda x_n)\boldsymbol{\alpha}_n,$$

即 $\boldsymbol{\alpha}+\boldsymbol{\beta}$ 的坐标是

$$(x_1+y_1,\cdots,x_n+y_n)^{\mathrm{T}}=(x_1,\cdots,x_n)^{\mathrm{T}}+(y_1,\cdots,y_n)^{\mathrm{T}},$$

$\lambda\boldsymbol{\alpha}$ 的坐标是

$$(\lambda x_1,\cdots,\lambda x_n)^{\mathrm{T}}=\lambda(x_1,\cdots,x_n)^{\mathrm{T}}.$$

总之,设在 n 维线性空间 V_n 中取定一个基 $\boldsymbol{\alpha}_1,\cdots,\boldsymbol{\alpha}_n$,则 V_n 中的向量 $\boldsymbol{\alpha}$ 与 $\mathbb{R}^n$ 中 n 维数组向量空间的向量 $(x_1,\cdots,x_n)^{\mathrm{T}}$ 之间就有一个一一对应的关系,且这个对应关系具有下述性质:

设 $\boldsymbol{\alpha}\leftrightarrow(x_1,\cdots,x_n)^{\mathrm{T}}$, $\boldsymbol{\beta}\leftrightarrow(y_1,\cdots,y_n)^{\mathrm{T}}$,则

(i) $\boldsymbol{\alpha}+\boldsymbol{\beta}\leftrightarrow(x_1,\cdots,x_n)^{\mathrm{T}}+(y_1,\cdots,y_n)^{\mathrm{T}}$;

(ii) $\lambda\boldsymbol{\alpha}\leftrightarrow\lambda(x_1,\cdots,x_n)^{\mathrm{T}}$.

也就是说,这个对应关系保持线性组合的对应. 因此,我们可以说 V_n 与 $\mathbb{R}^n$ 有相同的结构,我们称 V_n 与 $\mathbb{R}^n$ 同构.

一般地,设 V 与 U 是两个线性空间,如果在它们的向量之间有一一对应关系,且这个对应关系保持线性组合的对应,那么就说线性空间 V 与 U 同构.

显然,任何 n 维线性空间都与 $\mathbb{R}^n$ 同构,即维数相等的线性空间都同构. 从而

可知线性空间的结构完全被它的维数所决定.

同构的概念除向量一一对应外,主要是保持线性运算的对应关系. 因此,V_n 中的抽象的线性运算就可转化为$\mathbb{R}^n$中的线性运算,并且$\mathbb{R}^n$中凡是只涉及线性运算的性质就都适用于 V_n. 但$\mathbb{R}^n$中超出线性运算的性质,在 V_n 中就不一定具备,例如$\mathbb{R}^n$中的内积概念在 V_n 中就不一定有意义.

§3　基变换与坐标变换

由例 6 可见,同一向量在不同的基中有不同的坐标,那么,不同的基与不同的坐标之间有怎样的关系呢?

设 $\boldsymbol{\alpha}_1,\cdots,\boldsymbol{\alpha}_n$ 及 $\boldsymbol{\beta}_1,\cdots,\boldsymbol{\beta}_n$ 是线性空间 V_n 中的两个基,

$$\begin{cases}\boldsymbol{\beta}_1=p_{11}\boldsymbol{\alpha}_1+p_{21}\boldsymbol{\alpha}_2+\cdots+p_{n1}\boldsymbol{\alpha}_n,\\ \boldsymbol{\beta}_2=p_{12}\boldsymbol{\alpha}_1+p_{22}\boldsymbol{\alpha}_2+\cdots+p_{n2}\boldsymbol{\alpha}_n,\\ \cdots\cdots\cdots\cdots\\ \boldsymbol{\beta}_n=p_{1n}\boldsymbol{\alpha}_1+p_{2n}\boldsymbol{\alpha}_2+\cdots+p_{nn}\boldsymbol{\alpha}_n,\end{cases}\tag{1}$$

把 $\boldsymbol{\alpha}_1,\boldsymbol{\alpha}_2,\cdots,\boldsymbol{\alpha}_n$ 这 n 个有序向量记作$(\boldsymbol{\alpha}_1,\boldsymbol{\alpha}_2,\cdots,\boldsymbol{\alpha}_n)$,记 n 阶矩阵 $\boldsymbol{P}=(p_{ij})$,利用向量和矩阵的形式,(1)式可表示为

$$(\boldsymbol{\beta}_1,\boldsymbol{\beta}_2,\cdots,\boldsymbol{\beta}_n)=(\boldsymbol{\alpha}_1,\boldsymbol{\alpha}_2,\cdots,\boldsymbol{\alpha}_n)\boldsymbol{P}.\tag{2}$$

(1)式或(2)式称为基变换公式,矩阵 $\boldsymbol{P}$ 称为由基 $\boldsymbol{\alpha}_1,\boldsymbol{\alpha}_2,\cdots,\boldsymbol{\alpha}_n$ 到基 $\boldsymbol{\beta}_1,\boldsymbol{\beta}_2,\cdots,\boldsymbol{\beta}_n$ 的过渡矩阵. 由于 $\boldsymbol{\beta}_1,\boldsymbol{\beta}_2,\cdots,\boldsymbol{\beta}_n$ 线性无关,故过渡矩阵 $\boldsymbol{P}$ 可逆.

定理 2　设 V_n 中的向量 $\boldsymbol{\alpha}$ 在基 $\boldsymbol{\alpha}_1,\boldsymbol{\alpha}_2,\cdots,\boldsymbol{\alpha}_n$ 中的坐标为 $(x_1,x_2,\cdots,x_n)^{\mathrm{T}}$,在基 $\boldsymbol{\beta}_1,\boldsymbol{\beta}_2,\cdots,\boldsymbol{\beta}_n$ 中的坐标为 $(x_1',x_2',\cdots,x_n')^{\mathrm{T}}$. 若两个基满足关系式(2),则有坐标变换公式

$$\begin{pmatrix}x_1\\x_2\\\vdots\\x_n\end{pmatrix}=\boldsymbol{P}\begin{pmatrix}x_1'\\x_2'\\\vdots\\x_n'\end{pmatrix}\quad\text{或}\quad\begin{pmatrix}x_1'\\x_2'\\\vdots\\x_n'\end{pmatrix}=\boldsymbol{P}^{-1}\begin{pmatrix}x_1\\x_2\\\vdots\\x_n\end{pmatrix}.\tag{3}$$

证　因

$$(\boldsymbol{\alpha}_1,\boldsymbol{\alpha}_2,\cdots,\boldsymbol{\alpha}_n)\begin{pmatrix}x_1\\x_2\\\vdots\\x_n\end{pmatrix}=\boldsymbol{\alpha}=(\boldsymbol{\beta}_1,\boldsymbol{\beta}_2,\cdots,\boldsymbol{\beta}_n)\begin{pmatrix}x_1'\\x_2'\\\vdots\\x_n'\end{pmatrix}$$

$$=(\boldsymbol{\alpha}_1,\boldsymbol{\alpha}_2,\cdots,\boldsymbol{\alpha}_n)\boldsymbol{P}\begin{pmatrix}x_1'\\x_2'\\\vdots\\x_n'\end{pmatrix},$$

由于 $\boldsymbol{\alpha}_1,\boldsymbol{\alpha}_2,\cdots,\boldsymbol{\alpha}_n$ 线性无关,故即有关系式(3). 证毕

这个定理的逆命题也成立. 即若任一向量的两种坐标满足坐标变换公式(3),则两个基满足基变换公式(2).

例 7 在 $P[x]_3$ 中取两个基

$$\boldsymbol{\alpha}_1=x^3+2x^2-x,\quad \boldsymbol{\alpha}_2=x^3-x^2+x+1,\quad \boldsymbol{\alpha}_3=-x^3+2x^2+x+1,\quad \boldsymbol{\alpha}_4=-x^3-x^2+1$$

及

$$\boldsymbol{\beta}_1=2x^3+x^2+1,\quad \boldsymbol{\beta}_2=x^2+2x+2,\quad \boldsymbol{\beta}_3=-2x^3+x^2+x+2,\quad \boldsymbol{\beta}_4=x^3+3x^2+x+2.$$

求坐标变换公式.

解 将 $\boldsymbol{\beta}_1,\boldsymbol{\beta}_2,\boldsymbol{\beta}_3,\boldsymbol{\beta}_4$ 用 $\boldsymbol{\alpha}_1,\boldsymbol{\alpha}_2,\boldsymbol{\alpha}_3,\boldsymbol{\alpha}_4$ 表示. 由

$$(\boldsymbol{\alpha}_1,\boldsymbol{\alpha}_2,\boldsymbol{\alpha}_3,\boldsymbol{\alpha}_4)=(x^3,x^2,x,1)\boldsymbol{A},$$
$$(\boldsymbol{\beta}_1,\boldsymbol{\beta}_2,\boldsymbol{\beta}_3,\boldsymbol{\beta}_4)=(x^3,x^2,x,1)\boldsymbol{B},$$

其中

$$\boldsymbol{A}=\begin{pmatrix}1&1&-1&-1\\2&-1&2&-1\\-1&1&1&0\\0&1&1&1\end{pmatrix},\quad \boldsymbol{B}=\begin{pmatrix}2&0&-2&1\\1&1&1&3\\0&2&1&1\\1&2&2&2\end{pmatrix},$$

得

$$(\boldsymbol{\beta}_1,\boldsymbol{\beta}_2,\boldsymbol{\beta}_3,\boldsymbol{\beta}_4)=(\boldsymbol{\alpha}_1,\boldsymbol{\alpha}_2,\boldsymbol{\alpha}_3,\boldsymbol{\alpha}_4)\boldsymbol{A}^{-1}\boldsymbol{B},$$

故坐标变换公式为

$$\begin{pmatrix}x_1'\\x_2'\\x_3'\\x_4'\end{pmatrix}=\boldsymbol{B}^{-1}\boldsymbol{A}\begin{pmatrix}x_1\\x_2\\x_3\\x_4\end{pmatrix}.$$

用矩阵的初等行变换求 $\boldsymbol{B}^{-1}\boldsymbol{A}$:把矩阵$(\boldsymbol{B},\boldsymbol{A})$中的 $\boldsymbol{B}$ 变成 $\boldsymbol{E}$,则 $\boldsymbol{A}$ 即变成 $\boldsymbol{B}^{-1}\boldsymbol{A}$. 计算如下:

$$(\boldsymbol{B},\boldsymbol{A})=\left(\begin{array}{cccc:cccc}2&0&-2&1&1&1&-1&-1\\1&1&1&3&2&-1&2&-1\\0&2&1&1&-1&1&1&0\\1&2&2&2&0&1&1&1\end{array}\right)$$

$$\xrightarrow[r_4-r_2]{r_1-2r_2}\left(\begin{array}{cccc:cccc}0&-2&-4&-5&-3&3&-5&1\\1&1&1&3&2&-1&2&-1\\0&2&1&1&-1&1&1&0\\0&1&1&-1&-2&2&-1&2\end{array}\right)$$

$$\xrightarrow[\substack{r_2-r_4\\r_3-2r_4}]{r_1+2r_4}\left(\begin{array}{cccc:cccc}0&0&-2&-7&-7&7&-7&5\\1&0&0&4&4&-3&3&-3\\0&0&-1&3&3&-3&3&-4\\0&1&1&-1&-2&2&-1&2\end{array}\right)$$

$$\xrightarrow[r_4+r_3]{r_1-2r_3}\left(\begin{array}{cccc:cccc}0&0&0&-13&-13&13&-13&13\\1&0&0&4&4&-3&3&-3\\0&0&-1&3&3&-3&3&-4\\0&1&0&2&1&-1&2&-2\end{array}\right)$$

$$\xrightarrow[\substack{r_3-3r_1\\r_4-2r_1}]{\substack{r_1\div(-13)\\r_2-4r_1}}\left(\begin{array}{cccc:cccc}0&0&0&1&1&-1&1&-1\\1&0&0&0&0&1&-1&1\\0&0&-1&0&0&0&0&-1\\0&1&0&0&-1&1&0&0\end{array}\right)$$

$$\xrightarrow[r_2\leftrightarrow r_4]{\substack{r_1\leftrightarrow r_2\\r_3\div(-1)}}\left(\begin{array}{cccc:cccc}1&0&0&0&0&1&-1&1\\0&1&0&0&-1&1&0&0\\0&0&1&0&0&0&0&1\\0&0&0&1&1&-1&1&-1\end{array}\right),$$

于是坐标变换公式为

$$\begin{pmatrix}x_1'\\x_2'\\x_3'\\x_4'\end{pmatrix}=\begin{pmatrix}0&1&-1&1\\-1&1&0&0\\0&0&0&1\\1&-1&1&-1\end{pmatrix}\begin{pmatrix}x_1\\x_2\\x_3\\x_4\end{pmatrix}.$$

§4 线性变换

定义 5 设有两个非空集合 A,B,如果对于 A 中任一元素 α,按照一定的规则,总有 B 中一个确定的元素 β 和它对应,那么,这个对应规则称为从集合 A 到

集合 B 的映射. 我们常用字母表示一个映射,譬如把上述映射记作 T,并记

$$\beta=T(\alpha) \qquad 或 \qquad \beta=T\alpha\ (\alpha\in A). \tag{4}$$

设 $\alpha_1\in A$, $T(\alpha_1)=\beta_1$,就说映射 T 把元素 α_1 变为 β_1, β_1 称为 α_1 在映射 T 下的像, α_1 称为 β_1 在映射 T 下的原像. A 称为映射 T 的定义域,像的全体所构成的集合称为像集,记作 $T(A)$,即

$$T(A)=\{\beta=T(\alpha)\mid\alpha\in A\},$$

显然 $T(A)\subseteq B$.

映射的概念是函数概念的推广. 例如,设二元函数 $z=f(x,y)$ 的定义域为平面区域 G,函数值域为 Z,那么,函数关系 f 就是一个从定义域 G 到实数域 $\mathbb{R}$ 的映射;函数值 $f(x_0,y_0)=z_0$ 就是元素 (x_0,y_0) 的像, (x_0,y_0) 就是 z_0 的原像; Z 就是像集.

定义 6 设 V_n, U_m 分别是 n 维和 m 维线性空间, T 是一个从 V_n 到 U_m 的映射,如果映射 T 满足:

(i) 任给 $\boldsymbol{\alpha}_1$、$\boldsymbol{\alpha}_2\in V_n$ (从而 $\boldsymbol{\alpha}_1+\boldsymbol{\alpha}_2\in V_n$),有

$$T(\boldsymbol{\alpha}_1+\boldsymbol{\alpha}_2)=T(\boldsymbol{\alpha}_1)+T(\boldsymbol{\alpha}_2);$$

(ii) 任给 $\boldsymbol{\alpha}\in V_n$, $\lambda\in\mathbb{R}$ (从而 $\lambda\boldsymbol{\alpha}\in V_n$),有

$$T(\lambda\boldsymbol{\alpha})=\lambda T(\boldsymbol{\alpha}),$$

那么, T 就称为从 V_n 到 U_m 的线性映射,或称为线性变换.

简言之,线性映射就是保持线性组合的对应的映射.

例如,关系式

$$\begin{pmatrix} y_1\\ y_2\\ \vdots\\ y_m\end{pmatrix}=\begin{pmatrix} a_{11} & a_{12} & \cdots & a_{1n}\\ a_{21} & a_{22} & \cdots & a_{2n}\\ \vdots & \vdots & & \vdots\\ a_{m1} & a_{m2} & \cdots & a_{mn}\end{pmatrix}\begin{pmatrix} x_1\\ x_2\\ \vdots\\ x_n\end{pmatrix}$$

就确定了一个从 $\mathbb{R}^n$ 到 $\mathbb{R}^m$ 的映射,并且是个线性映射(参看后面的例 10).

特别,在定义 6 中,如果 $U_m=V_n$,那么 T 是一个从线性空间 V_n 到其自身的线性映射,称为线性空间 V_n 中的线性变换.

下面我们只讨论线性空间 V_n 中的线性变换.

例 8 在线性空间 $P[x]_3$ 中,

(1) 微分运算 D 是一个线性变换. 这是因为任取

$\boldsymbol{p}=a_3x^3+a_2x^2+a_1x+a_0\in P[x]_3$,则 $\mathrm{D}\boldsymbol{p}=3a_3x^2+2a_2x+a_1$;

$\boldsymbol{q}=b_3x^3+b_2x^2+b_1x+b_0\in P[x]_3$,则 $\mathrm{D}\boldsymbol{q}=3b_3x^2+2b_2x+b_1$,

从而有

$$\mathrm{D}(\boldsymbol{p}+\boldsymbol{q})=\mathrm{D}[(a_3+b_3)x^3+(a_2+b_2)x^2+(a_1+b_1)x+(a_0+b_0)]$$

$$=3(a_3+b_3)x^2+2(a_2+b_2)x+(a_1+b_1)$$
$$=(3a_3x^2+2a_2x+a_1)+(3b_3x^2+2b_2x+b_1)$$
$$=\mathrm{D}\boldsymbol{p}+\mathrm{D}\boldsymbol{q}\ ;$$
$$\mathrm{D}(\lambda\boldsymbol{p})=\mathrm{D}(\lambda a_3x^3+\lambda a_2x^2+\lambda a_1x+\lambda a_0)$$
$$=\lambda(3a_3x^2+2a_2x+a_1)=\lambda\mathrm{D}\boldsymbol{p}.$$

(2) 如果 $T(\boldsymbol{p})=a_0$，那么 T 也是一个线性变换. 这是因为

$$T(\boldsymbol{p}+\boldsymbol{q})=a_0+b_0=T(\boldsymbol{p})+T(\boldsymbol{q});$$
$$T(\lambda\boldsymbol{p})=\lambda a_0=\lambda T(\boldsymbol{p}).$$

(3) 如果 $T_1(\boldsymbol{p})=1$，那么 T_1 是个变换，但不是线性变换. 这是因为 $T_1(\boldsymbol{p}+\boldsymbol{q})=1$，而 $T_1(\boldsymbol{p})+T_1(\boldsymbol{q})=1+1=2$，故

$$T_1(\boldsymbol{p}+\boldsymbol{q})\neq T_1(\boldsymbol{p})+T_1(\boldsymbol{q}).$$

例 9　由关系式

$$T\begin{pmatrix}x\\y\end{pmatrix}=\begin{pmatrix}\cos\varphi & -\sin\varphi\\ \sin\varphi & \cos\varphi\end{pmatrix}\begin{pmatrix}x\\y\end{pmatrix}$$

确定 xOy 平面上的一个变换 T，说明变换 T 的几何意义（参看第 2 章图 2.3）.

解　记 $\begin{cases}x=r\cos\theta,\\ y=r\sin\theta,\end{cases}$ 于是

$$T\begin{pmatrix}x\\y\end{pmatrix}=\begin{pmatrix}x\cos\varphi-y\sin\varphi\\ x\sin\varphi+y\cos\varphi\end{pmatrix}=\begin{pmatrix}r\cos\theta\cos\varphi-r\sin\theta\sin\varphi\\ r\cos\theta\sin\varphi+r\sin\theta\cos\varphi\end{pmatrix}$$
$$=\begin{pmatrix}r\cos(\theta+\varphi)\\ r\sin(\theta+\varphi)\end{pmatrix},$$

这表示变换 T 把任一向量按逆时针方向旋转 φ 角（由例 10 可知这个变换是一个线性变换）.

线性变换具有下述基本性质：

(i) $T\boldsymbol{0}=\boldsymbol{0}, T(-\boldsymbol{\alpha})=-T\boldsymbol{\alpha}$.

(ii) **若** $\boldsymbol{\beta}=k_1\boldsymbol{\alpha}_1+k_2\boldsymbol{\alpha}_2+\cdots+k_m\boldsymbol{\alpha}_m$，**则**

$$T\boldsymbol{\beta}=k_1T\boldsymbol{\alpha}_1+k_2T\boldsymbol{\alpha}_2+\cdots+k_mT\boldsymbol{\alpha}_m.$$

(iii) **若** $\boldsymbol{\alpha}_1,\boldsymbol{\alpha}_2,\cdots,\boldsymbol{\alpha}_m$ **线性相关，则** $T\boldsymbol{\alpha}_1,T\boldsymbol{\alpha}_2,\cdots,T\boldsymbol{\alpha}_m$ **亦线性相关**.

这些性质请读者证明之. 注意性质(iii)的逆命题是不成立的，即当 $\boldsymbol{\alpha}_1,\boldsymbol{\alpha}_2,\cdots,\boldsymbol{\alpha}_m$ 线性无关时，$T\boldsymbol{\alpha}_1,T\boldsymbol{\alpha}_2,\cdots,T\boldsymbol{\alpha}_m$ 不一定线性无关.

(iv) **线性变换** T **的像集** $T(V_n)$ **是一个线性空间，称为线性变换** T **的像空间**.

证　设 $\boldsymbol{\beta}_1$、$\boldsymbol{\beta}_2\in T(V_n)$，则有 $\boldsymbol{\alpha}_1$、$\boldsymbol{\alpha}_2\in V_n$，使 $T\boldsymbol{\alpha}_1=\boldsymbol{\beta}_1, T\boldsymbol{\alpha}_2=\boldsymbol{\beta}_2$，从而

$$\boldsymbol{\beta}_1+\boldsymbol{\beta}_2=T\boldsymbol{\alpha}_1+T\boldsymbol{\alpha}_2=T(\boldsymbol{\alpha}_1+\boldsymbol{\alpha}_2)\in T(V_n)\ (\text{因 }\boldsymbol{\alpha}_1+\boldsymbol{\alpha}_2\in V_n),$$

$$\lambda\boldsymbol{\beta}_1=\lambda T\boldsymbol{\alpha}_1=T(\lambda\boldsymbol{\alpha}_1)\in T(V_n)\ (\text{因 }\lambda\boldsymbol{\alpha}_1\in V_n),$$

由上述证明知它对 V_n 中的线性运算封闭,故它是一个线性空间. 证毕

（v）**使 $T\boldsymbol{\alpha}=\boldsymbol{0}$ 的 $\boldsymbol{\alpha}$ 的全体**

$$N_T=\{\boldsymbol{\alpha}\mid\boldsymbol{\alpha}\in V_n,T\boldsymbol{\alpha}=\boldsymbol{0}\}$$

也是一个线性空间. N_T 称为线性变换 T 的核.

证 $N_T\subseteq V_n$,且

若 $\boldsymbol{\alpha}_1$、$\boldsymbol{\alpha}_2\in N_T$,即 $T\boldsymbol{\alpha}_1=\boldsymbol{0}$, $T\boldsymbol{\alpha}_2=\boldsymbol{0}$,则 $T(\boldsymbol{\alpha}_1+\boldsymbol{\alpha}_2)=T\boldsymbol{\alpha}_1+T\boldsymbol{\alpha}_2=\boldsymbol{0}$,所以 $\boldsymbol{\alpha}_1+\boldsymbol{\alpha}_2\in N_T$;

若 $\boldsymbol{\alpha}_1\in N_T,\lambda\in\mathbb{R}$,则 $T(\lambda\boldsymbol{\alpha}_1)=\lambda T\boldsymbol{\alpha}_1=\lambda\,\boldsymbol{0}=\boldsymbol{0}$,所以 $\lambda\boldsymbol{\alpha}_1\in N_T$,
以上表明 N_T 对 V_n 中的线性运算封闭,所以 N_T 是一个线性空间. 证毕

例 10 设有 n 阶矩阵

$$\boldsymbol{A}=\begin{pmatrix}a_{11}&a_{12}&\cdots&a_{1n}\\a_{21}&a_{22}&\cdots&a_{2n}\\\vdots&\vdots&&\vdots\\a_{n1}&a_{n2}&\cdots&a_{nn}\end{pmatrix}=(\boldsymbol{\alpha}_1,\boldsymbol{\alpha}_2,\cdots,\boldsymbol{\alpha}_n),$$

其中

$$\boldsymbol{\alpha}_i=\begin{pmatrix}a_{1i}\\a_{2i}\\\vdots\\a_{ni}\end{pmatrix},$$

定义$\mathbb{R}^n$中的变换 $\boldsymbol{y}=T(\boldsymbol{x})$ 为

$$T(\boldsymbol{x})=\boldsymbol{A}\boldsymbol{x}\ (\boldsymbol{x}\in\mathbb{R}^n),$$

则 T 为线性变换. 这是因为

设 $\boldsymbol{a}$、$\boldsymbol{b}\in\mathbb{R}^n$,则

$$T(\boldsymbol{a}+\boldsymbol{b})=\boldsymbol{A}(\boldsymbol{a}+\boldsymbol{b})=\boldsymbol{A}\boldsymbol{a}+\boldsymbol{A}\boldsymbol{b}=T(\boldsymbol{a})+T(\boldsymbol{b}),$$

$$T(\lambda\boldsymbol{a})=\boldsymbol{A}(\lambda\boldsymbol{a})=\lambda\boldsymbol{A}\boldsymbol{a}=\lambda T(\boldsymbol{a}).$$

又,T 的像空间就是由 $\boldsymbol{\alpha}_1,\boldsymbol{\alpha}_2,\cdots,\boldsymbol{\alpha}_n$ 所生成的向量空间

$$T(\mathbb{R}^n)=\{\boldsymbol{y}=x_1\boldsymbol{a}_1+x_2\boldsymbol{a}_2+\cdots+x_n\boldsymbol{a}_n\mid x_1,x_2,\cdots,x_n\in\mathbb{R}\},$$

T 的核 N_T 就是齐次线性方程组 $\boldsymbol{A}\boldsymbol{x}=\boldsymbol{0}$的解空间.

§5 线性变换的矩阵表示式

上节例 10 中,关系式

$$T(\boldsymbol{x})=\boldsymbol{A}\boldsymbol{x}\ (\boldsymbol{x}\in\mathbb{R}^n)$$

简单明了地表示出$\mathbb{R}^n$中的一个线性变换.我们自然希望$\mathbb{R}^n$中任何一个线性变换都能用这样的关系式来表示.为此,考虑到$\boldsymbol{\alpha}_1=\boldsymbol{A}\boldsymbol{e}_1,\cdots,\boldsymbol{\alpha}_n=\boldsymbol{A}\boldsymbol{e}_n$ ($\boldsymbol{e}_1,\cdots,\boldsymbol{e}_n$ 为单位坐标向量),即

$$\boldsymbol{\alpha}_i=T(\boldsymbol{e}_i)\ (i=1,2,\cdots,n),$$

可见如果线性变换 T 有关系式 $T(\boldsymbol{x})=\boldsymbol{A}\boldsymbol{x}$,那么矩阵 $\boldsymbol{A}$ 应以 $T(\boldsymbol{e}_i)$为列向量.反之,如果一个线性变换 T 使 $T(\boldsymbol{e}_i)=\boldsymbol{\alpha}_i\ (i=1,2,\cdots,n)$,那么 T 必有关系式

$$\begin{aligned}T(\boldsymbol{x})&=T[(\boldsymbol{e}_1,\cdots,\boldsymbol{e}_n)\boldsymbol{x}]=T(x_1\boldsymbol{e}_1+x_2\boldsymbol{e}_2+\cdots+x_n\boldsymbol{e}_n)\\&=x_1T(\boldsymbol{e}_1)+x_2T(\boldsymbol{e}_2)+\cdots+x_nT(\boldsymbol{e}_n)\\&=(T(\boldsymbol{e}_1),\cdots,T(\boldsymbol{e}_n))\boldsymbol{x}=(\boldsymbol{\alpha}_1,\cdots,\boldsymbol{\alpha}_n)\boldsymbol{x}=\boldsymbol{A}\boldsymbol{x}.\end{aligned}$$

总之,$\mathbb{R}^n$中任何线性变换 T,都能用关系式

$$T(\boldsymbol{x})=\boldsymbol{A}\boldsymbol{x}\ (\boldsymbol{x}\in\mathbb{R}^n)$$

表示,其中 $\boldsymbol{A}=(T(\boldsymbol{e}_1),\cdots,T(\boldsymbol{e}_n))$.

把上面的讨论推广到一般的线性空间,我们有

定义 7 设 T 是线性空间 V_n 中的线性变换,在 V_n 中取定一个基 $\boldsymbol{\alpha}_1,\boldsymbol{\alpha}_2,\cdots,\boldsymbol{\alpha}_n$,如果这个基在变换 T 下的像(用这个基线性表示)为

$$\begin{cases}T(\boldsymbol{\alpha}_1)=a_{11}\boldsymbol{\alpha}_1+a_{21}\boldsymbol{\alpha}_2+\cdots+a_{n1}\boldsymbol{\alpha}_n,\\T(\boldsymbol{\alpha}_2)=a_{12}\boldsymbol{\alpha}_1+a_{22}\boldsymbol{\alpha}_2+\cdots+a_{n2}\boldsymbol{\alpha}_n,\\\cdots\cdots\cdots\cdots\\T(\boldsymbol{\alpha}_n)=a_{1n}\boldsymbol{\alpha}_1+a_{2n}\boldsymbol{\alpha}_2+\cdots+a_{nn}\boldsymbol{\alpha}_n,\end{cases}$$

记 $T(\boldsymbol{\alpha}_1,\boldsymbol{\alpha}_2,\cdots,\boldsymbol{\alpha}_n)=(T(\boldsymbol{\alpha}_1),T(\boldsymbol{\alpha}_2),\cdots,T(\boldsymbol{\alpha}_n))$,上式可表示为

$$T(\boldsymbol{\alpha}_1,\boldsymbol{\alpha}_2,\cdots,\boldsymbol{\alpha}_n)=(\boldsymbol{\alpha}_1,\boldsymbol{\alpha}_2,\cdots,\boldsymbol{\alpha}_n)\boldsymbol{A},\tag{5}$$

其中

$$\boldsymbol{A}=\begin{pmatrix}a_{11}&a_{12}&\cdots&a_{1n}\\a_{21}&a_{22}&\cdots&a_{2n}\\\vdots&\vdots&&\vdots\\a_{n1}&a_{n2}&\cdots&a_{nn}\end{pmatrix},$$

那么,$\boldsymbol{A}$ 就称为线性变换 T 在基 $\boldsymbol{\alpha}_1,\boldsymbol{\alpha}_2,\cdots,\boldsymbol{\alpha}_n$ 下的矩阵.

显然,矩阵 $\boldsymbol{A}$ 由基的像 $T(\boldsymbol{\alpha}_1),\cdots,T(\boldsymbol{\alpha}_n)$惟一确定.

如果给出一个矩阵 $\boldsymbol{A}$ 作为线性变换 T 在基 $\boldsymbol{\alpha}_1,\boldsymbol{\alpha}_2,\cdots,\boldsymbol{\alpha}_n$ 下的矩阵,也就是给出了这个基在变换 T 下的像,那么,根据变换 T 保持线性关系的特性,我们来推导变换 T 必须满足的关系式.

V_n 中的任意元素记为 $\boldsymbol{\alpha}=\sum\limits_{i=1}^{n}x_i\boldsymbol{\alpha}_i$,有

$$
\begin{aligned}
T\left(\sum_{i=1}^{n} x_i\boldsymbol{\alpha}_i\right) &= \sum_{i=1}^{n} x_i T(\boldsymbol{\alpha}_i)\\
&=(T(\boldsymbol{\alpha}_1),T(\boldsymbol{\alpha}_2),\cdots,T(\boldsymbol{\alpha}_n))\begin{pmatrix}x_1\\x_2\\\vdots\\x_n\end{pmatrix}\\
&=(\boldsymbol{\alpha}_1,\boldsymbol{\alpha}_2,\cdots,\boldsymbol{\alpha}_n)\boldsymbol{A}\begin{pmatrix}x_1\\x_2\\\vdots\\x_n\end{pmatrix},
\end{aligned}
$$

即

$$
T\left[(\boldsymbol{\alpha}_1,\boldsymbol{\alpha}_2,\cdots,\boldsymbol{\alpha}_n)\begin{pmatrix}x_1\\x_2\\\vdots\\x_n\end{pmatrix}\right]=(\boldsymbol{\alpha}_1,\boldsymbol{\alpha}_2,\cdots,\boldsymbol{\alpha}_n)\boldsymbol{A}\begin{pmatrix}x_1\\x_2\\\vdots\\x_n\end{pmatrix}. \tag{6}
$$

这个关系式惟一地确定一个变换 T,可以验证所确定的变换 T 是以 $\boldsymbol{A}$ 为矩阵的线性变换. 总之,以 $\boldsymbol{A}$ 为矩阵的线性变换 T 由关系式(6)惟一确定.

定义 7 和上面一段讨论表明,在 V_n 中取定一个基以后,由线性变换 T 可惟一地确定一个矩阵 $\boldsymbol{A}$,由一个矩阵 $\boldsymbol{A}$ 也可惟一地确定一个线性变换 T,这样,在线性变换与矩阵之间就有一一对应的关系.

由关系式(6),可见 $\boldsymbol{\alpha}$ 与 $T(\boldsymbol{\alpha})$ 在基 $\boldsymbol{\alpha}_1,\boldsymbol{\alpha}_2,\cdots,\boldsymbol{\alpha}_n$ 下的坐标分别为

$$
\boldsymbol{\alpha}=\begin{pmatrix}x_1\\x_2\\\vdots\\x_n\end{pmatrix},\quad T(\boldsymbol{\alpha})=\boldsymbol{A}\begin{pmatrix}x_1\\x_2\\\vdots\\x_n\end{pmatrix},
$$

即按坐标表示,有

$$
T(\boldsymbol{\alpha})=\boldsymbol{A\alpha}.
$$

例 11 在 $P[x]_3$ 中,取基

$$
\boldsymbol{p}_1=x^3,\ \boldsymbol{p}_2=x^2,\ \boldsymbol{p}_3=x,\ \boldsymbol{p}_4=1,
$$

求微分运算 D 的矩阵.

解 $\begin{cases} \mathrm{D}\boldsymbol{p}_1 = 3x^2 = 0\boldsymbol{p}_1 + 3\boldsymbol{p}_2 + 0\boldsymbol{p}_3 + 0\boldsymbol{p}_4, \\ \mathrm{D}\boldsymbol{p}_2 = 2x = 0\boldsymbol{p}_1 + 0\boldsymbol{p}_2 + 2\boldsymbol{p}_3 + 0\boldsymbol{p}_4, \\ \mathrm{D}\boldsymbol{p}_3 = 1 = 0\boldsymbol{p}_1 + 0\boldsymbol{p}_2 + 0\boldsymbol{p}_3 + 1\boldsymbol{p}_4, \\ \mathrm{D}\boldsymbol{p}_4 = 0 = 0\boldsymbol{p}_1 + 0\boldsymbol{p}_2 + 0\boldsymbol{p}_3 + 0\boldsymbol{p}_4, \end{cases}$

所以 D 在这组基下的矩阵为

$$\boldsymbol{A} = \begin{pmatrix} 0 & 0 & 0 & 0 \\ 3 & 0 & 0 & 0 \\ 0 & 2 & 0 & 0 \\ 0 & 0 & 1 & 0 \end{pmatrix}.$$

例 12 在$\mathbb{R}^3$中,T 表示将向量投影到 xOy 平面的线性变换,即

$$T(x\boldsymbol{i}+y\boldsymbol{j}+z\boldsymbol{k}) = x\boldsymbol{i}+y\boldsymbol{j}.$$

(1) 取基为 $\boldsymbol{i}, \boldsymbol{j}, \boldsymbol{k}$,求 T 的矩阵;

(2) 取基为 $\boldsymbol{\alpha}=\boldsymbol{i}, \boldsymbol{\beta}=\boldsymbol{j}, \boldsymbol{\gamma}=\boldsymbol{i}+\boldsymbol{j}+\boldsymbol{k}$,求 T 的矩阵.

解 (1) $\begin{cases} T\boldsymbol{i} = \boldsymbol{i}, \\ T\boldsymbol{j} = \boldsymbol{j}, \\ T\boldsymbol{k} = \boldsymbol{0}, \end{cases}$

即

$$T(\boldsymbol{i}, \boldsymbol{j}, \boldsymbol{k}) = (\boldsymbol{i}, \boldsymbol{j}, \boldsymbol{k})\begin{pmatrix} 1 & 0 & 0 \\ 0 & 1 & 0 \\ 0 & 0 & 0 \end{pmatrix}.$$

(2) $\begin{cases} T\boldsymbol{\alpha} = \boldsymbol{i} = \boldsymbol{\alpha}, \\ T\boldsymbol{\beta} = \boldsymbol{j} = \boldsymbol{\beta}, \\ T\boldsymbol{\gamma} = \boldsymbol{i}+\boldsymbol{j} = \boldsymbol{\alpha}+\boldsymbol{\beta}, \end{cases}$

即

$$T(\boldsymbol{\alpha}, \boldsymbol{\beta}, \boldsymbol{\gamma}) = (\boldsymbol{\alpha}, \boldsymbol{\beta}, \boldsymbol{\gamma})\begin{pmatrix} 1 & 0 & 1 \\ 0 & 1 & 1 \\ 0 & 0 & 0 \end{pmatrix}.$$

由上例可见,同一个线性变换在不同的基下有不同的矩阵. 一般地,我们有

定理 3 设线性空间 V_n 中取定两个基

$$\boldsymbol{\alpha}_1, \boldsymbol{\alpha}_2, \cdots, \boldsymbol{\alpha}_n; \quad \boldsymbol{\beta}_1, \boldsymbol{\beta}_2, \cdots, \boldsymbol{\beta}_n,$$

由基 $\boldsymbol{\alpha}_1, \boldsymbol{\alpha}_2, \cdots, \boldsymbol{\alpha}_n$ 到基 $\boldsymbol{\beta}_1, \boldsymbol{\beta}_2, \cdots, \boldsymbol{\beta}_n$ 的过渡矩阵为 $\boldsymbol{P}$,V_n 中的线性变换 T 在这两个基下的矩阵依次为 $\boldsymbol{A}$ 和 $\boldsymbol{B}$,那么 $\boldsymbol{B} = \boldsymbol{P}^{-1}\boldsymbol{A}\boldsymbol{P}$.

证 按定理的假设,有

$$(\boldsymbol{\beta}_1,\cdots,\boldsymbol{\beta}_n)=(\boldsymbol{\alpha}_1,\cdots,\boldsymbol{\alpha}_n)\boldsymbol{P},$$

$\boldsymbol{P}$ 可逆;及

$$T(\boldsymbol{\alpha}_1,\cdots,\boldsymbol{\alpha}_n)=(\boldsymbol{\alpha}_1,\cdots,\boldsymbol{\alpha}_n)\boldsymbol{A},$$
$$T(\boldsymbol{\beta}_1,\cdots,\boldsymbol{\beta}_n)=(\boldsymbol{\beta}_1,\cdots,\boldsymbol{\beta}_n)\boldsymbol{B},$$

于是

$$\begin{aligned}(\boldsymbol{\beta}_1,\cdots,\boldsymbol{\beta}_n)\boldsymbol{B}&=T(\boldsymbol{\beta}_1,\cdots,\boldsymbol{\beta}_n)=T[(\boldsymbol{\alpha}_1,\cdots,\boldsymbol{\alpha}_n)\boldsymbol{P}]\\&=[T(\boldsymbol{\alpha}_1,\cdots,\boldsymbol{\alpha}_n)]\boldsymbol{P}=(\boldsymbol{\alpha}_1,\cdots,\boldsymbol{\alpha}_n)\boldsymbol{AP}\\&=(\boldsymbol{\beta}_1,\cdots,\boldsymbol{\beta}_n)\boldsymbol{P}^{-1}\boldsymbol{AP},\end{aligned}$$

因为 $\boldsymbol{\beta}_1,\cdots,\boldsymbol{\beta}_n$ 线性无关,所以

$$\boldsymbol{B}=\boldsymbol{P}^{-1}\boldsymbol{AP}.$$

证毕

这定理表明 $\boldsymbol{A}$ 与 $\boldsymbol{B}$ 相似,且两个基之间的过渡矩阵 $\boldsymbol{P}$ 就是相似变换矩阵.

例 13 设 V_2 中的线性变换 T 在基 $\boldsymbol{\alpha}_1,\boldsymbol{\alpha}_2$ 下的矩阵为

$$\boldsymbol{A}=\begin{pmatrix}a_{11}&a_{12}\\a_{21}&a_{22}\end{pmatrix},$$

求 T 在基 $\boldsymbol{\alpha}_2,\boldsymbol{\alpha}_1$ 下的矩阵.

解

$$(\boldsymbol{\alpha}_2,\boldsymbol{\alpha}_1)=(\boldsymbol{\alpha}_1,\boldsymbol{\alpha}_2)\begin{pmatrix}0&1\\1&0\end{pmatrix},$$

即 $\boldsymbol{P}=\begin{pmatrix}0&1\\1&0\end{pmatrix}$,求得 $\boldsymbol{P}^{-1}=\begin{pmatrix}0&1\\1&0\end{pmatrix}$,于是 T 在基$(\boldsymbol{\alpha}_2,\boldsymbol{\alpha}_1)$下的矩阵为

$$\boldsymbol{B}=\begin{pmatrix}0&1\\1&0\end{pmatrix}\begin{pmatrix}a_{11}&a_{12}\\a_{21}&a_{22}\end{pmatrix}\begin{pmatrix}0&1\\1&0\end{pmatrix}=\begin{pmatrix}a_{21}&a_{22}\\a_{11}&a_{12}\end{pmatrix}\begin{pmatrix}0&1\\1&0\end{pmatrix}=\begin{pmatrix}a_{22}&a_{21}\\a_{12}&a_{11}\end{pmatrix}.$$

定义 8 线性变换 T 的像空间 $T(V_n)$ 的维数,称为线性变换 T 的秩.

显然,若 $\boldsymbol{A}$ 是 T 的矩阵,则 T 的秩就是 $R(\boldsymbol{A})$.

若 T 的秩为 r,则 T 的核 N_T 的维数为 $n-r$.

习 题 六

1. 验证:

(1) 2 阶矩阵的全体 S_1;

(2) 主对角线上的元素之和等于 0 的 2 阶矩阵的全体 S_2;

(3) 2 阶对称矩阵的全体 S_3,

对于矩阵的加法和数乘运算构成线性空间,并写出各个空间的一个基.

2. 验证:与向量$(0,0,1)^{\mathrm{T}}$ 不平行的全体 3 维数组向量,对于数组向量的加法和数乘运算不构成线性空间.

3. 在线性空间 $P[x]_3$ 中，下列向量组是否为一个基？

（1）Ⅰ：$1+x, x+x^2, 1+x^3, 2+2x+x^2+x^3$；

（2）Ⅱ：$-1+x, 1-x^2, -2+2x+x^2, x^3$.

4. 在$\mathbb{R}^3$中求向量 $\boldsymbol{\alpha}=(7,3,1)^{\mathrm{T}}$ 在基

$$\boldsymbol{\alpha}_1=(1,3,5)^{\mathrm{T}},\ \boldsymbol{\alpha}_2=(6,3,2)^{\mathrm{T}},\ \boldsymbol{\alpha}_3=(3,1,0)^{\mathrm{T}}$$

中的坐标.

5. 在$\mathbb{R}^3$中，取两个基

$$\boldsymbol{\alpha}_1=(1,2,1)^{\mathrm{T}},\ \boldsymbol{\alpha}_2=(2,3,3)^{\mathrm{T}},\ \boldsymbol{\alpha}_3=(3,7,-2)^{\mathrm{T}};$$

$$\boldsymbol{\beta}_1=(3,1,4)^{\mathrm{T}},\ \boldsymbol{\beta}_2=(5,2,1)^{\mathrm{T}},\ \boldsymbol{\beta}_3=(1,1,-6)^{\mathrm{T}},$$

试求坐标变换公式.

6. 在$\mathbb{R}^4$中取两个基

$$\begin{cases}\boldsymbol{e}_1=(1,0,0,0)^{\mathrm{T}},\\ \boldsymbol{e}_2=(0,1,0,0)^{\mathrm{T}},\\ \boldsymbol{e}_3=(0,0,1,0)^{\mathrm{T}},\\ \boldsymbol{e}_4=(0,0,0,1)^{\mathrm{T}},\end{cases}\qquad \begin{cases}\boldsymbol{\alpha}_1=(2,1,-1,1)^{\mathrm{T}},\\ \boldsymbol{\alpha}_2=(0,3,1,0)^{\mathrm{T}},\\ \boldsymbol{\alpha}_3=(5,3,2,1)^{\mathrm{T}},\\ \boldsymbol{\alpha}_4=(6,6,1,3)^{\mathrm{T}}.\end{cases}$$

（1）求由前一个基到后一个基的过渡矩阵；

（2）求向量 $(x_1,x_2,x_3,x_4)^{\mathrm{T}}$ 在后一个基中的坐标；

（3）求在两个基中有相同坐标的向量.

7. 设线性空间 S_1（习题六第 1 题(1)）中向量

$$\boldsymbol{a}_1=\begin{pmatrix}1&2\\1&0\end{pmatrix},\ \boldsymbol{a}_2=\begin{pmatrix}-1&-1\\1&1\end{pmatrix},\ \boldsymbol{b}_1=\begin{pmatrix}1&3\\3&1\end{pmatrix},\ \boldsymbol{b}_2=\begin{pmatrix}2&-1\\4&1\end{pmatrix},$$

（1）问 $\boldsymbol{b}_1$ 能否由 $\boldsymbol{a}_1,\boldsymbol{a}_2$ 线性表示？$\boldsymbol{b}_2$ 能否由 $\boldsymbol{a}_1,\boldsymbol{a}_2$ 线性表示？

（2）求由向量组 $\boldsymbol{a}_1,\boldsymbol{a}_2,\boldsymbol{b}_1,\boldsymbol{b}_2$ 所生成的向量空间 L 的维数和一个基.

8. 说明 xOy 平面上变换 $T\begin{pmatrix}x\\y\end{pmatrix}=\boldsymbol{A}\begin{pmatrix}x\\y\end{pmatrix}$ 的几何意义，其中

（1）$\boldsymbol{A}=\begin{pmatrix}-1&0\\0&1\end{pmatrix}$；　　（2）$\boldsymbol{A}=\begin{pmatrix}0&0\\0&1\end{pmatrix}$；

（3）$\boldsymbol{A}=\begin{pmatrix}0&1\\1&0\end{pmatrix}$；　　（4）$\boldsymbol{A}=\begin{pmatrix}0&1\\-1&0\end{pmatrix}$.

9. n 阶对称矩阵的全体 V 对于矩阵的线性运算构成一个$\dfrac{n(n+1)}{2}$维线性空间. 给出 n 阶可逆矩阵 $\boldsymbol{P}$，以 $\boldsymbol{A}$ 表示 V 中的任一元素，试证合同变换

$$T(\boldsymbol{A})=\boldsymbol{P}^{\mathrm{T}}\boldsymbol{A}\boldsymbol{P}$$

是 V 中的线性变换.

10. 函数集合

$$V_3=\{\boldsymbol{\alpha}=(a_2x^2+a_1x+a_0)\mathrm{e}^x \mid a_2,a_1,a_0\in\mathbb{R}\}$$

对于函数的线性运算构成 3 维线性空间. 在 V_3 中取一个基

$$\boldsymbol{\alpha}_1=x^2\mathrm{e}^x,\ \boldsymbol{\alpha}_2=x\mathrm{e}^x,\ \boldsymbol{\alpha}_3=\mathrm{e}^x,$$

求微分运算 D 在这个基下的矩阵.

11. 2 阶对称矩阵的全体

$$V_3=\left\{\boldsymbol{A}=\begin{pmatrix}x_1 & x_2\\ x_2 & x_3\end{pmatrix}\ \middle|\ x_1,x_2,x_3\in\mathbb{R}\right\}$$

对于矩阵的线性运算构成 3 维线性空间. 在 V_3 中取一个基

$$\boldsymbol{A}_1=\begin{pmatrix}1 & 0\\ 0 & 0\end{pmatrix},\ \boldsymbol{A}_2=\begin{pmatrix}0 & 1\\ 1 & 0\end{pmatrix},\ \boldsymbol{A}_3=\begin{pmatrix}0 & 0\\ 0 & 1\end{pmatrix},$$

在 V_3 中定义合同变换

$$T(\boldsymbol{A})=\begin{pmatrix}1 & 0\\ 1 & 1\end{pmatrix}\boldsymbol{A}\begin{pmatrix}1 & 1\\ 0 & 1\end{pmatrix},$$

求 T 在基 $\boldsymbol{A}_1,\boldsymbol{A}_2,\boldsymbol{A}_3$ 下的矩阵.

部分习题答案

习题一

1. （1）-4； （2）$3abc-a^3-b^3-c^3$； （3）$(a-b)(b-c)(c-a)$； （4）$-2(x^3+y^3)$.

2. （1）0； （2）4； （3）5； （4）3； （5）$\dfrac{n(n-1)}{2}$； （6）$n(n-1)$.

3. $-a_{11}a_{23}a_{32}a_{44}$；$a_{11}a_{23}a_{34}a_{42}$.

4. （1）0； （2）0； （3）$4abcdef$； （4）0； （5）$abcd+ab+cd+ad+1$； （6）16.

5. （1）-3 或 $\pm\sqrt{3}$； （2）a,b 或 c.

8. （1）$a^{n-2}(a^2-1)$； （2）$[x+(n-1)a](x-a)^{n-1}$；

   （3）$\prod\limits_{n+1\geqslant i>j\geqslant 1}(i-j)$； （4）$\prod\limits_{i=1}^{n}(a_id_i-b_ic_i)$； （5）$1+a_1+\cdots+a_n$；

   （6）$(-1)^{n-1}(n-1)2^{n-2}$； （7）$a_1a_2\cdots a_n\left(1+\sum\limits_{i=1}^{n}\dfrac{1}{a_i}\right)$.

9. 24.

习题二

1. （1）$\begin{pmatrix}35\\6\\49\end{pmatrix}$； （2）10； （3）$\begin{pmatrix}-2&4\\-1&2\\-3&6\end{pmatrix}$； （4）$\begin{pmatrix}6&-7&8\\20&-5&-6\end{pmatrix}$；

   （5）$a_{11}x_1^2+a_{22}x_2^2+a_{33}x_3^2+2a_{12}x_1x_2+2a_{13}x_1x_3+2a_{23}x_2x_3$.

2. $3\boldsymbol{AB}-2\boldsymbol{A}=\begin{pmatrix}-2&13&22\\-2&-17&20\\4&29&-2\end{pmatrix}$，$\boldsymbol{A}^{\mathrm{T}}\boldsymbol{B}=\begin{pmatrix}0&5&8\\0&-5&6\\2&9&0\end{pmatrix}$.

3. $\begin{cases}x_1=-6z_1+z_2+3z_3,\\x_2=12z_1-4z_2+9z_3,\\x_3=-10z_1-z_2+16z_3.\end{cases}$

5. （1）取 $\boldsymbol{A}=\begin{pmatrix}1&1\\-1&-1\end{pmatrix}\neq\boldsymbol{O}$ 而 $\boldsymbol{A}^2=\boldsymbol{O}$；

   （2）取 $\boldsymbol{A}=\begin{pmatrix}1&0\\0&0\end{pmatrix}$，有 $\boldsymbol{A}\neq\boldsymbol{O},\boldsymbol{A}\neq\boldsymbol{E}$ 而 $\boldsymbol{A}^2=\boldsymbol{A}$；

   （3）取 $\boldsymbol{A}=\begin{pmatrix}1&0\\0&0\end{pmatrix}$，$\boldsymbol{X}=\begin{pmatrix}1&0\\0&0\end{pmatrix}$，$\boldsymbol{Y}=\begin{pmatrix}1&0\\0&1\end{pmatrix}$，有 $\boldsymbol{X}\neq\boldsymbol{Y}$ 而 $\boldsymbol{AX}=\boldsymbol{AY}$.

6. (1) $A^2=\begin{pmatrix}1&0\\2\lambda&1\end{pmatrix},A^3=\begin{pmatrix}1&0\\3\lambda&1\end{pmatrix},\cdots,A^k=\begin{pmatrix}1&0\\k\lambda&1\end{pmatrix}$； (2) $\begin{pmatrix}\lambda^4&4\lambda^3&6\lambda^2\\0&\lambda^4&4\lambda^3\\0&0&\lambda^4\end{pmatrix}$.

7. (1) $10^{25}E,\ 10^{25}\begin{pmatrix}3&1\\1&-3\end{pmatrix}$； (2) $-8^{99}\begin{pmatrix}2&4&8\\1&2&4\\-3&-6&-12\end{pmatrix}$.

9. (1) $\begin{pmatrix}5&-2\\-2&1\end{pmatrix}$； (2) $\begin{pmatrix}\cos\theta&\sin\theta\\-\sin\theta&\cos\theta\end{pmatrix}$；

(3) $\begin{pmatrix}-2&1&0\\-\frac{13}{2}&3&-\frac{1}{2}\\-16&7&-1\end{pmatrix}$； (4) $\begin{pmatrix}\frac{1}{a_1}&&&0\\&\frac{1}{a_2}&&\\&&\ddots&\\0&&&\frac{1}{a_n}\end{pmatrix}$.

10. $\begin{cases}y_1=-7x_1-4x_2+9x_3,\\y_2=6x_1+3x_2-7x_3,\\y_3=3x_1+2x_2-4x_3.\end{cases}$

13. $A^{-1}=\frac{1}{2}(A-E),(A+2E)^{-1}=\frac{1}{4}(3E-A)$.

14. (1) $X=\begin{pmatrix}2&-23\\0&8\end{pmatrix}$； (2) $X=\begin{pmatrix}-2&2&1\\-\frac{8}{3}&5&-\frac{2}{3}\end{pmatrix}$；

(3) $X=\begin{pmatrix}1&1\\\frac{1}{4}&0\end{pmatrix}$； (4) $X=\frac{1}{3}\begin{pmatrix}23&-7&-13\\-22&5&14\end{pmatrix}$.

15. (1) $\begin{cases}x_1=1,\\x_2=0,\\x_3=0;\end{cases}$ (2) $\begin{cases}x_1=2,\\x_2=-\frac{1}{2},\\x_3=\frac{1}{2}.\end{cases}$

16. -16.

17. $\begin{pmatrix}0&3&3\\-1&2&3\\1&1&0\end{pmatrix}$.

18. $B=A+E=\begin{pmatrix}2&0&1\\0&3&0\\1&0&2\end{pmatrix}$.

19. $B=2A=2\text{diag}(1,-2,1)$.

20. $\boldsymbol{B}=\mathrm{diag}(6,6,6,-1)$.

21. $\frac{1}{3}\begin{pmatrix}1+2^{13} & 4+2^{13}\\ -1-2^{11} & -4-2^{11}\end{pmatrix}=\begin{pmatrix}2\,731 & 2\,732\\ -683 & -684\end{pmatrix}$.

22. $4\begin{pmatrix}1 & 1 & 1\\ 1 & 1 & 1\\ 1 & 1 & 1\end{pmatrix}$.

25. $\begin{pmatrix}1 & 2 & 5 & 2\\ 0 & 1 & 2 & -4\\ 0 & 0 & -4 & 3\\ 0 & 0 & 0 & -9\end{pmatrix}$.

26. $|\boldsymbol{A}^8|=10^{16}$, $\boldsymbol{A}^4=\begin{pmatrix}5^4 & 0 & 0 & 0\\ 0 & 5^4 & 0 & 0\\ 0 & 0 & 2^4 & 0\\ 0 & 0 & 2^6 & 2^4\end{pmatrix}$.

27. $\begin{pmatrix}\boldsymbol{O} & \boldsymbol{B}^{-1}\\ \boldsymbol{A}^{-1} & \boldsymbol{O}\end{pmatrix}$.

28. (1) $\begin{pmatrix}1 & -2 & 0 & 0\\ -2 & 5 & 0 & 0\\ 0 & 0 & 2 & -3\\ 0 & 0 & -5 & 8\end{pmatrix}$； (2) $\frac{1}{2}\begin{pmatrix}0 & 3 & -1\\ 0 & -4 & 2\\ 10 & 0 & 0\end{pmatrix}$.

习题三

1. (1) $\begin{pmatrix}1 & 0 & 0 & 5\\ 0 & 0 & 1 & -3\\ 0 & 0 & 0 & 0\end{pmatrix}$； (2) $\begin{pmatrix}0 & 1 & 0 & 5\\ 0 & 0 & 1 & 3\\ 0 & 0 & 0 & 0\end{pmatrix}$；

(3) $\begin{pmatrix}1 & -1 & 0 & 2 & -3\\ 0 & 0 & 1 & -2 & 2\\ 0 & 0 & 0 & 0 & 0\\ 0 & 0 & 0 & 0 & 0\end{pmatrix}$； (4) $\begin{pmatrix}1 & 0 & 2 & 0 & -2\\ 0 & 1 & -1 & 0 & 3\\ 0 & 0 & 0 & 1 & 4\\ 0 & 0 & 0 & 0 & 0\end{pmatrix}$.

2. $\boldsymbol{P}=\begin{pmatrix}-3 & 2 & 0\\ 2 & -1 & 0\\ 7 & -6 & 1\end{pmatrix}$, $\boldsymbol{PA}=\begin{pmatrix}1 & 0 & -1 & -2\\ 0 & 1 & 2 & 3\\ 0 & 0 & 0 & 0\end{pmatrix}$.

3. (1) $\boldsymbol{P}=\begin{pmatrix}1 & 3\\ 2 & 5\end{pmatrix}$, $\boldsymbol{PA}=\begin{pmatrix}1 & 0 & 4\\ 0 & 1 & 7\end{pmatrix}$；

(2) $\boldsymbol{Q}=\begin{pmatrix}1 & 2 & 0\\ 3 & 5 & 0\\ -4 & -7 & 1\end{pmatrix}$, $\boldsymbol{QA}^{\mathrm{T}}=\begin{pmatrix}1 & 0\\ 0 & 1\\ 0 & 0\end{pmatrix}$.

4. (1) $\begin{pmatrix} \frac{7}{6} & \frac{2}{3} & -\frac{3}{2} \\ -1 & -1 & 2 \\ -\frac{1}{2} & 0 & \frac{1}{2} \end{pmatrix}$; (2) $\begin{pmatrix} 1 & 1 & -2 & -4 \\ 0 & 1 & 0 & -1 \\ -1 & -1 & 3 & 6 \\ 2 & 1 & -6 & -10 \end{pmatrix}$.

5. $x_1=2, x_2=-\frac{1}{2}, x_3=\frac{1}{2}$.

6. (1) $\begin{pmatrix} 10 & 2 \\ -15 & -3 \\ 12 & 4 \end{pmatrix}$; (2) $\begin{pmatrix} 2 & -1 & -1 \\ -4 & 7 & 4 \end{pmatrix}$; (3) $\begin{pmatrix} 0 & 1 & -1 \\ -1 & 0 & 1 \\ 1 & -1 & 0 \end{pmatrix}$.

7. 都可能有.

8. $R(\boldsymbol{A}) \geqslant R(\boldsymbol{B}) \geqslant R(\boldsymbol{A})-1$.

9. $\begin{pmatrix} 1 & 0 & 1 & 0 & 0 \\ 1 & -1 & 0 & 0 & 0 \\ 0 & 0 & 1 & 0 & 0 \\ 0 & 0 & 0 & 1 & 0 \\ 0 & 0 & 0 & 0 & 0 \end{pmatrix}$.

10. (1) $R=2$; (2) $R=3$; (3) $R=3$.

12. (1) $k=1$; (2) $k=-2$; (3) $k\neq 1$ 且 $k\neq -2$.

13. (1) $\begin{pmatrix} x_1 \\ x_2 \\ x_3 \\ x_4 \end{pmatrix} = c\begin{pmatrix} \frac{4}{3} \\ -3 \\ \frac{4}{3} \\ 1 \end{pmatrix}$ (c 为任意常数); (2) $\begin{pmatrix} x_1 \\ x_2 \\ x_3 \\ x_4 \end{pmatrix} = c_1\begin{pmatrix} -2 \\ 1 \\ 0 \\ 0 \end{pmatrix} + c_2\begin{pmatrix} 1 \\ 0 \\ 0 \\ 1 \end{pmatrix}$ (c_1, c_2 为任意常数);

(3) $\begin{pmatrix} x_1 \\ x_2 \\ x_3 \\ x_4 \end{pmatrix} = c\begin{pmatrix} -\frac{1}{2} \\ \frac{7}{2} \\ \frac{5}{2} \\ 1 \end{pmatrix}$ (c 为任意常数); (4) $\begin{pmatrix} x_1 \\ x_2 \\ x_3 \\ x_4 \end{pmatrix} = c_1\begin{pmatrix} \frac{3}{17} \\ \frac{19}{17} \\ 1 \\ 0 \end{pmatrix} + c_2\begin{pmatrix} -\frac{13}{17} \\ -\frac{20}{17} \\ 0 \\ 1 \end{pmatrix}$ (c_1, c_2 为任意常数).

14. (1) 无解; (2) $\begin{pmatrix} x \\ y \\ z \end{pmatrix} = c\begin{pmatrix} -2 \\ 1 \\ 1 \end{pmatrix} + \begin{pmatrix} -1 \\ 2 \\ 0 \end{pmatrix}$ (c 为任意常数);

(3) $\begin{pmatrix} x \\ y \\ z \\ w \end{pmatrix} = c_1\begin{pmatrix} -\frac{1}{2} \\ 1 \\ 0 \\ 0 \end{pmatrix} + c_2\begin{pmatrix} \frac{1}{2} \\ 0 \\ 1 \\ 0 \end{pmatrix} + \begin{pmatrix} \frac{1}{2} \\ 0 \\ 0 \\ 0 \end{pmatrix}$ (c_1, c_2 为任意常数);

(4) $\begin{pmatrix} x \\ y \\ z \\ w \end{pmatrix}=c_1\begin{pmatrix} \frac{1}{7} \\ \frac{5}{7} \\ 1 \\ 0 \end{pmatrix}+c_2\begin{pmatrix} \frac{1}{7} \\ -\frac{9}{7} \\ 0 \\ 1 \end{pmatrix}+\begin{pmatrix} \frac{6}{7} \\ -\frac{5}{7} \\ 0 \\ 0 \end{pmatrix}$ （c_1,c_2 为任意常数）.

15. $\begin{cases} x_1-2x_3+2x_4=0, \\ x_2+3x_3-4x_4=0. \end{cases}$

16. （1）$\lambda\neq-\frac{1}{2}$且 $\lambda\neq2$； （2）$\lambda=-\frac{1}{2}$；

（3）$\lambda=2$，$\begin{pmatrix} x_1 \\ x_2 \\ x_3 \end{pmatrix}=c\begin{pmatrix} -1 \\ 1 \\ 0 \end{pmatrix}+\begin{pmatrix} 3 \\ 0 \\ 1 \end{pmatrix}$ （c 为任意常数）.

17. （1）$\lambda\neq1$，且 $\lambda\neq-2$； （2）$\lambda=-2$；

（3）$\lambda=1$，$\begin{pmatrix} x_1 \\ x_2 \\ x_3 \end{pmatrix}=c_1\begin{pmatrix} -1 \\ 1 \\ 0 \end{pmatrix}+c_2\begin{pmatrix} -1 \\ 0 \\ 1 \end{pmatrix}+\begin{pmatrix} 1 \\ 0 \\ 0 \end{pmatrix}$ （c_1,c_2 为任意常数）.

18. $\lambda=1$ 时有解$\begin{pmatrix} x_1 \\ x_2 \\ x_3 \end{pmatrix}=c\begin{pmatrix} 1 \\ 1 \\ 1 \end{pmatrix}+\begin{pmatrix} 1 \\ 0 \\ 0 \end{pmatrix}$，$\lambda=-2$ 时有解$\begin{pmatrix} x_1 \\ x_2 \\ x_3 \end{pmatrix}=c\begin{pmatrix} 1 \\ 1 \\ 1 \end{pmatrix}+\begin{pmatrix} 2 \\ 2 \\ 0 \end{pmatrix}$ （c 为任意常数）.

19. $\lambda\neq1$，且 $\lambda\neq10$ 时有惟一解；$\lambda=10$ 时无解；$\lambda=1$ 时有无限多解，解为

$$\begin{pmatrix} x_1 \\ x_2 \\ x_3 \end{pmatrix}=c_1\begin{pmatrix} -2 \\ 1 \\ 0 \end{pmatrix}+c_2\begin{pmatrix} 2 \\ 0 \\ 1 \end{pmatrix}+\begin{pmatrix} 1 \\ 0 \\ 0 \end{pmatrix} \quad (c_1,c_2\text{ 为任意常数}).$$

习题四

3. （1）线性相关； （2）线性无关.

4. $a=2$ 或 $a=-1$.

6. $\boldsymbol{b}=c\boldsymbol{a}_1-(1+c)\boldsymbol{a}_2, c\in\mathbb{R}$.

7. 若 $\boldsymbol{a}_1=\begin{pmatrix} 1 \\ 0 \end{pmatrix}$，$\boldsymbol{a}_2=\begin{pmatrix} 0 \\ 0 \end{pmatrix}$；$\boldsymbol{b}_1=\begin{pmatrix} 0 \\ 0 \end{pmatrix}$，$\boldsymbol{b}_2=\begin{pmatrix} 0 \\ 1 \end{pmatrix}$，则 $\boldsymbol{a}_1+\boldsymbol{b}_1,\boldsymbol{a}_2+\boldsymbol{b}_2$ 线性无关.

11. （1）线性无关； （2）线性无关； （3）线性相关.

13. （1）$2,\boldsymbol{a}_1,\boldsymbol{a}_2$； （2）$2,\boldsymbol{a}_1,\boldsymbol{a}_2$.

14. （1）$\boldsymbol{a}_1,\boldsymbol{a}_2,\boldsymbol{a}_3$ 为最大无关组，$\boldsymbol{a}_4=\frac{8}{5}\boldsymbol{a}_1-\boldsymbol{a}_2+2\boldsymbol{a}_3$；

（2）$\boldsymbol{a}_1,\boldsymbol{a}_2,\boldsymbol{a}_3$ 为最大无关组，$\boldsymbol{a}_4=\boldsymbol{a}_1+3\boldsymbol{a}_2-\boldsymbol{a}_3$，$\boldsymbol{a}_5=-\boldsymbol{a}_2+\boldsymbol{a}_3$.

15. $a=2, b=5$.

16. $R_D=3$.

20. （1）$\boldsymbol{B}=\begin{pmatrix}0&0&0\\1&0&3\\0&1&-1\end{pmatrix}$； （2）$|\boldsymbol{A}|=0$.

21. （1）$\boldsymbol{\xi}_1=\begin{pmatrix}0\\1\\0\\4\end{pmatrix}$，$\boldsymbol{\xi}_2=\begin{pmatrix}-4\\0\\1\\-3\end{pmatrix}$； （2）$\boldsymbol{\xi}_1=\begin{pmatrix}1\\7\\0\\19\end{pmatrix}$，$\boldsymbol{\xi}_2=\begin{pmatrix}0\\0\\1\\2\end{pmatrix}$；

（3）$(\boldsymbol{\xi}_1,\boldsymbol{\xi}_2,\cdots,\boldsymbol{\xi}_{n-1})=\begin{pmatrix}1&&&\\&1&&\\&&\ddots&\\&&&1\\-n&-n+1&\cdots&-2\end{pmatrix}$.

22. $\begin{pmatrix}1&0\\5&2\\8&1\\0&1\end{pmatrix}$.

23. $\begin{cases}x_1-2x_2+x_3=0,\\2x_1-3x_2+x_4=0.\end{cases}$

24. （1）Ⅰ：$\boldsymbol{\xi}_1=\begin{pmatrix}-1\\1\\0\\1\end{pmatrix}$，$\boldsymbol{\xi}_2=\begin{pmatrix}0\\0\\1\\0\end{pmatrix}$；Ⅱ：$\boldsymbol{\xi}_1=\begin{pmatrix}1\\1\\0\\-1\end{pmatrix}$，$\boldsymbol{\xi}_2=\begin{pmatrix}-1\\0\\1\\1\end{pmatrix}$； （2）$\boldsymbol{x}=c\begin{pmatrix}-1\\1\\2\\1\end{pmatrix}$（$c$ 为任意实数）.

27. （1）$\boldsymbol{\eta}=\begin{pmatrix}-8\\13\\0\\2\end{pmatrix}$，$\boldsymbol{\xi}=\begin{pmatrix}-1\\1\\1\\0\end{pmatrix}$； （2）$\boldsymbol{\eta}=\begin{pmatrix}-17\\0\\14\\0\end{pmatrix}$，$\boldsymbol{\xi}_1=\begin{pmatrix}-9\\1\\7\\0\end{pmatrix}$，$\boldsymbol{\xi}_2=\begin{pmatrix}-4\\0\\\frac{7}{2}\\1\end{pmatrix}$.

28. $\boldsymbol{x}=c\begin{pmatrix}3\\4\\5\\6\end{pmatrix}+\begin{pmatrix}2\\3\\4\\5\end{pmatrix}$（$c$ 为任意实数）.

29. （1）$\alpha=-4$ 且 $\beta\neq 0$； （2）$\alpha\neq -4$；

（3）$\alpha=-4$，且 $\beta=0$，$\boldsymbol{b}=c\boldsymbol{a}_1-(2c+1)\boldsymbol{a}_2+\boldsymbol{a}_3$（$c$ 为任意实数）.

31. $\boldsymbol{x}=c\begin{pmatrix}1\\-2\\1\\0\end{pmatrix}+\begin{pmatrix}1\\1\\1\\1\end{pmatrix}$（$c$ 为任意实数）.

35. V_1 是，V_2 不是.

37. $v_1=2a_1+3a_2-a_3, v_2=3a_1-3a_2-2a_3$.

38. （1）$\begin{pmatrix}2&3&4\\0&-1&0\\-1&0&-1\end{pmatrix}$； （2）$\begin{pmatrix}-8\\-1\\5\end{pmatrix}$.

习题五

1. $\lambda=-2, c=(-2,2,-1)^{T}$.

2. （1）$p_1=\frac{1}{\sqrt{3}}\begin{pmatrix}1\\1\\1\end{pmatrix}, p_2=\frac{1}{\sqrt{2}}\begin{pmatrix}-1\\0\\1\end{pmatrix}, p_3=\frac{1}{\sqrt{6}}\begin{pmatrix}1\\-2\\1\end{pmatrix}$；

（2）$p_1=\frac{1}{\sqrt{3}}\begin{pmatrix}1\\0\\-1\\1\end{pmatrix}, p_2=\frac{1}{\sqrt{15}}\begin{pmatrix}1\\-3\\2\\1\end{pmatrix}, p_3=\frac{1}{\sqrt{35}}\begin{pmatrix}-1\\3\\3\\4\end{pmatrix}$.

3. （1）不是； （2）是.

6. （1）$\lambda=-1$ 为三重根，$p=\begin{pmatrix}1\\1\\-1\end{pmatrix}$；

（2）$\lambda_1=-1, \lambda_2=9, \lambda_3=0$； $p_1=\begin{pmatrix}-1\\1\\0\end{pmatrix}, p_2=\begin{pmatrix}1\\1\\2\end{pmatrix}, p_3=\begin{pmatrix}-1\\-1\\1\end{pmatrix}$；

（3）$\lambda_1=\lambda_2=1, \lambda_3=\lambda_4=-1, (p_1, p_2, p_3, p_4)=\begin{pmatrix}1&0&0&-1\\0&1&-1&0\\0&1&1&0\\1&0&0&1\end{pmatrix}$.

12. 18.

13. 25.

15. $x=3$.

16. （1）$a=-3, b=0, \lambda=-1$； （2）不能.

17. $A^{100}=\begin{pmatrix}1&0&5^{100}-1\\0&5^{100}&0\\0&0&5^{100}\end{pmatrix}$.

18. （1）$A=\begin{pmatrix}1-p&q\\p&1-q\end{pmatrix}$；

（2）$\begin{pmatrix}x_n\\y_n\end{pmatrix}=A^n\begin{pmatrix}x_0\\y_0\end{pmatrix}=\frac{1}{2(p+q)}\begin{pmatrix}2q+(p-q)r^n\\2p+(q-p)r^n\end{pmatrix}$，其中 $r=1-p-q$.

19. （1）$P=\frac{1}{3}\begin{pmatrix}1&2&2\\2&1&-2\\2&-2&1\end{pmatrix}, P^{-1}AP=\begin{pmatrix}-2&&\\&1&\\&&4\end{pmatrix}$；

(2) $P=\begin{pmatrix} \frac{1}{3} & 0 & \frac{4}{3\sqrt{2}} \\ \frac{2}{3} & \frac{1}{\sqrt{2}} & -\frac{1}{3\sqrt{2}} \\ -\frac{2}{3} & \frac{1}{\sqrt{2}} & \frac{1}{3\sqrt{2}} \end{pmatrix}$, $P^{-1}AP=\begin{pmatrix} 10 & & \\ & 1 & \\ & & 1 \end{pmatrix}$.

20. $x=4, y=5, P=\begin{pmatrix} \frac{1}{\sqrt{2}} & \frac{2}{3} & \frac{1}{3\sqrt{2}} \\ 0 & \frac{1}{3} & -\frac{4}{3\sqrt{2}} \\ -\frac{1}{\sqrt{2}} & \frac{2}{3} & \frac{1}{3\sqrt{2}} \end{pmatrix}$.

21. $A=\begin{pmatrix} -2 & 3 & -3 \\ -4 & 5 & -3 \\ -4 & 4 & -2 \end{pmatrix}$.

22. $A=\frac{1}{3}\begin{pmatrix} -1 & 0 & 2 \\ 0 & 1 & 2 \\ 2 & 2 & 0 \end{pmatrix}$.

23. $A=\begin{pmatrix} 4 & 1 & 1 \\ 1 & 4 & 1 \\ 1 & 1 & 4 \end{pmatrix}$.

24. (2) $\lambda_1=\sum_{i=1}^{n} a_i^2, \lambda_2=\cdots=\lambda_n=0, (p_1, p_2, \cdots, p_n)=\begin{pmatrix} a_1 & -a_2 & \cdots & -a_n \\ a_2 & a_1 & \cdots & a_{n-1} \\ \vdots & \vdots & & \vdots \\ a_n & a_{n-1} & \cdots & a_1 \end{pmatrix}$.

25. (1) $-2\begin{pmatrix} 1 & 1 \\ 1 & 1 \end{pmatrix}$; (2) $2\begin{pmatrix} 1 & 1 & -2 \\ 1 & 1 & -2 \\ -2 & -2 & 4 \end{pmatrix}$.

26. (1) $f=(x,y,z)\begin{pmatrix} 1 & 2 & 1 \\ 2 & 4 & 2 \\ 1 & 2 & 1 \end{pmatrix}\begin{pmatrix} x \\ y \\ z \end{pmatrix}$;

(2) $f=(x,y,z)\begin{pmatrix} 1 & -1 & -2 \\ -1 & 1 & -2 \\ -2 & -2 & -7 \end{pmatrix}\begin{pmatrix} x \\ y \\ z \end{pmatrix}$;

(3) $f=(x_1,x_2,x_3)\begin{pmatrix} 1 & -1 & 0 \\ -1 & 1 & 3 \\ 0 & 3 & 1 \end{pmatrix}\begin{pmatrix} x_1 \\ x_2 \\ x_3 \end{pmatrix}$.

27. (1) $\begin{pmatrix} 2 & 2 \\ 2 & 1 \end{pmatrix}$; (2) $\begin{pmatrix} 1 & 3 & 5 \\ 3 & 5 & 7 \\ 5 & 7 & 9 \end{pmatrix}$.

28. （1）$\begin{pmatrix}x_1\\x_2\\x_3\end{pmatrix}=\begin{pmatrix}1&0&0\\0&\frac{1}{\sqrt{2}}&\frac{1}{\sqrt{2}}\\0&\frac{1}{\sqrt{2}}&-\frac{1}{\sqrt{2}}\end{pmatrix}\begin{pmatrix}y_1\\y_2\\y_3\end{pmatrix}$，$f=2y_1^2+5y_2^2+y_3^2$；

（2）$\begin{pmatrix}x_1\\x_2\\x_3\end{pmatrix}=\begin{pmatrix}\frac{1}{\sqrt{3}}&\frac{1}{\sqrt{2}}&-\frac{1}{\sqrt{6}}\\\frac{1}{\sqrt{3}}&0&\frac{2}{\sqrt{6}}\\-\frac{1}{\sqrt{3}}&\frac{1}{\sqrt{2}}&\frac{1}{\sqrt{6}}\end{pmatrix}\begin{pmatrix}y_1\\y_2\\y_3\end{pmatrix}$，$f=2y_1^2+y_2^2-y_3^2$.

29. $\begin{pmatrix}x\\y\\z\end{pmatrix}=\begin{pmatrix}0&\frac{4}{3\sqrt{2}}&\frac{1}{3}\\\frac{1}{\sqrt{2}}&-\frac{1}{3\sqrt{2}}&\frac{2}{3}\\\frac{1}{\sqrt{2}}&\frac{1}{3\sqrt{2}}&-\frac{2}{3}\end{pmatrix}\begin{pmatrix}u\\v\\w\end{pmatrix}$，$2v^2+11w^2=1$.

31. （1）$f(\boldsymbol{C}\boldsymbol{y})=y_1^2+y_2^2-y_3^2$，$\boldsymbol{C}=\begin{pmatrix}1&-\frac{1}{\sqrt{2}}&3\\0&\frac{1}{\sqrt{2}}&-1\\0&0&1\end{pmatrix}$ $\left(|\boldsymbol{C}|=\frac{1}{\sqrt{2}}\right)$；

（2）$f(\boldsymbol{C}\boldsymbol{y})=y_1^2-y_2^2+y_3^2$，$\boldsymbol{C}=\begin{pmatrix}1&1&-1\\0&1&0\\0&-1&1\end{pmatrix}$ $(|\boldsymbol{C}|=1)$；

（3）$f(\boldsymbol{C}\boldsymbol{y})=y_1^2+y_2^2+y_3^2$，$\boldsymbol{C}=\frac{1}{\sqrt{2}}\begin{pmatrix}1&-1&-1\\0&2&2\\0&0&1\end{pmatrix}$ $(|\boldsymbol{C}|=\sqrt{2})$.

32. $-\frac{4}{5}<a<0$.

33. （1）负定；（2）正定.

习题六

1. 各个线性空间的基可取为

（1）$\boldsymbol{\alpha}_1=\begin{pmatrix}1&0\\0&0\end{pmatrix}$，$\boldsymbol{\alpha}_2=\begin{pmatrix}0&1\\0&0\end{pmatrix}$，$\boldsymbol{\alpha}_3=\begin{pmatrix}0&0\\1&0\end{pmatrix}$，$\boldsymbol{\alpha}_4=\begin{pmatrix}0&0\\0&1\end{pmatrix}$；

（2）$\boldsymbol{\alpha}_1=\begin{pmatrix}1&0\\0&-1\end{pmatrix}$，$\boldsymbol{\alpha}_2=\begin{pmatrix}0&1\\0&0\end{pmatrix}$，$\boldsymbol{\alpha}_3=\begin{pmatrix}0&0\\1&0\end{pmatrix}$；

（3）$\boldsymbol{\alpha}_1=\begin{pmatrix}1&0\\0&0\end{pmatrix}$，$\boldsymbol{\alpha}_2=\begin{pmatrix}0&0\\0&1\end{pmatrix}$，$\boldsymbol{\alpha}_3=\begin{pmatrix}0&1\\1&0\end{pmatrix}$.

3. (1) 不是; (2)是.

4. $(1,-2,6)^{\mathrm{T}}$.

5. 设 $\boldsymbol{\alpha}$ 在 $\boldsymbol{\alpha}_1,\boldsymbol{\alpha}_2,\boldsymbol{\alpha}_3$ 下的坐标是$(x_1,x_2,x_3)^{\mathrm{T}}$,在 $\boldsymbol{\beta}_1,\boldsymbol{\beta}_2,\boldsymbol{\beta}_3$ 下的坐标是$(x_1',x_2',x_3')^{\mathrm{T}}$,有

$$\begin{pmatrix}x_1'\\x_2'\\x_3'\end{pmatrix}=\begin{pmatrix}13&19&43\\-9&-13&-30\\7&10&24\end{pmatrix}\begin{pmatrix}x_1\\x_2\\x_3\end{pmatrix},\quad\text{或}\quad\begin{pmatrix}x_1\\x_2\\x_3\end{pmatrix}=\begin{pmatrix}-12&-26&-11\\6&11&3\\1&3&2\end{pmatrix}\begin{pmatrix}x_1'\\x_2'\\x_3'\end{pmatrix}.$$

6. (1) $\boldsymbol{P}=\begin{pmatrix}2&0&5&6\\1&3&3&6\\-1&1&2&1\\1&0&1&3\end{pmatrix}$;

(2) $\begin{pmatrix}x_1'\\x_2'\\x_3'\\x_4'\end{pmatrix}=\dfrac{1}{27}\begin{pmatrix}12&9&-27&-33\\1&12&-9&-23\\9&0&0&-18\\-7&-3&9&26\end{pmatrix}\begin{pmatrix}x_1\\x_2\\x_3\\x_4\end{pmatrix}$;

(3) $k(1,1,1,-1)^{\mathrm{T}}$.

7. (1) 能,不能; (2) 维数=3,基可选为 $\boldsymbol{a}_1,\boldsymbol{a}_2,\boldsymbol{b}_2$.

8. (1) 关于 y 轴对称; (2) 投影到 y 轴; (3) 关于直线 $y=x$ 对称; (4) 顺时针方向旋转 90°.

10. $\begin{pmatrix}1&0&0\\2&1&0\\0&1&1\end{pmatrix}$.

11. $\begin{pmatrix}1&0&0\\1&1&0\\1&2&1\end{pmatrix}$.

防伪查询说明

用户购书后刮开封底防伪涂层，利用手机微信等软件扫描二维码，会跳转至防伪查询网页，获得所购图书详细信息。也可将防伪二维码下的20位密码按从左到右、从上到下的顺序发送短信至106695881280，免费查询所购图书真伪。

反盗版短信举报

编辑短信“JB，图书名称，出版社，购买地点”发送至10669588128

防伪客服电话

(010)58582300

数字课程说明

1. 计算机访问 http://abook.hep.com.cn/39661，或手机扫描二维码、下载并安装 Abook 应用。

2. 注册并登录，进入“我的课程”。

3. 输入封底数字课程账号(20位密码，刮开涂层可见)，或通过 Abook 应用扫描封底数字课程账号二维码，完成课程绑定。

4. 单击“进入课程”按钮，开始本数字课程的学习。

课程绑定后一年为数字课程使用有效期。受硬件限制，部分内容无法在手机端显示，请按提示通过计算机访问学习。

如有使用问题，请发邮件至 yangfan@hep.com.cn。

扫描二维码
下载 Abook 应用